风电机组叶片多相材料拓扑优化方法及应用

孙鹏文　张兰挺　申艳杰　龙　凯　著

U0289537

科学出版社

北京

内 容 简 介

风电机组叶片结构和载荷复杂，服役性能要求高，结构设计过程涉及多相材料、多参数、多目标的优化和计算规模大等问题。本书系统深入地阐述了风电机组叶片结构设计优化理论与方法体系。全书共七章，包括风电机组叶片的结构/性能/载荷计算、复合材料层合板及结构优化理论和方法、铺层参数对风电机组叶片结构性能的影响分析、多相材料拓扑优化策略，以及风电机组叶片多相材料宏观拓扑优化方法、离散纤维细观铺角优化方法、纤维铺角变刚度优化设计方法、纤维铺角与铺层厚度协同优化设计方法及应用。

本书可供从事工程结构设计与优化、风电、航空航天等领域的科研人员使用，也可作为高等院校相关专业研究生与高年级本科生教材和参考用书。

图书在版编目(CIP)数据

风电机组叶片多相材料拓扑优化方法及应用 / 孙鹏文等著. ── 北京：科学出版社, 2025.3. ── ISBN 978-7-03-079521-2

Ⅰ. TM315

中国国家版本馆CIP数据核字第20241F1A82号

责任编辑：周 炜 乔丽维 / 责任校对：任苗苗
责任印制：肖 兴 / 封面设计：陈 敬

科学出版社 出版
北京东黄城根北街 16 号
邮政编码：100717
http://www.sciencep.com
北京中科印刷有限公司印刷
科学出版社发行 各地新华书店经销

*

2025 年 3 月第 一 版 开本：720 × 1000 1/16
2025 年 3 月第一次印刷 印张：19
字数：383 000
定价：168.00 元
(如有印装质量问题，我社负责调换)

前　言

作为可再生的绿色能源，风能凭借其巨大的商业潜力和环保效益，在新能源行业中创造了最快的增长速度，是目前世界上能源领域发展最快的技术之一。目前，风电机组叶片普遍采用主梁-双腹板-蒙皮结构，主要由复合纤维布和软夹芯材料通过铺层和树脂浸透等成型工艺制造而成，以达到重量和强度、刚度、抗疲劳性的最佳组合设计。叶片是典型的非回转体、非等厚度、多向复合铺设的壳体结构件，铺层设计是一个多相材料、多参数、多目标的复杂过程。

复合材料结构件的性能不仅取决于材料自身性能，还取决于结构的材料布局和成型参数。不同复合纤维和软夹芯材料的拓扑结构将产生叶片不同的材料空间布局、纤维含量、性能和质量；同理，不同的铺层参数也将产生不同的叶片性能和质量。材料的空间布局和铺层参数具有可设计性，分别为设计者提供了调整宏观结构拓扑和细观铺层参数、优化结构响应的设计空间，且二者具有不可分割的内在联系，只有综合考虑，才能最大限度地发挥其设计潜力。为此，本书针对风电机组叶片特定的结构、载荷和性能要求，融合结构设计与优化、风电叶片、复合材料力学与结构设计等多学科理论，聚焦叶片铺层结构设计与优化，全面介绍风电机组叶片的结构、性能要求、基本参数、铺层方案、建模以及复合材料层合板和结构优化理论与方法，系统论述叶片载荷计算、铺层参数对叶片结构性能的影响分析、多相材料拓扑优化策略，以及多相材料宏观拓扑优化、离散纤维细观铺角优化、纤维铺角变刚度优化、纤维铺角与铺层厚度协同优化的设计理论和方法，并进行应用。

本书是 10 余年研究成果的积累和凝练，内蒙古工业大学孙鹏文教授统稿，并撰写了第 4 章和第 5 章，内蒙古工业大学张兰挺教授撰写了第 2 章和第 6 章，国电联合动力技术有限公司董健、申艳杰、周文明、文耀光撰写了第 1 章，华北电力大学龙凯副教授、国能联合动力技术(赤峰)有限公司蒋留华和姜岩岩、国电联合动力技术有限公司刘伟超和胡宗岳撰写了第 3 章，吕梁学院闫金顺副教授、内蒙古电力(集团)有限责任公司孙文博和内蒙古工业大学程天才撰写了第 7 章。感谢研究生王天成、李天泽、王子瑞、姜勇、刁晓航、朱新颜的整理和校稿工作。

本书得到了国家自然科学基金(52165035、52365034、51865041、51665046、

51165028)、内蒙古自治区自然科学基金(2019MS05070、2020MS05022)、国家重点研发计划项目(2020YFB1506700)和南方电网公司新能源联合实验室 2023—2024 年度开放课题(GDXNY2024KF03)的资助。

限于作者水平，书中难免存在不足之处，敬请读者批评和指正。

孙鹏文

2024 年 1 月

目　　录

第1章 绪 论

1.1 风电机组叶片概述

能源和环境是21世纪人类可持续发展面临的重大问题之一,面对有限的、不断减少的自然资源,全球都在高度关注可再生资源、新能源的利用,并致力于相关技术的研究。作为可再生的清洁能源,风力发电是利用风能转化为电能的一种发电方式,具有资源丰富、环境友好、技术成熟、经济性好等优点,是目前全球最具发展潜力的可再生能源,其开发利用是实现人类社会可持续发展的重要途径之一[1]。根据全球风能理事会发布的《2024全球风能报告》,2023年全球风电新增装机容量117GW,比2022年同期增长约50%,其中陆上和海上风电分别新增106GW和10.8GW。截至2023年底,全球风电累计装机容量达到了1021GW,突破了第一个太瓦(TW)里程碑。2023年,中国风电新增装机容量79.37GW,仍位居全球第一,约占全球风电新增装机容量的68%。截至2023年底,中国风电累计装机容量476GW,约占全球风电累计装机容量的46.6%[2]。

风电机组运行环境恶劣,作为捕获风能的关键部件,叶片的运动状况和受力情况异常复杂,承受着大部分的动态和静态载荷;其动态响应、结构刚度和强度、稳定性等对风电机组的可靠性起着至关重要的作用,而且必须具有长期在户外自然环境下使用的耐候性与合理的经济性。因此,叶片良好的设计、可靠的质量和优越的性能是保证风电机组正常稳定运行的决定因素,直接影响风电机组的综合技术经济性能。随着风电机组叶片向大容量、长寿命、轻质量、低成本的趋势发展,对其性能提出了更高的要求[3]。

1.1.1 叶片的结构形式

国内外主流的大型风电机组叶片基本上采用复合纤维布和软夹芯材料[巴沙(Balsa)木、聚氯乙烯(polyvinyl chloride,PVC)泡沫等]通过铺放和树脂浸透等成型工艺制造而成,以达到重量和强度、刚度、抗疲劳性的最佳组合设计[4,5]。作为复合材料壳结构件,目前叶片普遍采用主梁-双腹板-蒙皮结构,如图1.1所示。其中主梁作为主要承载结构,一般为单向复合材料层或拉挤板(图1.2),并由腹板支撑;内、外蒙皮则由各类不同的复合纤维布和软夹芯材料按照确定的铺层方案铺放而成,提供气动外形并承担大部分剪切载荷;软夹芯材料主要起填充作用[6]。

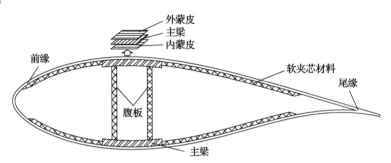

图 1.1 复合纤维风电机组叶片结构

图 1.2 玻璃纤维拉挤板

  风电机组叶片是典型的非回转体构件，铺层由叶片所受的外载荷决定，无论是弯矩、扭矩还是离心力，都是从叶尖向叶根逐渐递增的，因此叶片铺层也是从叶尖向叶根逐渐递增的非等厚度铺放。非等厚度结构不但可以适应叶片的力学特性，增强叶片的强度、刚度及稳定性，而且可降低叶片质量[7]。

  叶片主要受到由气动载荷、离心力和重力引起的拉压应力、弯曲应力和扭转应力的联合作用。复合纤维布各向异性特征明显，为最大限度地利用纤维轴向具有的高强度和高刚度特性，叶片铺层的纤维轴线应与构件所受的拉压方向一致[8]。由于叶片所受载荷的复杂性和内部应力的非单一性，其纤维铺放必定是多向复合铺设，即应在综合考虑叶片结构、铺层原则、铺放工艺和工程经验的基础上，按照叶片所承载的应力大小和方向，以整体性能最优为目标，设计优化铺层参数和铺层方案。

  从叶片铺放成型来看，其主要材料有不同类型的复合纤维布和软夹芯材料，主要铺层参数有铺层角度、铺层厚度、铺层顺序，主要性能指标有重量、强度、刚度、疲劳寿命和稳定性等。由此可见，叶片铺层结构设计是多相材料、多参数、多目标的复杂过程[9]。

1.1.2　叶片的结构设计要求

　　风电机组叶片成本及最终铺层均受到材料选择和结构设计的影响，合理地将设计原则和制造工艺相结合，对其结构设计十分重要。叶片一次性投入较大，服役寿命一般要求为 20 年。要保证风电机组叶片在各种极端外界条件下不发生失效，其结构设计要求综合考虑强度、刚度、抗疲劳、耐久性、稳定性、轻量化和动力学等多个因素，以实现发电的高效、可靠和经济性[10,11]。

　　1）强度要求

　　风电机组叶片在运转过程中受到风载荷、离心载荷和重力载荷等的共同作用，承受拉压、扭转、弯曲所产生的耦合应力，其强度必须满足要求。在叶片结构设计中，首先应保证其具有足够的承载能力，安全裕度应大于零；其次要求叶片的整体结构具有足够的抗拉强度和抗弯强度，保证其在各种极端风况下工作不发生破坏。

　　2）刚度要求

　　在风载荷作用下，叶片产生弯曲变形，且越靠近叶尖的部分，弯曲越明显。如果变形过大，会造成叶尖和塔筒发生碰撞的严重后果，俗称"打筒"。因此，叶片应具有较强的刚性，以减小变形量。在正常情况下，叶片最大位移应小于静止条件下叶尖与塔架距离的 70%。

　　3）抗疲劳和耐久性要求

　　风电机组运行环境恶劣，叶片承受不确定交变循环风载荷和其他复杂载荷的共同作用，易发生疲劳累积损伤破坏，要求叶片的服役寿命为 20 年。通常情况下，20 年的使用寿命相当于叶片要经受约 10^7 次疲劳载荷。在叶片的设计寿命周期内，要具备足够的抗疲劳性，以避免叶片发生应力集中、合缝脱胶、基体缺失、断裂等缺陷。此外，叶片的材料和表面处理应该具备良好的耐久性，能够抵抗长期暴露在风、雨、雪等恶劣环境中的侵蚀。

　　4）稳定性要求

　　叶片的气动弹性稳定性是由空气动力学、叶片结构力学和振动力学等复杂因素相互作用产生的，主要表现为在外界气流刺激作用下，叶片形状和位置经过微小变形后保持稳定、不变形和不产生尖峰值的能力。

　　5）轻量化要求

　　叶片应该尽可能轻量化，以减小整个机组的重量，提高运行效率。轻量化设计可以通过合理的材料选择和结构设计来实现。

　　6）动力学要求

　　由于叶片结构的动特性、动响应均与层合板的铺层参数等因素密切相关，应选用合适的结构、布局和参数，保证叶片在正常运行情况下控制其最大动响应，规避干扰频率的共振区，防止使用期内产生由噪声、振动导致的性能退化和失效等问题。

1.1.3 某 1.5MW 风电机组叶片

本书以具有较强代表性的某 1.5MW 风电机组叶片为例进行分析，其外形图和实物图如图 1.3 所示。

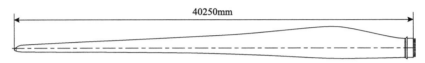

40250mm

(a) 外形图

(b) 实物图

图 1.3 某 1.5MW 风电机组叶片

1. 叶片的基本参数

风电机组叶片的基本参数主要有翼型、额定功率、叶片数、叶片长度、额定转速、最佳尖速比、最大弦长、扭角等。某 1.5MW 风电机组叶片基本参数见表 1.1。

表 1.1 某 1.5MW 风电机组叶片基本参数

参数	数值
额定功率/kW	1500
翼型	Aerodyn 与 NACA63 修正
风轮直径/m	82.5
转速范围/(r/min)	10.3～20.7
功率控制	变桨

参数	数值
风切入速度/(m/s)	3
最大功率系数	0.489
叶尖最大挠度/m	6.3
最大弦长/m	3.183
锥角/(°)	3
叶片数	3 片
设定级别	TC 3A+
叶片长度/m	40.25
额定转速/(r/min)	17.4
旋转方向	顺时针
风切出速度/(m/s)	25
最佳尖速比	9.0
轮毂高度/m	80
扭角/(°)	16

2. 叶片的铺层方案

某 1.5MW 风电机组叶片的壳体铺层方案和夹芯铺层方案分别见表 1.2 和表 1.3。

3. 叶片建模和分区

风电机组叶片是一个复杂的三维空间曲面薄壳结构，不同位置有不同的截面形状，一般选用壳体建模。由于叶片尺寸较大，采用简单的直接建模法难以保证模型的准确度和精度，通过三维软件实体建模绘制叶片翼型的多次幂样条曲线，在该样条曲线群拾取关键点并加以处理，利用 MATLAB 对所拾取点的坐标进行图形变换，将数据导入三维建模软件，生成截面翼型曲线，最终通过扫略截面线生成叶片的曲面[12]。某 1.5MW 风电机组叶片的截面翼型曲线和三维模型如图 1.4 所示。

鉴于某 1.5MW 风电机组叶片尺寸较大，有限元模型单元数量巨大，同时考虑到小型工作站有限的计算能力，为减少仿真分析计算工作量，针对不同的研究内容分别选取距叶根三分之一段叶片和全尺寸叶片为研究对象。

表 1.2 壳体铺层方案

部位	材料	铺层方案								
外蒙皮（壳体外层）	一层玻璃纤维表面毡 Glass Mat30	叶根到叶尖（0~40250mm）								
	一层三轴向布 EKT1215（0°/+45°/-45°）	叶根到叶尖（0~40250mm，0°纤维布必须指向芯材）								
	一层双轴向布 EKB806（+45°/-45°）	叶根到叶尖（0~40250mm）								
	三轴向布 EKT1215（0°/+45°/-45°）（叶根增强部位）	0~1200mm	1200~1500mm	1500~2100mm	2100~2400mm	2400~3600mm	3600~5040mm	5040~6540mm	6540~8040mm	8040~11040mm
		15mm	13mm	10mm	8mm	6mm	4mm	3mm	2mm	1mm
主梁	单向复合毡 UDimat1250（单向布），宽度 420mm	1000~39300mm								
前缘、尾缘夹芯	三轴向布（0°/+45°/-45°）（叶根增强部位）	0~1140mm	1140~1560mm	1560~2160mm	2160~3360mm	3360~4620mm	4620~5760mm	5760~7260mm	7260~10500mm	
		15mm	13mm	10mm	7mm	4mm	3mm	2mm	1mm	
	三轴向布（0°/+45°/-45°）（叶根束）	0~360mm	360~480mm	480~720mm	720~1120mm					
		67mm	55mm	32mm	10mm					
	一层双轴向布（+45°/-45°）（叶根布）	见夹芯铺层方案								
内蒙皮（壳体内层）	一层双轴向布（+45°/-45°）	叶根到叶尖（0~40250mm）								
	一层三轴向布（0°/+45°/-45°）	叶根到叶尖（0~40250mm）								
后缘梁	单向布 UD1200 宽度 120mm	1260~1920mm	1920~2400mm	2400~3000mm	3000~3300mm	3300~3600mm	3600~3900mm	3900~4200mm	4200~4740mm	4740~17220mm

续表

部位	材料	铺层方案								
		2mm	6mm	11mm	16mm	19mm	22mm	25mm	28mm	30mm
后缘梁	单向布 UD1200 宽度 120mm	17220~18720mm	18720~20220mm	20220~21720mm	21720~23220mm	23220~24720mm	24720~26220mm	26220~28750mm		
		28mm	25mm	22mm	19mm	16mm	13mm	10mm		
叶根调整层	三轴向布(0°/+45°/-45°)	为保证根部90mm的厚度，需要铺设+3/-3层，每层最少错开20mm								

表 1.3 夹芯铺层方案

部位	边缘							
上壳体	前缘	1000~12750mm	12750~20250mm	20250~35500mm				
		3/8in 巴沙木	10mm PVC60	8mm PVC60				
	后缘	1000~3750mm	3750~5250mm	5250~6750mm	6750~8250mm	8250~11250mm	11250~12750mm	12750~14250mm
		5/8in 巴沙木	3/4in 巴沙木	1in 巴沙木	1.25in 巴沙木	1.375in 巴沙木	1.25in 巴沙木	30mm PVC60
下壳体	前缘	14250~18750mm	18750~21750mm	21750~27750mm	27750~30750mm	30750~38000mm		
		25mm PVC60	20mm PVC60	15mm PVC60	10mm PVC60	8mm PVC60		
	后缘	1000~3750mm	3750~5250mm	5250~6750mm	6750~8250mm	8250~11250mm	11250~12750mm	12750~14250mm
		5/8in 巴沙木	3/4in 巴沙木	1.25in 巴沙木	1.375in 巴沙木	1.625in 巴沙木	1.375in 巴沙木	35mm PVC60

注：1in=25.4mm。

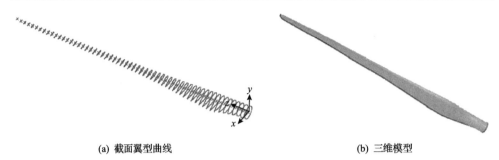

(a) 截面翼型曲线　　　　　　　　　　　　(b) 三维模型

图 1.4　某 1.5MW 风电机组叶片的截面翼型曲线和三维模型

1) 某 1.5MW 风电机组距叶根三分之一段叶片的有限元模型和分区

叶片铺层厚度从叶根到叶尖逐渐递减，超过距叶根三分之一的区域，实际铺层数急剧下降，铺层方案相对简单，优化意义和价值不大。由于叶片运行过程中承受载荷的部位主要集中于距叶根三分之一的区域，该区域铺层厚度大，复合纤维布和软夹芯材料的宏观拓扑优化、离散材料细观纤维铺角优化也主要体现在此区域。综合考虑叶片建模的可行性、有效性等相关因素，可选取某 1.5MW 风电机组叶片距叶根三分之一段(叶片总长 40.25m)为研究对象[9]，得到距叶根三分之一段叶片的有限元模型[13]，如图 1.5 所示。

图 1.5　某 1.5MW 风电机组距叶根三分之一段叶片有限元模型

由于叶片为非等厚度铺层结构，采用分区策略(相关内容见 3.2 节)将其沿展向分为 8 个区域(每个区域的厚度如图 1.6 所示)，编号为 A～H，沿环向分为 10 个区域，编号为 a～j，共 80 个区域，如图 1.7 所示。

2) 某 1.5MW 风电机组全尺寸叶片的有限元模型和分区

某 1.5MW 风电机组全尺寸叶片有限元模型如图 1.8 所示。

将叶片沿展向分为 27 段，编号为 A～ZA，沿环向分为 12 段，编号为 1～12，总共得到 324 个区域，如图 1.9 所示。

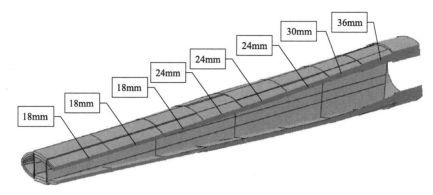

图 1.6 某 1.5MW 风电机组距叶根三分之一段叶片铺层厚度分布

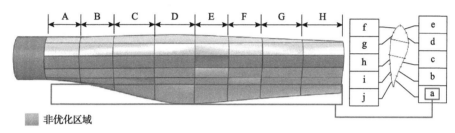

图 1.7 某 1.5MW 风电机组距叶根三分之一段叶片分区

图 1.8 某 1.5MW 风电机组全尺寸叶片有限元模型

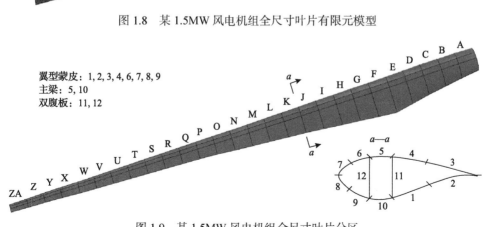

图 1.9 某 1.5MW 风电机组全尺寸叶片分区

4. 叶片的成型过程

复合纤维结构件的制备工艺主要有缠绕成型工艺、铺丝成型工艺和铺放成型工艺三种。

缠绕成型工艺是将浸有树脂的纤维材料按照一定的缠绕方案缠绕到芯模上，经过加热、加压，使其固化，得到最终的制品。该成形工艺具有易实现自动化和机械化生产、可充分发挥纤维的强度、生产效率高等优点，通常适用于圆柱体、圆锥体及其组合体等回转类构件，如固体火箭发动机的外壳、石油天然气输送管道、大型压力容器等。

铺丝成型工艺是根据特定的铺丝方案，将浸过树脂的纤维丝铺设在模具表面并压实的一种复合纤维成型工艺。铺丝成型可以形成凸凹、复杂的空间曲面，适用于复杂结构的制造。

铺放成型工艺是将各种纤维材料按照一定的铺层方案铺放在模具上，真空负压吸附树脂，之后通过加温、加压固化，得到复合纤维制品的一种成型工艺。对于大型的非回转体构件，如风电机组叶片，通常采用铺放成型工艺。图 1.10 为风电机组叶片铺放成型的主要过程。

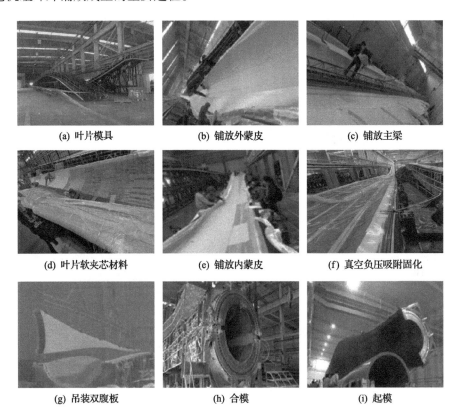

(a) 叶片模具　　　　　　(b) 铺放外蒙皮　　　　　　(c) 铺放主梁

(d) 叶片软夹芯材料　　　(e) 铺放内蒙皮　　　　　　(f) 真空负压吸附固化

(g) 吊装双腹板　　　　　(h) 合模　　　　　　　　　(i) 起模

(j) 固化后叶片　　　　　　　　　　　(k) 打磨、喷漆后叶片

图 1.10　风电机组叶片铺放成型的主要过程

1.1.4　叶片的载荷计算

风电机组叶片在正常工作过程中受到风载荷、重力载荷和惯性载荷(包括离心力和陀螺力)等复杂载荷作用,其中,垂直扫风面的稳态气流、主轴倾角、风切变、尾流影响、塔影效应、偏航误差气流等是影响风载荷的因素;风轮制动时的制动载荷、偏航引起的陀螺载荷以及叶片挥舞带来的载荷是影响离心力载荷的因素。这些载荷对叶片产生弯曲、拉压和扭转的综合作用,造成不可逆的疲劳损伤,因此在叶片的结构设计时需要准确计算叶片受到的各种载荷。

在叶片载荷计算方面,计算流体动力学(computational fluid dynamics, CFD)结合了计算机科学与流体力学,可以对运动的风轮及周围流动的空气进行流固耦合数值仿真分析,计算得到叶片表面的载荷,但该方法需要较大的计算资源[14]。叶素-动量(blade element momentum, BEM)理论常被用于风电机组叶片的设计,该理论经过不断改进,已较为完善,本书采用该方法计算叶片风力载荷[15,16]。

1. 风场模拟

自然界中风的流动是无规律的,其风向和风速都随时间和地点的不同而发生改变,随机风载正是叶片疲劳损伤的主要原因。风场中某个点的风速可以划分为平均风速和紊流风速两部分,平均风速一般与高度有关,而紊流风速一般由局部影响造成,分别计算这两种风速并进行叠加就可以获得总的风速。

风切变(wind shear)是指稳态平均风速随高度的变化,计算平均风速时常用两种模型:一种是指数模型,如式(1.1)所示,该模型主要由风切变指数 ψ_c 定义,当 $\psi_c = 0$ 时,平均风速为定值;另一种是对数模型,如式(1.2)所示,该模型主要由地面粗糙度 z_0 定义。

$$V(H) = V(H_0)\left(\frac{H}{H_0}\right)^{\psi_c} \tag{1.1}$$

$$V(H) = V(H_0) \frac{\ln(H/z_0)}{\ln(H_0/z_0)} \tag{1.2}$$

式中，H 为高度；H_0 为参考高度；$V(H_0)$ 为参考高度处的风速。

　　紊流风速可以分解为纵向速度分量(x 向)、横向速度分量(y 向)和竖向速度分量(z 向)，如图 1.11 所示。其中，纵向速度分量最为重要，对风电机组影响最大，本节主要讨论纵向速度分量的求解，横向与竖向速度分量求解相同。流场中叶片载荷计算参考坐标系如图 1.12 所示。

图 1.11　紊流风速的三个方向

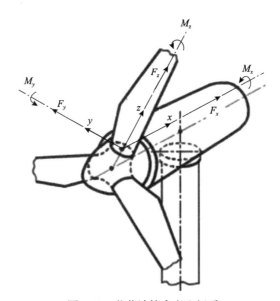

图 1.12　载荷计算参考坐标系

　　将风场中某个点的紊流速度视为一个随机变量，采用功率谱密度(power spectral density，PSD)函数表示其特征，且由于风场中两点之间具有相关性，用相干函数(coherence function)表示，这里介绍常用的一些功率谱密度函数及相干函数。

　　1)功率谱密度函数

（1）Kaimal 函数

$$S_i(f_p) = \frac{4\sigma_i^2 L_i / \overline{V}}{(1 + 6fL_i / \overline{V})^{5/3}}, \quad i = u, v, w \tag{1.3}$$

式中，$S_i(f_p)$ 为功率谱密度；u、v、w 分别为纵向、横向和竖向三个方向的分量；f_p 为变化频率；σ_i 为风速标准差；$\overline{V}$ 为轮毂高度平均风速；L_i 为积分尺度参数。各方向的积分尺度参数和风速标准差可分别由式（1.4）、式（1.5）计算得到。

$$L_i = \begin{cases} 8.10\Lambda_u, & i = u \\ 2.70\Lambda_u, & i = v \\ 0.66\Lambda_u, & i = w \end{cases} \tag{1.4}$$

$$\sigma_i = \begin{cases} \overline{V}_u I_u, & i = u \\ 0.8\sigma_u, & i = v \\ 0.5\sigma_u, & i = w \end{cases} \tag{1.5}$$

$$\Lambda_u = \begin{cases} 0.7h_{hub}, & h_{hub} < 60\text{m} \\ 42, & h_{hub} \geqslant 60\text{m} \end{cases} \tag{1.6}$$

式中，$\overline{V}_u$ 为纵向平均速度；I_u 为纵向湍流强度；Λ_u 为尺度参数；h_{hub} 为轮毂高度。

（2）von Karman 函数[17]

$$S_u(f_p) = \frac{4\sigma_u^2 L_u / \overline{V}}{[1 + 70.8(f_p L_u / \overline{V})^2]^{5/6}} \tag{1.7}$$

$$S_i(f_p) = \frac{4\sigma_i^2 L_i / \overline{V}}{[1 + 282.3(f_p L_i / \overline{V})^2]^{11/6}}[1 + 755.2(f_p L_i / \overline{V})^2], \quad i = v, w \tag{1.8}$$

（3）IEC 61400-1 标准中的功率谱密度函数[18]

$$S_u(f_p) = \frac{0.05\sigma_u^2}{(\Lambda_u / \overline{V})^{2/3} f_p^{5/3}} \tag{1.9}$$

$$S_v(f_p) = S_w(f_p) = \frac{4}{3}S_u(f_p) \tag{1.10}$$

2）相干函数

$$\text{Coh}(r_{\text{p}}, f_{\text{p}}) = \exp\left(-p_{\text{s}} r_{\text{p}} \sqrt{\left(\frac{f_{\text{p}}}{\overline{V}}\right)^2 + \left(\frac{0.12}{L_{\text{c}}}\right)^2}\right) \tag{1.11}$$

式中，r_{p} 为风场中两点之间的距离；f_{p} 为变化频率；p_{s} 为相干衰减常数（coherence decay constant）；L_{c} 为相干尺度因子（coherence scale factor），在 IEC 61400-1 标准中，p_{s}=12，$L_{\text{c}}=L_u$。

2. 风力分布分析

假设在风电机组正常工作并发电时，风速完全处于切入风速与切出风速之间，因此可以分别以叶片的切入风速与切出风速为上、下边界，参照 IEC 标准中正常发电的 DLC1.2 工况，将工作风速区间划分为 3～5m/s、5～7m/s、7～9m/s、9～11m/s、11～13m/s、13～15m/s、15～17m/s、17～19m/s、19～21m/s、21～23m/s 和 23～25m/s 共 11 个区间。各风速区间跨度为 2m/s，具体参数见表 1.4[19]。

表 1.4　各风速区间具体参数[19]

风速区间	平均风速/(m/s)	纵向湍流强度/%	风速范围/(m/s)
区间 1	4	34.50	3～5
区间 2	6	27.00	5～7
区间 3	8	23.25	7～9
区间 4	10	21.00	9～11
区间 5	12	19.50	11～13
区间 6	14	18.43	13～15
区间 7	16	17.63	15～17
区间 8	18	17.00	17～19
区间 9	20	16.50	19～21
区间 10	22	16.09	21～23
区间 11	24	15.75	23～25

以内蒙古某风场实测风速数据为例（表 1.5）进行不确定风载统计分布表征，限于篇幅，只给出 2020 年 6 月 10 日至 9 月 9 日共计 90 天的部分数据。

表 1.5　内蒙古某风场实测风速数据

日期	时刻	高度/m	风向/(°)	风速/(m/s)
2020-06-10	00:00	80	297.9	12.0
2020-06-10	00:15	80	290.4	11.7
2020-06-10	00:30	80	273.8	11.6
2020-06-10	00:45	80	275.4	11.6
2020-06-10	01:00	80	264.0	11.6
2020-06-10	01:15	80	276.6	11.3
⋮	⋮	⋮	⋮	⋮
2020-09-09	17:45	80	139.4	20.2
2020-09-09	18:00	80	98.6	19.7
2020-09-09	18:15	80	5.3	19.1
2020-09-09	18:30	80	7.1	18.9
2020-09-09	18:45	80	47.5	18.5
⋮	⋮	⋮	⋮	⋮

采用最大似然估计法对每日风速的分布进行拟合分析，选择最佳拟合数量最多的分布为最优分布函数，对计算结果进行整理，见表 1.6。可以看出，Gamma分布为最优拟合函数，能够很好地描述每日风速分布特性。

表 1.6　每日风速分布函数拟合

分布函数	最佳拟合量	分布函数	最佳拟合量
Gamma	43	Rayleigh	0
Weibull	32	Rician	3
Log-logistic	5	正态	0
Nakagami	7		

Gamma 分布的概率密度函数为

$$f_{\mathrm{G}}\left(v_{\mathrm{z}}\,\middle|\,\alpha_{\mathrm{G}},\beta_{\mathrm{G}}\right)=\frac{1}{\beta_{\mathrm{G}}^{\alpha_{\mathrm{G}}}\Gamma(\alpha_{\mathrm{G}})}v_{\mathrm{z}}^{\alpha_{\mathrm{G}}-1}\exp\left(-\frac{v_{\mathrm{z}}}{\beta_{\mathrm{G}}}\right) \tag{1.12}$$

式中，α_{G} 为形状参数；β_{G} 为尺度参数；$\Gamma(\cdot)$ 为 Gamma 函数；v_{z} 为风速实测周期内的平均风速。

在每日风速分布函数拟合的基础上，进一步对 90 组每日风速最优 Gamma 分布函数中的形状参数和尺度参数进行拟合，以更加准确地描述风力特性，拟合结果见表 1.7。

表 1.7　参数分布拟合的对数-似然估计值

分布函数	形状参数 α_G	尺度参数 β_G
Gamma	−308.2796	−79.4088
Weibull	−307.9846	−76.9862
Log-logistic	−312.5908	−85.0705
正态	−369.9308	−81.3465
Nakagami	−308.2819	−76.8957
Rayleigh	−425.8866	−77.1149
Rician	−425.8867	−77.1150

最大对数-似然估计值对应的分布函数为该参数的最优分布函数。从表 1.7 可以看出，α_G 和 β_G 的最优分布函数分别为 Weibull 分布和 Nakagami 分布，二者的概率密度函数分别为

$$f_W\left(\alpha_G\,|\,\lambda_W, k_W\right) = \frac{k_W}{\lambda_W}\left(\frac{\alpha_G}{\lambda_W}\right)^{k_W-1}\exp\left(-\frac{\alpha_G}{\lambda_W}\right)^{k_W} \tag{1.13}$$

式中，k_W 和 λ_W 分别为 Weibull 分布函数的形状参数和尺度参数。

$$f_N\left(\beta_G\,|\,m_N, \Omega_N\right) = \frac{2m_N^{m_N}}{\Gamma(m_N)\Omega_N^{m_N}}\beta_G^{2m_N-1}\exp\left(-\frac{m_N}{\Omega_N}\beta_G^2\right) \tag{1.14}$$

式中，m_N 和 Ω_N 分别为 Nakagami 分布函数的形状参数和尺度参数。

根据划分的风速区间，结合描述风速分布特性的分布函数，对各风速区间在服役时长中出现的概率进行计算。按照 Weibull 分布和 Nakagami 分布随机生成一组 Gamma 分布函数的形状参数和尺度参数，在给定参数后用 Gamma 分布函数的累积分布函数计算 11 个风速区间的分布概率，计算公式为

$$\begin{aligned}P(v_z^{n_q} < v_z \leqslant v_z^{n_q+1}) &= F(v_z\,|\,\alpha, \beta)\Big|_{v_z^{n_q}}^{v_z^{n_q+1}} \\ &= F(v_z^{n_q+1}) - F(v_z^{n_q}), \quad n_q = 1, 2, \cdots, 11\end{aligned} \tag{1.15}$$

式中，$F(\cdot)$ 为 Gamma 分布函数的累积分布概率；$v_z^{n_q}$、$v_z^{n_q+1}$ 分别为第 n_q、n_q+1 个风速实测周期内的平均风速；n_q 为风速区间数。

3. 叶片载荷计算

GH-Bladed 软件被广泛用于陆地及海上风电机组载荷、功率及其他性能表现的

计算，是风电行业应用最广的载荷评估软件。该软件可以对风电机组进行自身及外部环境的建模，建模时需要各类详尽的参数，同时该软件基于叶素-动量理论模型，可以对叶片进行静态及动态的模拟仿真计算。GH-Bladed 软件主界面如图 1.13 所示，各模块依次为叶片(Blades)、翼型(Aerofoil)、转子(Rotor)、塔架(Tower)、传动链(Power Train)、机舱(Nacelle)、控制系统(Control)、模态分析(Modal)、风(Wind)、海况(Sea State)、计算(Calculation)、数据视图(Data View)、分析(Analyse)。

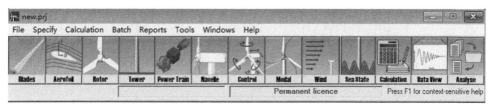

图 1.13　GH-Bladed 软件主界面

GH-Bladed 软件采用了 Veers 所提出的方法进行风场模拟，并具有可视化页面，可以批量模拟生成风文件，故采用 GH-Bladed 软件的 Wind 模块进行风场模拟。Wind 模块中三维湍流风参数设置界面如图 1.14 所示，采用 von Karman 函数，平均风速和纵向湍流强度按表 1.4 划分的区间进行设置。

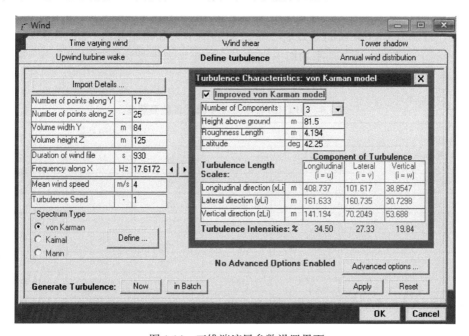

图 1.14　三维湍流风参数设置界面

设置相关参数，模拟各风场情况，计算该型号风电机组叶片在多种工况下的载荷情况，限于篇幅，只给出风速区间 1（平均风速 4m/s，纵向湍流强度为 34.5%）的纵向风速分量时间历程，如图 1.15 所示。

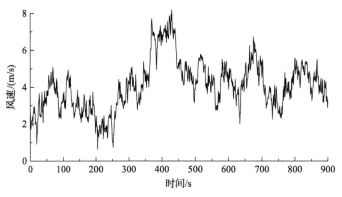

图 1.15　区间 1 的纵向风速分量时间历程

计算叶片以下不同部位各截面（顺序为沿叶片伸长方向）的集中力载荷和弯矩载荷：0.7m、1.4m、1.8m、3.2m、4.2m、6.5m、8.5m、11.2m、14.6m、⋯、39.0m 和 40.1m，共包含 16 个极限工况，再利用中值法得到 DLC1.5 极限工况下的截面载荷。将距叶根三分之一至叶尖段的载荷通过数值积分等效变换到距叶根三分之一段，表 1.8 为 DLC1.5 极限工况下 0.7m、1.4m、1.8m、3.2m、4.2m、6.5m、8.5m、11.2m、14.6m 截面等效后 3 个方向的集中力和弯矩载荷。DLC1.5 极限工况是指初始风速为额定风速和切出风速，在一年一遇极端运行阵风情况下，有功率输出，偏航误差为-8°[20]。

表 1.8　DLC1.5 极限工况下叶片各截面载荷

截面 位置/m	集中力/kN			弯矩/(kN·m)		
	F_x	F_y	F_z	M_x	M_y	M_z
0.7	5.0	3.0	3.0	30.0	55.0	0.5
1.4	0.9	7.6	2.8	65.4	150.0	1.0
1.8	0.3	2.2	1.1	35.6	85.2	0.3
3.2	1.4	5.7	6.8	118.0	295.9	1.2
4.2	1.3	3.8	7.0	79.9	208.6	0.8
6.5	4.0	7.4	18.6	148.0	408.0	16.0
8.5	6.0	0.4	20.0	68.6	300.0	12.0
11.2	11.2	7.6	32.4	100.0	300.0	2.2
14.6	15.0	6.8	50.2	120.0	300.0	3.3

在建立叶片有限元模型时，难以将载荷直接施加于叶片上，选取各截面气动中心建立参考点。各参考点分别位于距叶根 0.7m、1.4m、1.8m、3.2m、4.2m、6.5m、8.5m、11.2m、14.6m 处，将等效后的 3 个方向的集中力和弯矩载荷施加在参考点上，对叶片根部进行 6 个自由度的全约束[21]，如图 1.16 所示。

图 1.16　载荷参考点

1.2　复合材料层合板

1.2.1　复合材料层合板简介

复合材料通常是指由两种或两种以上不同性质的材料在宏观尺度上组成的新材料，其不仅保持了原有材料自身的一些优良性能，还具备原有材料所没有的部分特性。复合材料一般由增强材料(纤维状材料、颗粒状材料等)和基体材料(树脂、金属、非金属材料等)构成。增强材料在复合材料中承担绝大部分载荷，提供结构刚度和强度，决定复合材料的极限力学性能；基体材料在复合材料中主要发挥支撑和固定增强材料、传递增强材料间隙载荷、避免磨损和腐蚀等作用。

复合材料单层板是由基体和按照同一方向排列的纤维经黏合固化而形成。单层板在力学性能上表现为各向异性，其三个弹性主方向分别为沿纤维方向(纵向，用 1 表示)、垂直于纤维方向(横向，用 2 表示)、单层板的厚度方向(法向，用 3 表示)，如图 1.17 所示。

复合材料层合板是指由两层或两层以上的单层板叠合在一起经黏合固化而成的整体板，其可以由不同材质的单层板构成，也可以由纤维铺设方向不同的同类材质的单层板构成[22]。复合材料层合板结构如图 1.18 所示。

复合材料层合板在设计和分析过程中主要有以下特点：

(1)复合材料层合板的力学性能由单层板的力学性能和单层板的铺层方式决定。

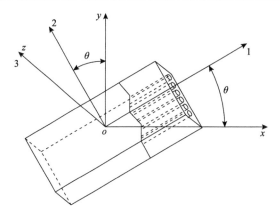

图 1.17   复合材料单层板结构

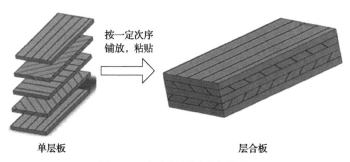

图 1.18   复合材料层合板结构

(2)复合材料单层板通常是各向异性的,而层合板不一定有明确的材料主方向。

(3)复合材料层合板的铺层之间具有耦合效应,即平面内的拉、压、剪切等载荷可能引起层合板的弯扭变形。

(4)复合材料层合板由单层板组成,其中一层或多层破坏,层合板可能仍有能力继续承受载荷,整个层合板的载荷-位移曲线呈现非线性特性。

(5)复合材料层合板黏合过程中需要加热固化,冷却后各个单层板热膨胀行为不一致,最终状态下会存在残余内应力。

(6)复合材料层合板中各单层板刚度不一致,为满足层间变形协调,存在层间应力。

(7)复合材料层合板的刚度和强度分析比单层板复杂,一般从宏观角度进行力学分析。

1.2.2   复合材料层合板的铺层设计原则

复合材料层合板的设计是一个系统而复杂的工程,其任务是根据单层板(铺层)的性能确定层合板中铺层的取向(即铺设方向)、各铺层的铺设顺序、各定向铺层相对于总层数的百分数等。层合板应满足强度、刚度、结构稳定性等要求,达到提高承载能力的目的,同时保证安全性、可靠性,还需在此基础上降低成本。复合材料层合板设计应遵循以下原则[22,23]。

1)定向原则

为简化复合材料层合板的设计工作量和降低制造成本,在满足结构性能的前提下,应限制铺层角度数量,工程上通常选择0°、90°和±45°四种铺层角度。

2)均衡对称原则

除特殊需要外,一般均采用均衡对称铺设,以避免拉-剪、拉-弯耦合引起的翘曲变形。对称铺设的特征是:上、下铺层关于中面对称分布;均衡铺设的特征是:对于任意一种角度,正角度铺层与负角度铺层的层数应保持相同,即–45°的层数应与+45°的层数相同,二者平衡。

3)按承载选择铺层取向原则

不同铺层角度的复合纤维承担的拉、压方向载荷不同,为充分利用纤维刚度大、轴向强度大的特性,层合板中的纤维铺设方向应与构件所受的拉、压方向一致。其中,0°铺层主要承受轴向载荷,±45°铺层主要承受剪切载荷,90°铺层主要承受横向载荷和控制泊松比。如果承受拉压载荷,铺层按载荷方向铺设;如果承受剪切载荷,铺层按±45°方向成对铺设;如果承受双轴向载荷,铺层按0°、90°方向正交铺设;如果承受多种载荷,铺层按0°、90°、±45°多向铺设。

4)最小比例原则

为避免基体承载,减小湿热应力,使复合材料与其相连接构件的泊松比相协调,以减小连接诱导应力等,对于方向为0°、90°、±45°铺层,其任一方向的铺层比例最小应大于10%,最大不超过65%。

5)铺设顺序原则

复合材料层合板结构中潜在的问题是各层之间存在切应力。由于各层的性能有所不同,每层都有与邻层无关的变化趋势,产生层与层之间的切应力,因此应使各定向层尽量沿着铺层厚度方向均匀分布,相同角度的铺层尽量避免集中铺设。如果相邻两层纤维之间按相同的方向铺设,一般相同角度的层数不能超过4层,这样可以减少两种定向层之间层间分层的可能性。如果铺层中有0°层、90°层和±45°层,应尽量使±45°层中间用0°层或90°层隔开,0°层和90°层之间用±45°层隔开,以避免层间应力过大。

6)冲击载荷区设计原则

冲击载荷区铺层设计时,应铺放足够多的、与载荷方向相同的铺层,以承受局部冲击载荷;同时也要有一定数量的与载荷方向成±45°的铺层,以增大载荷扩散面积。

7)厚度增强设计原则

对于厚度增强区，铺层数的递增或递减呈阶梯变化。为了避免阶跃现象引起应力集中，要求每阶宽度相近，且高度不超过阶宽的10%，表面铺设覆盖或填充，以防止台阶外发生剥离破坏。

各铺层的层数、层合板总层数根据层合板设计要求综合考虑确定。

1.2.3 复合材料层合板失效准则

在复合材料强度理论中，最大应力和最大线应变分别对应材料的主应力和主应变。一般情况下，复合纤维在材料主方向上的拉伸强度和压缩强度是不同的，但是主方向上的剪切强度都具有相同的最大值。

基本强度有五个：X_t 为沿纤维方向的拉伸强度；X_c 为沿纤维方向的压缩强度；Y_t 为垂直于纤维方向的拉伸强度；Y_c 为垂直于纤维方向的压缩强度；S 为面内剪切强度。

由于复合材料层合板破坏机理非常复杂，其强度准则有近20个，在风电机组叶片设计、校核中常用到的有以下几个[23,24]。

1)最大应力强度准则

当任何一个应力分量在材料主方向上达到相应的基本强度时，材料发生破坏，即

$$\begin{cases} \sigma_1 < X_t, \ \sigma_1 > -X_c \\ \sigma_2 < Y_t, \ \sigma_2 > -Y_c \\ |\tau_{12}| < S \end{cases} \tag{1.16}$$

式中，σ_1、σ_2 为材料沿1、2方向的应力；τ_{12} 为剪切应力。

上述三个条件只要有一个不成立，则认为材料失效。

2)最大应变强度准则

当任何一个应变分量在材料主方向上达到相应基本强度所对应的应变时，材料发生破坏，即

$$\begin{cases} \varepsilon_1 < \varepsilon_{X_t}, \ \varepsilon_1 > -\varepsilon_{X_c} \\ \varepsilon_2 < \varepsilon_{Y_t}, \ \varepsilon_2 > -\varepsilon_{Y_c} \\ |\gamma_{12}| < \gamma_S \end{cases} \tag{1.17}$$

式中，ε_1、ε_2 分别为材料沿1、2方向的应变；ε_{X_t}、ε_{Y_t} 分别为材料沿1、2方向的最大拉伸线应变；ε_{X_c}、ε_{Y_c} 分别为材料沿1、2方向的最大压缩线应变；γ_{12} 为

的剪切应变；γ_S 为最大剪切应变。

上述三个条件只要有一个不成立，则认为材料失效。

3) Tsai-Hill 强度准则

$$\frac{\sigma_1^2}{X^2} - \frac{\sigma_1\sigma_2}{X^2} + \frac{\sigma_2^2}{Y^2} + \frac{\tau_{12}^2}{S^2} = 1 \tag{1.18}$$

式中，X 为沿纤维方向的强度；Y 为垂直于纤维方向的强度；S 为面内抗剪强度。

当表达式左端不小于 1 时，材料失效。

4) 霍夫曼 (Hoffman) 强度准则

$$\frac{\sigma_1^2 - \sigma_1\sigma_2}{X_tX_c} + \frac{\sigma_2^2}{Y_tY_c} + \frac{X_c - X_t}{X_tX_c}\sigma_1 + \frac{Y_c - Y_t}{Y_tY_c}\sigma_2 + \frac{\tau_{12}^2}{S^2} = 1 \tag{1.19}$$

霍夫曼强度准则是对 Tsai-Hill 强度准则的修正，当 $X_t = X_c$、$Y_t = Y_c$ 时，便简化为 Tsai-Hill 强度准则。

5) Tsai-Wu 强度失效准则

复合材料为正交各向异性材料，不同于常规材料，其性能受多重指标约束。外力作用和材料固有属性对材料的破坏均有影响，Tsai-Wu 强度失效准则同时从相互作用的两方面入手，说明两者对材料破坏的决定性影响。经试验验证，该准则可正确预测不同应力状态下复合纤维的破坏[20,25]。

Tsai-Wu 强度失效准则的一般形式为

$$F(\sigma_k, m_i) = G \tag{1.20}$$

式中，σ_k 为应力分量；m_i 为材料属性常数；G 为具有确定物理意义的参数。

在二维应力条件下，运用 Tsai-Wu 强度失效准则校核强度[26,27]：

$$SF = \sqrt{\left|\frac{\sigma_1^2}{X^2} - \frac{\sigma_1\sigma_2}{XY} - \frac{\sigma_2^2}{Y^2} - \frac{2a}{X^2}\sigma_1 - \frac{2b}{Y^2}\sigma_2 + \frac{\tau_{12}^2}{S^2}\right|} \tag{1.21}$$

式中，$X = \sqrt{X_tX_c}$；$Y = \sqrt{Y_tY_c}$；$a = (X_t - X_c)/2$；$b = (Y_t - Y_c)/2$。

SF 为失效因子，当 SF<1 时，材料结构安全；且 SF 的值越低，结构发生破坏的可能性越小。

1.2.4　复合材料层合板标记

层合板标记是表征层合板铺层参数(层数、铺层材料主方向、铺层纤维种类、铺层次序)的符号。

如图 1.19 所示，层合板的总厚度为 h，有 N^m 层铺层。通常，将层合板的中面(平分板厚的面)设置为 xy 坐标面，z 轴垂直于板面。沿 z 轴正方向将各铺层依次编号为 $1 \sim N^m$，第 k 层的厚度为 t_k，铺层角度(纤维与 x 轴的夹角)为 θ_k，其上、下面坐标为 z_k 和 z_{k-1}。

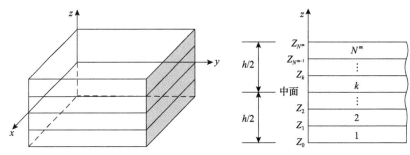

图 1.19　层合板结构示意图

(1)如果各铺层的材料和厚度相同，沿 z 轴正方向依次标出各层的铺层角度 $\theta_k (k=1,2,\cdots,N^m)$，便可表示整个层合板。例如：

$[\alpha^\circ/\beta^\circ/\gamma^\circ]_T$ 表示有三个铺层的层合板，各层厚度相同，铺层角度依次为 α°、β°、γ°，下标 T 表示已列出全部铺层。

$[\alpha^\circ/\beta^\circ]_S=[\alpha^\circ/\beta^\circ/\beta^\circ/\alpha^\circ]_T$，下标 S 表示对称铺设。

$[\alpha^\circ/\beta_2^\circ/\gamma^\circ]_T=[\alpha^\circ/\beta^\circ/\beta^\circ/\gamma^\circ]_T$，下标数字 2 表示重复铺层数。

$[\alpha^\circ/\beta^\circ]_{NT}=[\alpha^\circ/\beta^\circ\cdots\alpha^\circ/\beta^\circ]_T$，表示该铺层中 α° 和 β° 循环 N 次，下标数字 N 表示循环次数。

$[\alpha^\circ/\pm\beta^\circ]_S=[\alpha^\circ/\beta^\circ/-\beta^\circ]_S$，表示正负铺层连续铺设。

(2)对于各铺层厚度不同的层合板，还需注明各铺层的厚度。例如：

$[\alpha_{t1}^\circ/\beta_{t2}^\circ/\gamma_{t3}^\circ]_T$ 表示 α°、β°、γ° 铺层的厚度依次为 t_1、t_2、t_3。

(3)对于不同纤维的混杂铺层，可用下标区别。例如：

$[\alpha_C^\circ/\beta_G^\circ]_S$ 表示 α° 铺层纤维材料为 C-碳纤维，β° 铺层纤维材料为 G-玻璃纤维。

(4)对于多向纤维布，$[(\alpha^\circ,\beta^\circ)]$ 表示角度为 α°、β° 的双轴向布，$[(\alpha^\circ,\beta^\circ,\gamma^\circ)]$ 表示角度为 α°、β°、γ° 的三轴向布。

依据层合板结构的对称性可分为以下几种：

(1)对称层合板。铺层的几何尺寸和材料性能都对称于中面，如$[\alpha^\circ/-\beta^\circ/\gamma^\circ/\gamma^\circ/-\beta^\circ/\alpha^\circ]_T=[\alpha^\circ/-\beta^\circ/\gamma^\circ]_S$。

(2)反对称层合板。各层的铺层角度关于中面反对称，其他几何尺寸及性能对称，如$[-\alpha^\circ/\beta^\circ/-\beta^\circ/\alpha^\circ]_T$。

(3)非对称层合板。各层的铺层角度关于中面不对称或反对称。

(4)夹芯层合板。用层合板作为面板，中间夹有低密度芯子的夹芯结构。当材料质量相同时，夹芯结构可提高层合板结构的抗弯性能及受压稳定性。

1.2.5 经典层合板理论

1. 单层板的应力-应变关系

复合材料宏观力学主要围绕层合板展开，而单层板是层合板的特殊情况，也是层合板的基本组成单元。因此，在讨论层合板力学性能之前，需要对单层板的宏观力学性能进行分析。本节针对厚度相对较薄的单层板进行宏观力学分析，即视为平面应力问题进行处理，且主要讨论正交各向异性材料，实际上，复合材料单层板大多符合上述假设。

平面应力问题针对很薄的等厚度板(厚度方向尺寸远小于长宽方向尺寸)，且仅在板边上受有平行于板面、不沿厚度变化的面力，体力也平行于板面且不沿厚度变化[22]，因此可近似认为

$$\begin{cases} \sigma_3 = 0 \\ \tau_{23} = \tau_{32} = \sigma_4 = 0 \\ \tau_{31} = \tau_{13} = \sigma_5 = 0 \\ \sigma_1 \neq 0, \quad \sigma_2 \neq 0, \quad \tau_{12} = \tau_{21} \neq 0, \quad \sigma_6 \neq 0 \\ \gamma_{23} = \gamma_{32} = 2\varepsilon_4 = 0 \\ \gamma_{13} = \gamma_{31} = 2\varepsilon_5 = 0 \\ \varepsilon_1 \neq 0, \quad \varepsilon_2 \neq 0, \quad \varepsilon_3 \neq 0, \quad \gamma_{12} \neq 0 \end{cases} \tag{1.22}$$

式中，σ_i 为单层板在 i 方向上的正应力；τ_{ij} 为方向与单层板 ioj 面垂直的切应力；ε_i 为单层板在 i 方向上的正应变；γ_{ij} 为方向与单层板 ioj 面垂直的切应变。

以柔度矩阵形式表示正交各向异性材料的本构关系，即

$$\boldsymbol{\varepsilon} = \begin{Bmatrix} \varepsilon_1 \\ \varepsilon_2 \\ \gamma_{12} \end{Bmatrix} = \boldsymbol{C}\boldsymbol{\sigma} = \begin{bmatrix} \dfrac{1}{E_1} & -\dfrac{v_{12}}{E_2} & 0 \\ -\dfrac{v_{21}}{E_1} & \dfrac{1}{E_2} & 0 \\ 0 & 0 & \dfrac{1}{G_{12}} \end{bmatrix} \begin{Bmatrix} \sigma_1 \\ \sigma_2 \\ \tau_{12} \end{Bmatrix} \tag{1.23}$$

式中，$\boldsymbol{\sigma}$ 为单层板的应力向量；$\boldsymbol{\varepsilon}$ 为单层板的应变向量；$\boldsymbol{C}$ 为柔度矩阵；v_{ij} 为材料的泊松比；E_i 为单层板在 i 方向上的弹性模量；G_{12} 为剪切模量。

刚度矩阵与柔度矩阵互逆，则正交各向异性材料本构关系的刚度矩阵形式为

$$\begin{Bmatrix} \sigma_1 \\ \sigma_2 \\ \tau_{12} \end{Bmatrix} = \boldsymbol{Q}\boldsymbol{\varepsilon} = \begin{bmatrix} \dfrac{E_1}{1-\nu_{12}\nu_{21}} & \dfrac{\nu_{21}E_1}{1-\nu_{12}\nu_{21}} & 0 \\ \dfrac{\nu_{12}E_2}{1-\nu_{12}\nu_{21}} & \dfrac{E_2}{1-\nu_{12}\nu_{21}} & 0 \\ 0 & 0 & G_{12} \end{bmatrix} \begin{Bmatrix} \varepsilon_1 \\ \varepsilon_2 \\ \gamma_{12} \end{Bmatrix} \tag{1.24}$$

式中，$\boldsymbol{Q}$ 为刚度矩阵。

式(1.24)描述了材料主方向上的应力-应变关系。在实际应用中，由于复合材料的各向异性特点，需要讨论单层板在任意方向上的应力-应变关系。本节所指的任意方向指单层板平面内方向，即不同单层板相对层合板总体坐标的铺层角度。

应力的角度转换关系为

$$\begin{bmatrix} \sigma_x \\ \sigma_y \\ \tau_{xy} \end{bmatrix} = \begin{bmatrix} \cos^2\theta & \sin^2\theta & -2\sin\theta\cos\theta \\ \sin^2\theta & \cos^2\theta & 2\sin\theta\cos\theta \\ \sin\theta\cos\theta & -\sin\theta\cos\theta & \cos^2\theta-\sin^2\theta \end{bmatrix} \begin{bmatrix} \sigma_1 \\ \sigma_2 \\ \tau_{12} \end{bmatrix} = \boldsymbol{T}^{-1} \begin{bmatrix} \sigma_1 \\ \sigma_2 \\ \tau_{12} \end{bmatrix} \tag{1.25}$$

式中，θ 为铺层角度；$\boldsymbol{T}$ 为主方向与任意方向之间的转换矩阵；σ_x、σ_y、τ_{xy} 分别为 x 方向的正应力、y 方向的正应力和 xoy 面的切应力。

与应力相似，任意方向上的应变也可以通过转换矩阵进行转换，则偏轴上的应变-应力关系为

$$\begin{Bmatrix} \varepsilon_1 \\ \varepsilon_2 \\ \gamma_{12} \end{Bmatrix} = \boldsymbol{C} \begin{Bmatrix} \sigma_1 \\ \sigma_2 \\ \tau_{12} \end{Bmatrix} = (\boldsymbol{T}^{-1})^{\mathrm{T}} \begin{Bmatrix} \varepsilon_x \\ \varepsilon_y \\ \gamma_{xy} \end{Bmatrix} = \boldsymbol{C}\boldsymbol{T} \begin{Bmatrix} \sigma_x \\ \sigma_y \\ \tau_{xy} \end{Bmatrix} \tag{1.26}$$

式中，$\boldsymbol{C}$ 为柔度矩阵；ε_x、ε_y、γ_{xy} 分别为 x 方向的正应变、y 方向的正应变和 xoy 面的切应变。

2. 经典层合板理论的基本假设

为了简化问题，经典层合板理论对复合材料层合板进行了简化和限制[28]：

(1)假设层合板每层之间的连接均是完好的，同时假设连接层或者黏结层非常薄，在分析过程中忽略不计，即每层之间的变形是连续的。

(2)假设层合板的总厚度符合薄板，厚度与面内尺寸比为 1%~15%，因此分析过程借鉴薄板壳理论。

(3)假设整个层合板是等厚度的。

层合板坐标系如图 1.20 所示，该坐标系的 z 轴垂直于板面，xoy 面与中面重合，板厚为 h。

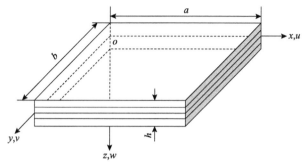

图 1.20　层合板坐标系

基于以上物理状态的一些规定，得到以下物理模型的一些基本假设：

(1)直法线假设。层合板弯曲变形前垂直于中性面的直线段在层合板变形后仍保持直线，并垂直于变形后的中性面。因此，层合板横截面上的剪应变 γ_{yz} 和 γ_{zx} 为 0，即

$$\gamma_{yz} = 0, \quad \gamma_{zx} = 0 \tag{1.27}$$

(2)等法线假设。原垂直于中性面的法线受载后长度不变，应变 ε_z 为 0，即

$$\varepsilon_z = \frac{\partial U_z}{\partial z} = 0 \tag{1.28}$$

(3)平面应力假设。层合板的各单层板处于平面应力状态，即

$$\sigma_z = \tau_{xz} = \tau_{yz} = 0 \tag{1.29}$$

(4)线弹性和小变形假设。层合板的各单层应力-应变关系是线弹性的，层合板是小变形板。

3. 层合板的应力-应变关系

从式(1.23)可以看出，在正交各向异性材料柔度矩阵中，13 和 23 方向的元素为 0。由于层合板中每个铺层的方向与层合板的整体坐标系存在一个铺层角度，需要把每个铺层的坐标系转换到整体坐标系中。通过坐标变换，得到偏轴上的应力-应变关系：

$$\left\{\begin{array}{c}\sigma_x \\ \sigma_y \\ \tau_{xy}\end{array}\right\} = \left[\begin{array}{ccc}\overline{Q}_{11} & \overline{Q}_{12} & \overline{Q}_{16} \\ \overline{Q}_{21} & \overline{Q}_{22} & \overline{Q}_{26} \\ \overline{Q}_{16} & \overline{Q}_{26} & \overline{Q}_{66}\end{array}\right]\left\{\begin{array}{c}\varepsilon_x \\ \varepsilon_y \\ \gamma_{xy}\end{array}\right\} \tag{1.30}$$

式中，$\overline{\boldsymbol{Q}}$ 为铺层角度方向的刚度矩阵。

一般形式下，$\overline{\boldsymbol{Q}}$ 中所有元素均被填满，即在整体坐标系下，正应力应变和剪切应力应变相互耦合。应力-应变关系简化表达为

$$\boldsymbol{\sigma}_k = \overline{\boldsymbol{Q}}_k \boldsymbol{\varepsilon}_k \tag{1.31}$$

式中，$\boldsymbol{\sigma}_k$ 为第 k 层的应力向量；$\boldsymbol{\varepsilon}_k$ 为第 k 层的应变向量；$\overline{\boldsymbol{Q}}_k$ 为第 k 层铺层角度方向的刚度矩阵。

每个铺层相对于中性面有一段厚度方向的距离，标记为 z；由于厚度方向距离 z 的存在，弯曲时产生的曲率会对应变带来影响。由直法线和等法线假设，可得

$$\begin{cases}\varepsilon_z = \dfrac{\partial U_z}{\partial z} = 0 \\[2mm] \gamma_{zx} = \dfrac{\partial U_x}{\partial z} + \dfrac{\partial U_z}{\partial x} = 0 \\[2mm] \gamma_{zy} = \dfrac{\partial U_y}{\partial z} + \dfrac{\partial U_z}{\partial y} = 0\end{cases} \tag{1.32}$$

式中，U_x、U_y、U_z 分别为单层板在 x、y、z 方向的位移分量。

将式(1.32)对 z 积分，可得

$$\begin{cases}U_z = U_z(x, y) \\[2mm] U_x = U_{x0}(x, y) - z\dfrac{\partial U_z(x, y)}{\partial x} \\[2mm] U_y = U_{y0}(x, y) - z\dfrac{\partial U_z(x, y)}{\partial y}\end{cases} \tag{1.33}$$

式中，U_{x0}、U_{y0}、U_z 为中性面的位移分量，且只是坐标 x、y 的函数，其中 $U_z(x, y)$ 为挠度函数。

由此可得

$$\begin{cases} \varepsilon_x = \dfrac{\partial U_x}{\partial x} = \dfrac{\partial U_{x0}}{\partial x} - z\dfrac{\partial^2 U_z}{\partial x^2} \\[3mm] \varepsilon_y = \dfrac{\partial U_y}{\partial y} = \dfrac{\partial U_{y0}}{\partial y} - z\dfrac{\partial^2 U_z}{\partial y^2} \\[3mm] \gamma_{xy} = \dfrac{\partial U_x}{\partial y} + \dfrac{\partial U_y}{\partial x} = \left(\dfrac{\partial U_{x0}}{\partial y} + \dfrac{\partial U_{y0}}{\partial x}\right) - 2z\dfrac{\partial^2 U_z}{\partial x\partial y} \end{cases} \tag{1.34}$$

将式(1.34)改写为矩阵形式，可得

$$\boldsymbol{\varepsilon} = \boldsymbol{\varepsilon}_0 + z\boldsymbol{k}$$

式中，$\boldsymbol{\varepsilon}_0$ 为中性面上的应变向量；$\boldsymbol{k}$ 为曲率向量。

$$\boldsymbol{\varepsilon} = \begin{Bmatrix} \varepsilon_x \\ \varepsilon_y \\ \gamma_{xy} \end{Bmatrix}, \quad \boldsymbol{\varepsilon}_0 = \begin{Bmatrix} \dfrac{\partial U_{x0}}{\partial x} \\[3mm] \dfrac{\partial U_{y0}}{\partial y} \\[3mm] \dfrac{\partial U_{x0}}{\partial y} + \dfrac{\partial U_{y0}}{\partial x} \end{Bmatrix}, \quad \boldsymbol{k} = \begin{Bmatrix} -\dfrac{\partial^2 U_z}{\partial x^2} \\[3mm] -\dfrac{\partial^2 U_z}{\partial y^2} \\[3mm] -2\dfrac{\partial^2 U_z}{\partial x\partial y} \end{Bmatrix} \tag{1.35}$$

每个铺层的应变由中性面的应变和由偏离中性面的距离 z 产生的弯曲挠曲应变组成。层合板中第 k 层的应力与层合板中性面应变的本构关系为

$$\begin{Bmatrix} \sigma_x \\ \sigma_y \\ \tau_{xy} \end{Bmatrix}_k = \begin{bmatrix} \overline{Q}_{11} & \overline{Q}_{12} & \overline{Q}_{16} \\ \overline{Q}_{21} & \overline{Q}_{22} & \overline{Q}_{26} \\ \overline{Q}_{16} & \overline{Q}_{26} & \overline{Q}_{66} \end{bmatrix} \left(\begin{Bmatrix} \varepsilon_x^0 \\ \varepsilon_y^0 \\ \gamma_{xy}^0 \end{Bmatrix} + z \begin{Bmatrix} k_x \\ k_y \\ k_{xy} \end{Bmatrix} \right) \tag{1.36}$$

式中，k_x、k_y 为层合板中性面的弯曲挠曲率；k_{xy} 为层合板中性面的扭曲率。

层合板的应变和应力变化如图 1.21 所示。可以看出，层合板每层的刚度和偏离中性面的距离是不同的，而中性面的应变和曲率不变。

因此，层合板各层的应力-应变关系可以总结为以下几点：

(1)层合板应变由中性面应变和弯曲应变两部分组成。

(2)层合板应力由层合板应变与各层刚度相乘得到。

(3)层合板应变是连续的，且沿厚度线性分布。

(4)由于层合板应变是连续的，层合板各层刚度可能不相同，因此层合板各层之间的应力是不连续的，但在每层内是线性分布的。

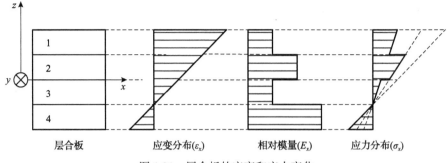

图 1.21　层合板的应变和应力变化

4. 层合板的合力及合力矩

根据经典层合板理论，沿着层合板堆叠的厚度方向(图 1.22 的 z 轴方向)进行积分，可以得到层合板单元体的内力 N_x、N_y、N_{xy} 和内力矩 M_x、M_y、M_{xy}。

$$\begin{cases} \begin{Bmatrix} N_x \\ N_y \\ N_{xy} \end{Bmatrix} = \int_{-\frac{h}{2}}^{\frac{h}{2}} \begin{Bmatrix} \sigma_x \\ \sigma_y \\ \tau_{xy} \end{Bmatrix} \mathrm{d}z = \sum_{k=1}^{N^m} \int_{z_{k-1}}^{z_k} \begin{Bmatrix} \sigma_x \\ \sigma_y \\ \sigma_z \end{Bmatrix} \mathrm{d}z \\ \begin{Bmatrix} M_x \\ M_y \\ M_{xy} \end{Bmatrix} = \int_{-\frac{h}{2}}^{\frac{h}{2}} \begin{Bmatrix} \sigma_x \\ \sigma_y \\ \tau_{xy} \end{Bmatrix} z\mathrm{d}z = \sum_{k=1}^{N^m} \int_{z_{k-1}}^{z_k} \begin{Bmatrix} \sigma_x \\ \sigma_y \\ \sigma_z \end{Bmatrix} z\mathrm{d}z \end{cases} \tag{1.37}$$

式中，h 为层合板的总厚度；z_k 为第 k 层单层板距离层合板中性面的距离；N^m 为层合板总层数。

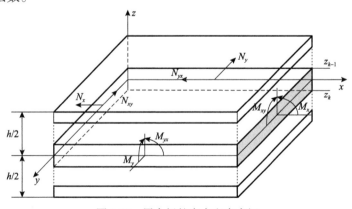

图 1.22　层合板的内力和内力矩

将式(1.37)中第 k 层单层板的应力 σ_x、σ_y、τ_{xy} 表示为式(1.36)所描述的形

式，可得到层合板单元体的内力、内力矩与中性面应变之间的对应关系，即

$$
\left\{
\begin{array}{c}
\left\{
\begin{array}{c}
N_x \\
N_y \\
N_{xy}
\end{array}
\right\} = \sum_{k=1}^{N^m}
\begin{bmatrix}
\overline{Q}_{11} & \overline{Q}_{12} & \overline{Q}_{16} \\
\overline{Q}_{21} & \overline{Q}_{22} & \overline{Q}_{26} \\
\overline{Q}_{16} & \overline{Q}_{26} & \overline{Q}_{66}
\end{bmatrix}
\left(
\int_{z_{k-1}}^{z_k}
\left\{
\begin{array}{c}
\varepsilon_x^0 \\
\varepsilon_y^0 \\
\gamma_{xy}^0
\end{array}
\right\} \mathrm{d}z +
\int_{z_{k-1}}^{z_k}
\left\{
\begin{array}{c}
k_x \\
k_y \\
k_{xy}
\end{array}
\right\} z\mathrm{d}z
\right) \\[4mm]
\left\{
\begin{array}{c}
M_x \\
M_y \\
M_{xy}
\end{array}
\right\} = \sum_{k=1}^{N^m}
\begin{bmatrix}
\overline{Q}_{11} & \overline{Q}_{12} & \overline{Q}_{16} \\
\overline{Q}_{21} & \overline{Q}_{22} & \overline{Q}_{26} \\
\overline{Q}_{16} & \overline{Q}_{26} & \overline{Q}_{66}
\end{bmatrix}
\left(
\int_{z_{k-1}}^{z_k}
\left\{
\begin{array}{c}
\varepsilon_x^0 \\
\varepsilon_y^0 \\
\gamma_{xy}^0
\end{array}
\right\} z\mathrm{d}z +
\int_{z_{k-1}}^{z_k}
\left\{
\begin{array}{c}
k_x \\
k_y \\
k_{xy}
\end{array}
\right\} z^2\mathrm{d}z
\right)
\end{array}
\right. \tag{1.38}
$$

将式 (1.38) 中的积分求解后，简写为

$$
\left\{
\begin{array}{l}
\{N_{x,y}\}_k = \left[\sum_{k=1}^{N^m}\overline{Q}_k(z_k - z_{k-1})\right]\{\varepsilon_{x,y}^0\} + \left[\frac{1}{2}\sum_{k=1}^{N^m}\overline{Q}_k(z_k^2 - z_{k-1}^2)\right]\{k_{x,y}\} \\[4mm]
\{M_{x,y}\}_k = \left[\frac{1}{2}\sum_{k=1}^{N^m}\overline{Q}_k(z_k^2 - z_{k-1}^2)\right]\{\varepsilon_{x,y}^0\} + \left[\frac{1}{3}\sum_{k=1}^{N^m}\overline{Q}_k(z_k^3 - z_{k-1}^3)\right]\{k_{x,y}\}
\end{array}
\right. \tag{1.39}
$$

将 $\{\varepsilon_{x,y}^0\}$ 与 $\{k_{x,y}\}$ 的系数矩阵用面内刚度 A_{ij}、耦合刚度 B_{ij} 和弯曲刚度 D_{ij} 表示，即

$$
\left\{
\begin{array}{l}
A_{ij} = \sum_{k=1}^{N^m}(\overline{Q}_{ij})_k(z_k - z_{k-1}) \\[4mm]
B_{ij} = \frac{1}{2}\sum_{k=1}^{N^m}(\overline{Q}_{ij})_k(z_k^2 - z_{k-1}^2), \quad i, j = 1, 2, 6 \\[4mm]
D_{ij} = \frac{1}{3}\sum_{k=1}^{N^m}(\overline{Q}_{ij})_k(z_k^3 - z_{k-1}^3)
\end{array}
\right. \tag{1.40}
$$

式中，$(\overline{Q}_{ij})_k$ 为第 k 层单层板在层合板参考坐标系中的偏轴刚度。

式 (1.39) 展开后得到

$$
\left\{
\begin{array}{l}
\left\{
\begin{array}{c}
N_x \\
N_y \\
N_{xy}
\end{array}
\right\} =
\begin{bmatrix}
A_{11} & A_{12} & A_{16} \\
A_{12} & A_{22} & A_{26} \\
A_{16} & A_{26} & A_{66}
\end{bmatrix}
\left\{
\begin{array}{c}
\varepsilon_x^0 \\
\varepsilon_y^0 \\
\gamma_{xy}^0
\end{array}
\right\} +
\begin{bmatrix}
B_{11} & B_{12} & B_{16} \\
B_{12} & B_{22} & B_{26} \\
B_{16} & B_{26} & B_{66}
\end{bmatrix}
\left\{
\begin{array}{c}
k_x \\
k_y \\
k_{xy}
\end{array}
\right\} \\[6mm]
\left\{
\begin{array}{c}
M_x \\
M_y \\
M_{xy}
\end{array}
\right\} =
\begin{bmatrix}
B_{11} & B_{12} & B_{16} \\
B_{12} & B_{22} & B_{26} \\
B_{16} & B_{26} & B_{66}
\end{bmatrix}
\left\{
\begin{array}{c}
\varepsilon_x^0 \\
\varepsilon_y^0 \\
\gamma_{xy}^0
\end{array}
\right\} +
\begin{bmatrix}
D_{11} & D_{12} & D_{16} \\
D_{12} & D_{22} & D_{26} \\
D_{16} & D_{26} & D_{66}
\end{bmatrix}
\left\{
\begin{array}{c}
k_x \\
k_y \\
k_{xy}
\end{array}
\right\}
\end{array}
\right. \tag{1.41}
$$

将式(1.41)简写，得到层合板合力与中性面之间的关系，即

$$\begin{Bmatrix} N \\ M \end{Bmatrix} = \begin{bmatrix} A & B \\ B & D \end{bmatrix} \begin{Bmatrix} \varepsilon^0 \\ k \end{Bmatrix} \tag{1.42}$$

式中，A 为层合板的面内刚度矩阵，用于描述层合板内力 N 与中性面应变 ε^0 之间的关系；B 为层合板的耦合刚度矩阵，用于描述层合板中性面曲率 k 对层合板内力 N 的作用以及层合板中性面应变 ε^0 对层合板内力矩 M 的作用；D 为层合板的弯曲刚度矩阵，用于描述层合板内力矩 M 与中性面曲率 k 之间的关系。

由于耦合刚度矩阵 B 的存在，层合板内力 N 不但与中性面面内应变相关，还与中性面曲率相关，内力矩 M 不但与中性面曲率相关，还与中性面面内应变相关，这说明层合板具有拉弯耦合效应。

对层合板的物理方程进行矩阵运算，得到

$$\begin{Bmatrix} \varepsilon^0 \\ k \end{Bmatrix} = \begin{bmatrix} A' & B' \\ B'^{\mathrm{T}} & D' \end{bmatrix} \begin{Bmatrix} N \\ M \end{Bmatrix} \tag{1.43}$$

式中，子矩阵 A'、B' 和 D' 分别为面内柔度矩阵、耦合柔度矩阵和弯曲柔度矩阵，表达式为

$$A' = A^{-1} + A^{-1}B(D - BA^{-1}B)^{-1}BA^{-1}$$

$$B' = -(A^{-1}B)(D - BA^{-1}B)^{-1}$$

$$D' = (D - BA^{-1}B)^{-1}$$

1.3　结　构　优　化

现代工程问题日趋复杂，对结构的受力均匀性、稳定性、使用可靠性和服役性能等各方面提出了更高的设计要求。传统结构设计往往需要进行大量的简化和等效，产品结构性能的优劣主要取决于设计人员的经验和水平，存在准确性不够高、设计周期长、效率低、成本高等缺点。由于缺乏科学、严谨的定量分析计算，通常不能得到最优设计方案，特别是对于多参数、多目标、多相材料的结构设计更是如此，难以适应复杂工程问题的设计要求[29]。近 10 多年来，随着应用数学、计算力学、计算机技术的快速发展，针对复杂工程问题的结构优化设计理论与方法逐渐形成并日趋成熟，获得了长足发展，被广泛应用于航空航天、军工、风电、汽车、土木等领域。优化问题的物理背景也从重量、刚度、强度等拓展到结构动力学、局部强度与疲劳、传热学、振动与噪声等多物理场、多学科，优化层次从

单一的宏观结构发展到多相材料的细观结构、材料和结构一体化设计方面。一些主流的有限元分析软件和专业的结构优化软件相应地开发出结构优化设计等功能模块，以满足工程需求；科研人员和工程技术人员也开始熟练掌握并应用于科学研究和工程结构设计。

结构优化设计是基于结构分析技术，在给定的设计空间实现满足使用要求且具有最佳性能或最低成本的工程结构设计的技术。结构优化是有限元法和最优化方法的高度融合，其与一般优化问题的唯一区别就是反复求解的是有限元代数方程组。20 世纪 60 年代，有限元技术和数学规划法的广泛应用及计算机技术的迅猛发展为结构优化设计奠定了基础。

1.3.1　结构优化基础

优化过程以数学中最优理论为基础，将结构性能作为目标函数，在给定的约束条件下寻求最优的设计方案，是一个"分析—设计—再分析—再设计"的多次迭代过程[30]。

建立优化数学模型时，为了简化计算，通常要忽略一些次要因素，只考虑主要因素。由于无法找到一些因素与结构设计的数学关系，在数学模型中无法考虑，因此不能将优化设计最优解认为是绝对的"最优"，通常对该结果进行一些必要的修改即可得到较为满意的结果。

1. 结构优化数学模型

一个完整的结构优化数学模型包括设计变量、目标函数及约束条件。

1) 设计变量

设计变量分为两类：一类是几何参数，如节点坐标、截面积、板的宽度和厚度等；另一类是物理参数，如结构刚度、应力、变形、材料的弹性模量及屈服极限等。在优化过程中，将可供选择的独立量称为设计变量，提前指定的量称为设计常量，将设计变量的个数称为该优化问题的维数[31]。例如，一个优化问题由 n 个设计变量 $x_1, x_2, \cdots, x_n$ 构成，若将设计变量看成矢量，用矩阵表示为

$$\boldsymbol{x} = \begin{bmatrix} x_1 \\ x_2 \\ \vdots \\ x_n \end{bmatrix} = [x_1, x_2, \cdots, x_n]^{\mathrm{T}} \tag{1.44}$$

上述设计点的集合称为设计空间，若设计变量均为实数，则称为欧氏空间。设计变量越多、维数越高，优化问题越复杂，但优化结果越好。

优化设计中，按照设计变量取值是否连续分为连续变量和离散变量。为了简

化计算，通常将离散变量看成连续的，再选取最为接近的离散值作为最后方案。

2)目标函数

结构优化要求在给定范围内寻求一组数据，使结构达到既定目标。用有设计变量的数学关系式将优化目标表达出来，这一关系式为优化设计的目标函数[31]。对于有 n 个设计变量优化问题，其目标函数为

$$f(\boldsymbol{x}) = f(x_1, x_2, \cdots, x_n) \tag{1.45}$$

所求目标函数值越小，优化结果越好。若优化结果是追求目标函数 $f(\boldsymbol{x})$ 极大，则可以将求 $f(\boldsymbol{x})$ 的极大值等价为求 $-f(\boldsymbol{x})$ 的极小值，即把求目标函数极大值问题转化为求目标函数极小值问题。

工程应用中多为多目标函数。若某结构要求重量最小、强度最大，则解决这一多优化问题时，将重量目标函数用 $f_1(\boldsymbol{x})$ 表示，强度目标函数用 $f_2(\boldsymbol{x})$ 表示，由 $f_1(\boldsymbol{x})$ 和 $f_2(\boldsymbol{x})$ 构成广义目标函数 $f(\boldsymbol{x})$，表示为

$$f(\boldsymbol{x}) = \gamma_1 f_1(\boldsymbol{x}) + \gamma_2 f_2(\boldsymbol{x}) \tag{1.46}$$

式中，γ_1、γ_2 为各目标函数的权重系数，其取值可以准确地反映各目标在结构评价中的重要性，$\gamma_1 + \gamma_2 = 1$。

3)约束条件

限制设计变量 $x_i (i = 1, 2, \cdots)$ 取值的条件称为约束条件。直接限制设计变量取值的约束条件为显约束，无法直接说明与设计变量关系的约束条件为隐约束。在工程结构优化设计中，约束条件分为设计约束和全局约束两类。设计约束为设计规范要求的数值范围，如板的最小厚度、铺层最小厚度等，相对比较简单。全局约束是对结构稳定性、强度、频率等的限制，与设计变量一般没有直接联系，需要进行结构分析求得，为隐约束[32]。

约束条件分为不等式约束和等式约束两类，表达式为

$$g_i(\boldsymbol{x}) \leqslant 0, \quad i = 1, 2, \cdots \tag{1.47}$$

$$h_j(\boldsymbol{x}) = 0, \quad j = 1, 2, \cdots \tag{1.48}$$

结构优化的数学模型可表示为：求设计变量 $\boldsymbol{x} = \left[x_1, x_2, \cdots, x_n \right]^{\mathrm{T}}$，使得

$$\begin{cases} \min \quad f(\boldsymbol{x}) \\ \text{s.t.} \quad g_i(\boldsymbol{x}) \leqslant 0, \quad i = 1, 2, \cdots \\ \qquad h_j(\boldsymbol{x}) = 0, \quad j = 1, 2, \cdots \end{cases} \tag{1.49}$$

通过计算求得的 $\boldsymbol{x}^* = \left[x_1^*, x_2^*, \cdots, x_n^*\right]^T$ 称为最优点，所对应的最优目标函数为

$$f(\boldsymbol{x}^*) = f(x_1^*, x_2^*, \cdots) \tag{1.50}$$

2. 优化收敛和终止条件

迭代过程得到一系列点 $x^{(k)}$，是否为最优点，需要判断优化过程是否收敛。

1)收敛条件

假设优化过程中设计点为

$$x^{(k)}, \quad k = 0, 1, 2, \cdots \tag{1.51}$$

若迭代收敛，即存在

$$\lim x^{(k)} = x^* \tag{1.52}$$

则存在自然数 N_z，当 $q > N_z$、$p > N_z$ 时，$\left\|x^{(q)} - x^{(p)}\right\| < \varepsilon$ 成立（ε 为足够小的正数），这一条件是判断点列 $x^{(k)}(k = 0, 1, 2, \cdots)$ 收敛的充分必要条件。

2)迭代终止条件

理论上，目标函数达到极小值，优化迭代过程终止。对于工程优化问题，极小点 x^* 无法预知。因此，无法找到理想的迭代终止条件，只能根据计算情况进行判断。

迭代终止条件如下[33,34]：

(1)相邻迭代点 $x^{(k)}$ 和 $x^{(k+1)}$ 的距离足够小，即

$$\left|x^{(k+1)} - x^{(k)}\right| < \varepsilon \tag{1.53}$$

式中，ε 为满足工程问题的足够小的正数。

(2)前后两次目标函数的变化量足够小，即

$$\left|f(x^{(k+1)}) - f(x^{(k)})\right| < \varepsilon \tag{1.54}$$

(3)迭代点目标函数梯度值足够小，即

$$\left|\nabla f(x^{(k)})\right| < \varepsilon \tag{1.55}$$

此方法唯一的缺点是可能将临界点作为最优点输出。

在优化过程中，只要满足上述任意一种迭代终止条件，就认为该优化已收敛，迭代过程即可终止。

3. 结构优化求解算法

结构优化的求解算法主要有两大类：梯度类算法和智能算法，其中梯度类算法又主要有优化准则法和数学规划法两种。

1）优化准则法[33,34]

优化准则（optimality criteria，OC）法是通过某些准则来求解问题的精确解或近似解，不直接涉及目标函数。根据约束限制和工作经验来建立相应符合结构要求的准则，在满足性能要求的前提下，依据相应准则构建迭代公式，从而使结构优化方案达到预期效果。

从一个空间的一个初始设计点 $x^{(k)}$ 出发，着眼于每次迭代应满足的优化条件，依据迭代公式 $x^{(k+1)} = x^{(k)} + \partial^{(k)} d^{(k)}$（$\partial^{(k)}$ 为搜索步长，$d^{(k)}$ 为搜索方向）得到一个改进的设计点 $x^{(k+1)}$，而无须再考虑目标函数和约束条件的信息状态。

优化准则法首先构造拉格朗日函数，将有约束的非线性优化问题转化为无约束的优化问题。作为求解结构优化问题的有效方法，因其概念简单、优化效率高、重分析次数与设计变量数目的关系不大，被广泛应用于工程实际问题。但其存在的不足为：①一般只能适用于最小体积设计或质量最轻设计，使用范围窄；②在某些情况下存在失效的可能性；③由于没有建立与目标函数的关系，常常只能求得近似解，计算结果不是很精确，因此并不能保证目标达到最优；④缺乏通用性，对每一种类型的结构设计都需要重新建立相应的准则；⑤目标函数的使用范围不够广，优化后所得的结果一般是局部最优解，而非全局最优解。

优化准则法包括满应力法、应力比法和互补应变能法。随着优化准则法的发展，有学者将 Kuhn-Tucker 条件引入优化准则法形成了理性准则法，增强了算法的数学严谨性和通用性，使结构优化结果更为理想。Kim 等[35]提出了针对具有任意目标函数和多重不等式约束拓扑优化问题的一种广义最优准则法，其利用灵敏度信息对设计变量进行更新迭代。该方法针对具体问题具有较高的迭代计算效率。

2）数学规划法

数学规划法（mathematics programming，MP）将数学理论与分析相结合，依据目标函数和约束函数的灵敏度信息，确定迭代的下降方向和步长，逐步逼近最优解[36]。该类方法理论基础更坚实，适用性更广泛，计算速度快、效率高，特别适用于大规模结构件的优化问题，但其需要解析表达式以及灵敏度信息，且相对容易陷入局部最优解。

数学规划法的思想是：①从初始点 $x^{(k)}$ 出发，基于目标函数和约束函数的灵敏度确定迭代搜索方向 $d^{(k)}$；②依据相应理论方法确定沿搜索方向 $d^{(k)}$ 的搜索步长 $\partial^{(k)}$，得到新的设计点 $x^{(k+1)} = x^{(k)} + \partial^{(k)} d^{(k)}$；③再对新的设计点 $x^{(k+1)}$ 重复上述步骤进行重分析计算，确定下一个设计点 $x^{(k+2)}$，循环迭代计算，直至满足迭代终止准则，求得原问题的解。

数学规划法主要有序列凸规划法(sequential convex programming，SCP)、序列线性规划法(sequential linear programming，SLP)和序列二次规划法(sequential quadratic programming，SQP)等。序列凸规划法中的移动渐近线法(method of moving asymptotes，MMA)已成为求解连续体结构优化设计问题的常用方法[37]。序列二次规划法具有全局收敛性和局部超线性收敛性，被广泛应用于大规模结构件的非线性拓扑优化问题。

1963 年，Wilson 提出牛顿-序列二次规划法(Newton-SQP)，被认为是序列二次规划法的开创性工作。对于一个优化问题，有效的求解方法至关重要。从 20 世纪 70 年代末，序列二次规划法已成为求解非线性约束优化问题最成功的方法之一，由于该方法具有超线性收敛，一直是非线性规划的研究热点。在相关理论和计算方法的支持下，序列二次规划法已经被开发并用于解决商业和公共领域的一些重要实际问题[38,39]。

序列二次规划法的主要优点是具有局部超线性收敛和全局收敛性。通常为使算法具有全局收敛性，要求二次规划子问题中的黑塞矩阵(Hessian matrix)对称正定，这样可以使二次规划子问题产生的搜索方向为目标函数下降的方向。黑塞矩阵是对称正定矩阵，所以二次规划子问题是一个严格的凸规划问题，该问题必有唯一解[30]。

序列二次规划法的基本思想是在每一个迭代步中，通过求解二次规划子问题来确立新的搜索方向，重复迭代，直到得到优化解。需要指出的是，序列二次规划法有两个重要的性质：第一，序列二次规划法不是可行点法，即初始点和后续迭代点并不一定可行，这有很重要的意义，因为当存在非线性约束时，找到一个可行点有时候是非常困难的；第二，序列二次规划法的成功求解往往依赖于能否对二次规划子问题进行快速、精确的求解。

对于优化问题，先假定一个起始迭代点 $x^{(0)}$，将目标函数 $f(x)$ 和约束函数 $g(x)$、$h(x)$ 在初始点 $x^{(0)}$ 做泰勒二次展开，建立如下二次规划子问题：

$$
\begin{cases}
\min f(\boldsymbol{x}) = x^{(0)} + f'(x^{(0)})(x-x^{(0)}) + \dfrac{f''(x^{(0)})}{2}(x-x^{(0)})^2 \\[2mm]
\text{s.t.}\quad g_i(\boldsymbol{x}) = x^{(0)} + g'(x^{(0)})(x-x^{(0)}) + \dfrac{g''(x^{(0)})}{2}(x-x^{(0)})^2 \\[2mm]
h_j(\boldsymbol{x}) = x^{(0)} + h'(x^{(0)})(x-x^{(0)}) + \dfrac{h''(x^{(0)})}{2}(x-x^{(0)})^2
\end{cases}
\tag{1.56}
$$

求解二次规划子问题，得到近似解 $x^{(1)}$。在该点对优化问题做泰勒二次展开，得到下一个二次规划子问题，即

$$\begin{cases} \min \quad f(\boldsymbol{x}) = x^{(1)} + f'(x^{(1)})(x - x^{(1)}) + \dfrac{f''(x^{(1)})}{2}(x - x^{(1)})^2 \\ \text{s.t.} \quad g_i(\boldsymbol{x}) = x^{(1)} + g'(x^{(1)})(x - x^{(1)}) + \dfrac{g''(x^{(1)})}{2}(x - x^{(1)})^2 \\ \qquad\quad h_j(\boldsymbol{x}) = x^{(1)} + h'(x^{(1)})(x - x^{(1)}) + \dfrac{h''(x^{(1)})}{2}(x - x^{(1)})^2 \end{cases} \tag{1.57}$$

得到进一步的近似解 $x^{(2)}$，如此循环，直到近似解序列逐渐收敛于原问题的最优解。由于通过求解一系列二次规划子问题逼近原非线性规划的解，称为序列二次规划方法。求解实际问题时，在每次求解二次规划子问题后，需要对结果进行收敛性判别。收敛性判别可采取判断优化迭代步长变化量的方法实现，若多次迭代前后的变化量小于给定值则收敛。

对于含约束优化子问题，可采用牛顿-拉格朗日法[40] (Newton-Lagrange method)进行求解。拉格朗日函数可把约束优化问题转化为无约束优化问题，再采用牛顿法求解无约束优化问题，故称牛顿-拉格朗日法。

首先建立拉格朗日函数，即

$$L(\boldsymbol{x}, \boldsymbol{u}, \boldsymbol{\lambda}) = f(\boldsymbol{x}) - \boldsymbol{u}^{\mathrm{T}} h(\boldsymbol{x}) - \boldsymbol{\lambda}^{\mathrm{T}} g(\boldsymbol{x}) \tag{1.58}$$

式中，$\boldsymbol{u}$、$\boldsymbol{\lambda}$ 为拉格朗日乘子向量；$\boldsymbol{u}^{\mathrm{T}}$、$\boldsymbol{\lambda}^{\mathrm{T}}$ 为拉格朗日乘子向量的转置。

根据 Kuhn-Tucker 条件(确定约束优化问题极值点的必要条件，具体理论参考文献[30])，可得到如下方程组：

$$\nabla L(\boldsymbol{x}, \boldsymbol{u}, \boldsymbol{\lambda}) = \begin{bmatrix} \nabla f(\boldsymbol{x}) - \nabla h(\boldsymbol{x})^{\mathrm{T}} \boldsymbol{u} - \nabla g(\boldsymbol{x})^{\mathrm{T}} \boldsymbol{\lambda} \\ -h(\boldsymbol{x}) \\ -g(\boldsymbol{x}) \end{bmatrix} = 0 \tag{1.59}$$

式中，$\nabla(\cdot)$ 为各函数的梯度向量(一阶偏导数向量)；$h(\boldsymbol{x})^{\mathrm{T}}$、$g(\boldsymbol{x})^{\mathrm{T}}$ 为约束函数向量的转置。

利用牛顿法求解上述方程组，牛顿法的迭代格式为

$$\boldsymbol{x}^{(k+1)} = \boldsymbol{x}^{(k)} + \boldsymbol{d}^{(k)} \tag{1.60}$$

式中，$\boldsymbol{d}^{(k)} = (\Delta \boldsymbol{x}^{(k)}, \Delta \boldsymbol{u}^{(k)}, \Delta \boldsymbol{\lambda}^{(k)})$ 为第 k 次迭代步长，即表示 $\boldsymbol{x}^{(k)}$、$\boldsymbol{u}^{(k)}$、$\boldsymbol{\lambda}^{(k)}$ 的优化改变量，$\boldsymbol{x}^{(k)}$ 为第 k 次迭代的设计变量，$\boldsymbol{u}^{(k)}$、$\boldsymbol{\lambda}^{(k)}$ 为第 k 次迭代的拉格朗日

乘子向量，满足如下方程：

$$N^y(x^{(k)}, u^{(k)}, \lambda^{(k)})d^{(k)} = -\nabla L(x^{(k)}, u^{(k)}, \lambda^{(k)}) \tag{1.61}$$

式中，N^y 为雅可比矩阵，表示为

$$N^y(x^{(k)}, u^{(k)}, \lambda^{(k)}) = \begin{bmatrix} H(x^{(k)}, u^{(k)}, \lambda^{(k)}) & -\nabla h(x) & -\nabla g(x) \\ -\nabla h(x)^{\mathrm{T}} & 0 & 0 \\ -\nabla g(x)^{\mathrm{T}} & 0 & 0 \end{bmatrix} \tag{1.62}$$

式中，$H(x^{(k)}, u^{(k)}, \lambda^{(k)}) = \nabla_{xx}^2 L(x, u, \lambda)$ 为拉格朗日函数的黑塞矩阵。

对于 $N^y(x^{(k)}, u^{(k)}, \lambda^{(k)})$，由于 $\nabla h(x)$、$\nabla g(x)$ 为列满秩，只要 $H(x^{(k)}, u^{(k)}, \lambda^{(k)})$ 对称正定，即可得到方程的唯一解。

3）智能算法

智能算法（intelligent algorithm，IA），也叫启发式算法，指人在解决问题时所采取的一种根据经验规则进行发现的方法，是通过揭示或模拟某些自然现象的过程演化发展而来的一种迭代优化算法。该类算法首先设置迭代初始值，然后对优化问题进行相应的参数化编码，进而映射为可进行求解计算的数据结构，最后依据相应搜索策略进行求解。智能算法不要求优化问题的数学描述满足可微性，即不需要求解灵敏度信息，仅需要优化的目标函数值信息，适用于隐式约束类优化问题。该算法在概率上具有全局最优解，求解高维多目标约束问题通常能得到比较好的结果，具有较好的适应性和鲁棒性，但存在计算量大、效率低和成本高等缺陷。

目前，工程上常用的智能算法种类繁多，主要有经典的遗传算法（genetic algorithm，GA）、粒子群算法（particle swarm optimization，PSO）、模拟退火算法（simulated annealing，SA）、蚁群算法（ant colony optimization，ACO）等。

（1）遗传算法属于智能仿生类算法，通过模拟自然界中生物遗传进化法则进行优化求解[41]。遗传算法首先设定一个初始群体，从群体中选择一部分进行交叉、变异操作，每迭代一次就将结果代入适应度函数公式求解出适应度函数值，达到终止条件后输出结果。遗传算法通常将有约束优化问题用外惩罚函数方法转化为无约束优化问题，并行计算和大范围搜索能力强，适用于复杂非线性问题，但其迭代效率及搜索效率相对较慢，容易早熟，且在设计适应度函数时要求其评价函数值非负，对于复杂约束问题不适用。

（2）粒子群算法是通过模拟鸟群觅食行为而发展起来的一种基于群体协作的搜索算法，其基本思想是通过群体中个体之间的协作和信息共享来寻找最优解。在粒子群算法中，每个优化问题的潜在解都可以想象成 D 维搜索空间上的一个点，称为粒子(particle)，所有的粒子都有一个被目标函数决定的适应值(fitness value)，每个粒子还有一个速度决定它们飞翔的方向和距离，粒子在解空间中追随当前的最优粒子进行搜索。该算法简单，容易实现，无需梯度信息，参数少，其天然的实数编码特点特别适合处理实优化问题。

(3)模拟退火算法是通过模拟固体材料的退火现象进行优化求解的一种基于概率的全局寻优算法[9]，具有鲁棒性和自适应性强等优点，并且克服了结构拓扑优化中因应力函数的不连续而导致的求解困难问题，被广泛应用于求解结构优化设计问题。模拟退火算法的局部搜索能力要强于遗传算法。

(4)蚁群算法是依据蚁群在寻食时选择最优路径，同时在避开障碍物时也会选择最短路径的思想提出的[42]。张卓群[43]把蚁群算法应用于离散体结构的拓扑优化，将复杂问题简单化。蚁群算法的并行性好、鲁棒性强，具有独特的正反馈机制。

4. 优化方法

1)无约束最优化方法

在工程应用中，处理有约束的优化问题时，通常将全部或部分有约束优化问题转化为无约束问题。可见，无约束优化方法是最基础的优化方法。

一般用直接法或间接法对无约束优化问题进行求解。只需对目标函数的各点进行计算，不需要进行求导的方法为直接法，也叫数值方法，如随机方向法、坐标轮换法、单纯形法、Hooke-Jeeves 模式搜索法和 Powell 法等。间接法也叫解析法，需要对目标函数进行求导，根据黑塞矩阵及梯度提供的信息，采取各种算法，间接得到最优解，如变尺度法、牛顿法、最速下降法和共轭梯度法等[33]。

一维搜索作为基础的无约束最优化方法，有以下三种类型：①直接迭代法，如黄金分割法；②拟合法，如二次插值法；③间接寻优法，如切线法。

从算法的可靠性分析，黄金分割法计算简单，比较稳定，并且适用于性态较差的目标函数。

2)有约束最优化方法

按照对约束条件处理方法的不同，将求解有约束最优化问题的方法分为直接解法和间接解法两类。

直接解法的基本思路是：每次迭代所得点被限制在可行域内，且目标函数值逐步减小，直到在可行域内获得最优解。计算过程中，需要对每个迭代点的适用性和可行性进行检验[34]。

适用性条件：迭代点 $x^{(k+1)}$ 的目标函数值必须小于 $x^{(k)}$ 的目标函数值，即

$$f(x^{(k+1)}) < f(x^{(k)}) \tag{1.63}$$

可行性条件：迭代点 $x^{(k)}$ 必须在可行域内。

常用的直接解法有可行方向法、网格法、约束坐标轮换法、序列线性规划法、复合形法和梯度法等，主要用于求解具有不等式约束的优化问题。

间接解法的基本思路是：将有约束最优化问题转化为无约束最优化问题进行求解，可以处理含有等式约束和不等式约束的优化问题，如惩罚函数法、消元法和拉格朗日乘子法等，在实际中广泛应用。

1.3.2 结构优化分类

1）按设计变量分类

根据设计变量的不同，结构优化由难到易分为拓扑优化(topology optimization)、形状优化(shape optimization)和尺寸优化(size optimization)。

拓扑优化的设计变量是有限元单元的有无，是在规定的设计域、给定边界条件和载荷作用条件下寻求结构材料的最佳布局，从而在满足约束的情况下使结构性能达到最佳的一种设计方法，如图 1.23 所示。拓扑优化设计理念彻底改变了传统尺寸优化、形状优化的设计模式，通过去除冗余材料，实现构型的创新设计；设计难度最大，一般为概念设计阶段提供重要参考，展现出可观的工程应用价值。

图 1.23 拓扑优化

形状优化是优化给定几何特性的形状，设计变量是有限元节点坐标，通常用于基本设计阶段，如图 1.24 所示。

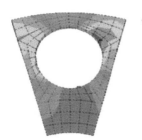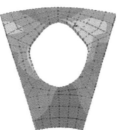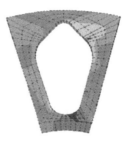

图 1.24 形状优化

尺寸优化主要是参数优化，设计变量是杆件的横截面面积、板壳的厚度等，如梁的厚度和截面尺寸等，用于详细设计，如图 1.25 所示。

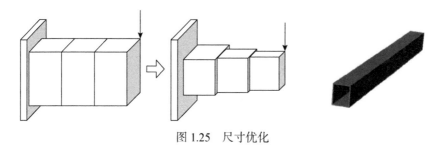

图 1.25　尺寸优化

　　结构优化的三个层次和工程设计的关系如图 1.26 所示，应用实例如图 1.27 所示。

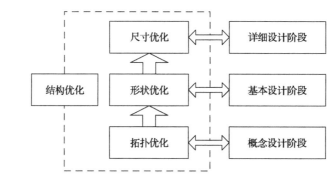

图 1.26　结构优化的三个层次和工程设计的关系

图 1.27　结构优化应用实例

2)按结构对象分类

　　根据结构对象不同，结构优化分为连续体结构优化和离散体结构优化。连续体结构指膜、板、壳、实体及组合结构，而离散体结构通常指骨架类结构，以桁架、刚架结构最为典型。离散体结构优化具有一些特有的难点，如设计变量具有离散性、桁架结构应力约束拓扑优化问题中存在奇异最优解。连续体结构优化特别是拓扑优化已成为近三十年来结构优化领域内最热门和最具有挑战的研究方向之一。

1.3.3　结构优化的数值不稳定现象

结构拓扑优化结果中普遍存在以下三类数值不稳定性现象：灰度单元、棋盘格（checker board）和网格依赖性（mesh dependence）。

1）灰度单元

灰度单元是在优化结果中存在密度介于 0~1 的单元，如图 1.28 所示。灰度单元过多则会导致优化构型中实体与孔洞交界处模糊不清，影响材料识别，难以确切地给出拓扑构型。灰度单元主要存在于固体各向同性惩罚（solid isotropic material with penalization，SIMP）模型等变密度方法中，主要有两种解决办法：一是加大 SIMP 模型中的惩罚因子，随着惩罚因子的增大，设计变量的值越来越接近拓扑优化特征函数期望的值；二是滤波半径过大会产生灰度单元，合理确定滤波半径的值，可以抑制灰度单元的生成。

图 1.28　灰度单元

2）棋盘格

棋盘格是指优化构型中实体和孔洞交替出现而呈现出"棋盘格"，是结构拓扑优化中常见的一种现象，如图 1.29 所示。棋盘格的出现导致优化结果不清晰，不利于结果解析。棋盘格的出现与优化问题解的存在性以及有限元近似的收敛性密切相关，是连续问题的解以弱收敛方式逼近原离散问题的真实解时出现的一种现象。避免棋盘格的主要措施有：采用灵敏度过滤技术；采用较为稳定的有限元模式，改变优化目标函数的泛函，使优化过程趋于顺畅；使用"超参元"，可以在一定程度上抑制棋盘格。

图 1.29　棋盘格现象

3）网格依赖性

网格依赖性是指针对同一拓扑优化问题，优化结果随离散网格的大小不同而有所不同。优化构型中的最小尺寸依赖于有限元网格，离散网格越细密，结构细节特征越明显，如图 1.30 所示。棋盘格和网格依赖性问题容易同时发生，抑制网格依赖性的措施也具有消除棋盘格现象的作用。

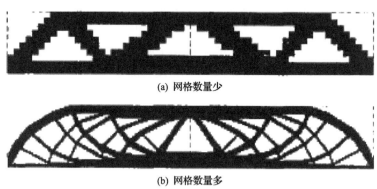

(a) 网格数量少

(b) 网格数量多

图 1.30　网格依赖性

1.4　风电机组叶片多相材料拓扑优化

多相材料结构是指把具有不同性能的材料组成一个结构，以使构件的性能满足要求。如果把孔洞也当成一种材料，可以视为两相实体材料与孔洞组成的多相材料结构，如图 1.31 所示。多相材料拓扑优化是指在一定约束条件下，根据目标函数确定各相材料的用量及其分布。在进行多相材料拓扑优化时，通常需要把整个设计域 Ω 划分成若干个连续充满整个设计域的子域 Ω_l。

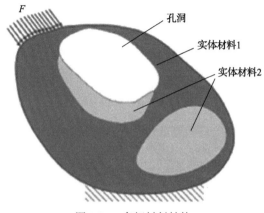

图 1.31　多相材料结构

多相材料拓扑优化的本质就是在各个子域 Ω_i 实现材料的最佳分布, 因此使用 ω_{ij} 来表示子域 Ω_i 中候选材料 j 的权重, 必须在满足一定约束条件时进行选取。 ω_{ij} 定义为

$$\omega_{ij} = \begin{cases} 1, & 第 i 个子域中第 j 种候选材料被选择 \\ 0, & 第 i 个子域中没有选择第 j 种候选材料 \end{cases} \quad (1.64)$$

为了满足复合材料与结构的轻质、多功能、高性能要求, 由多种不同性能和特性的材料共同构成的多相材料结构已十分常见, 其设计也已从使用单一类型材料的传统模式发展到多相材料的匹配优化设计[44]。

叶片的铺层结构设计是一个多相材料、多参数、多目标的复杂过程。大量研究和试验表明, 复合材料结构的性能不仅取决于材料自身性能, 更重要的取决于结构的材料布局、铺层参数和方法等, 控制复合纤维结构的材料空间布局和铺层参数是保证结构性能的关键之一[45,46]。

随着风轮向单机大容量、轻量化、高性能、低成本的方向发展, 对叶片的性能和重量也提出了更高的要求, 迫切需要进一步充分发挥材料空间布局和铺层参数两个几何层级上的可设计性潜力。而如何设计确定结构的整体材料合理布局和铺层参数, 才能保证叶片的主要结构性能尽可能达到最优, 一直是国内外学者的研究热点。近年来, 拓扑优化、多相材料拓扑优化(multiphase topology optimization, MTO)和离散材料优化(discrete material optimization, DMO)[47]设计方法为该类问题的有效解决提供了新的思路。

风电机组叶片的材料空间布局具有可设计性, 主要体现在连续体结构两相材料(复合纤维和软夹芯材料)的宏观拓扑优化[48]。铺层参数是决定叶片性能的重要因素之一[9], 其细观尺度的铺层参数同样具有可设计性, 为设计者提供了天然的、更加灵活的设计空间, 在无需增加结构质量的条件下即可改善结构的响应。叶片的铺层顺序复杂多变, 难以用变量表达, 无法对其建立目标函数。铺层角度对叶片结构性能影响的权重较大, 如果能从细观角度确定每一层的材料布局和铺层角度, 则铺层顺序亦确定。纤维铺角一般为有限个离散量, 由于复合纤维的各向异性, 不同角度的纤维可以视为不同的材料。若将角度视为一种相变量, 则应用离散材料优化方法, 铺层角度优化问题完全可以转变为离散多相材料的分布优化问题。叶片结构内部的铺层参数设计不再是单值优化, 而具有更大的设计空间, 因此往往可获得更优异的性能设计[6]。

因此, 风电机组叶片包含两个层面的多相材料拓扑优化, 一是复合材料和软夹芯材料的宏观连续体拓扑优化, 二是复合材料的细观纤维铺角(取向)优化, 详

细内容见第 4 章和第 5 章。

1.5　本章小结

　　本章主要介绍了风电机组叶片多相材料拓扑优化方法及应用的研究背景、意义和国内外主流的大型风电机组叶片的结构形式和结构设计要求，给出了具有较强代表性的某 1.5MW 风电机组叶片的基本参数、铺层方案、建模方法、模型和分区；阐述了风场模拟理论、风力分布分析方法，划分了风速区间，计算了以内蒙古某风场实测风速为基础数据的风力分布及 DLC1.5 极限工况下叶片各截面的集中力和弯矩载荷；论述了复合材料层合板的概念、铺层设计原则、标记、经典层合板理论，结构优化数学模型、优化收敛和终止条件、优化方法、拓扑优化、形状优化、尺寸优化、连续体结构优化、离散体结构优化的概念、应用场合以及灰度单元、棋盘格、网格依赖性三种数值不稳定性现象；最后，针对复合材料风电机组叶片特定的结构、材料组成和性能需求，提出了风电机组叶片复合材料和软夹芯材料的宏观连续体拓扑优化、细观离散纤维铺角(取向)拓扑优化两个层面的多相材料拓扑优化问题。

参　考　文　献

[1] Barra P H A, de Carvalho W C, Menezes T S, et al. A review on wind power smoothing using high-power energy storage systems. Renewable and Sustainable Energy Reviews, 2021, 137(3): 110455.

[2] 全球风能理事会(GWEC). 2024 全球风能报告, 2024.

[3] Yan J S, Sun P W, Wu P H, et al. A patch discrete material optimisation method for ply layout of wind turbine blades based on stiffness matrix material interpolation. International Journal of Materials and Product Technology, 2023, 67(1): 82-105.

[4] Xia C L, Song Z F. Wind energy in China: Current scenario and future perspectives. Renewable and Sustainable Energy Reviews, 2009, 13(8): 1966-1974.

[5] 胡燕平, 戴巨川, 刘德顺. 大型风力机叶片研究现状与发展趋势. 机械工程学报, 2013, 49(20): 140-151.

[6] 马志坤, 孙鹏文, 张兰挺, 等. 基于 DMO 的风力机叶片细观纤维铺角优化设计. 太阳能学报, 2022, 43(4): 440-445.

[7] Meng H, Jin D Y, Li L, et al. Analytical and numerical study on centrifugal stiffening effect for large rotating wind turbine blade based on NREL 5MW and Wind PACT 1.5MW models. Renewable Energy, 2022, 183: 321-329.

[8] 董新洪, 孙鹏文, 张兰挺. 风力机叶片铺层参数多目标优化设计. 机械工程学报, 2022, 58(4): 165-173.

[9] 张兰挺, 李双荣, 孙鹏文, 等. 铺层参数对风力机叶片结构性能的耦合影响分析. 太阳能学报, 2018, 39(6): 1768-1774.

[10] 吴佳梁, 王广良, 魏振山, 等. 风力机可靠性工程. 北京: 化学工业出版社, 2011.

[11] Mourad A I, Almomani A, Sheikh I A, et al. Failure analysis of gas and wind turbine blades: A review. Engineering Failure Analysis, 2023, 146: 107107.

[12] 刘博, 黄争鸣. 复合材料风机叶片结构分析与铺层优化. 玻璃钢/复合材料, 2012, (1): 3-7.

[13] 孙鹏文, 邢哲健, 王慧敏, 等. 复合纤维风力机叶片结构铺层优化设计研究. 太阳能学报, 2015, 36(6): 1410-1417.

[14] 张志阳, 魏敏, 胡蓉, 等. 风力机叶片三维建模与压力载荷分析. 机械设计与研究, 2020, 36(2): 185-188.

[15] 汪泉, 陈进, 王君, 等. 气动载荷作用下复合材料风力机叶片结构优化设计. 机械工程学报, 2014, 50(9): 114-121.

[16] Zhang C Z, Chen H P, Huang T L. Fatigue damage assessment of wind turbine composite blades using corrected blade element momentum theory. Measurement, 2018, 129: 102-111.

[17] Hassan G L G. Bladed Theory Manual Version 4.8. Bristol: Garrad Hassan & Partners Ltd, 2010.

[18] International Electrotechnical Commission. IEC 61400-1: 2005. Wind turbines-Part 1: Design requirements. 3rd ed. Geneva, 2005.

[19] 郭文强. 基于疲劳损伤的风力机叶片可靠性研究. 呼和浩特: 内蒙古工业大学, 2020.

[20] 张兰挺, 邓海龙, 鄐佳佳, 等. 铺层参数对风力机叶片静态结构性能的影响分析. 太阳能学报, 2014, 35(6): 1059-1064.

[21] Sun P W, Ma K, Yue C B, et al. Research on structure ply optimization of composite wind turbine blade. International Journal of Simulation Systems: Science & Technology, 2016, 17(12): 4.

[22] 王耀先. 复合材料力学与结构设计. 上海: 华东理工大学出版社, 2012.

[23] 赵美英, 陶梅贞. 复合材料结构力学与结构设计. 西安: 西北工业大学出版社, 2007.

[24] 张少实, 庄茁. 复合材料与粘弹性力学. 2 版. 北京: 机械工业出版社, 2012.

[25] Xue M D, Lu Q H, Zhuang R Q, et al. Stress and strength analysis by FEM of fibre reinforced plastic pipe tees subjected to internal pressure. International Journal of Pressure Vessels and Piping, 1996, 67(1): 11-15.

[26] Soden P D, Kaddour A S, Hinton M J. Recommendations for designers and researchers resulting from the world-wide failure exercise. Composites Science and Technology, 2004, 64(3-4):

589-604.

[27] 潘柏松, 谢少军, 梁利华. 风机叶片叶根复合材料铺层强度特性研究. 太阳能学报, 2012, 33(5): 769-775.

[28] Tsai S W. Double-double: New family of composite laminates. AIAA Journal, 2021, 59(11): 4293-4305.

[29] 龙凯, 王选, 孙鹏文, 等. 连续体结构拓扑优化方法及应用. 北京: 中国水利水电出版社, 2022.

[30] 陈宝林. 最优化理论与算法. 2版. 北京: 清华大学出版社, 2005.

[31] 李为吉, 宋笔锋, 孙侠生, 等. 飞行器结构优化设计. 北京: 国防工业出版社, 2005.

[32] 程耿东. 工程结构优化设计基础. 北京: 水利电力出版社, 1984.

[33] 王宜举, 修乃华. 非线性最优化理论与方法. 北京: 科学出版社, 2012.

[34] 黄平. 最优化理论与方法. 北京: 清华大学出版社, 2009.

[35] Kim N H, Dong T, Weinberg D, et al. Generalized optimality criteria method for topology optimization. Applied Sciences, 2021, 11(7): 3175.

[36] Bendsøe M P, Kikuchi N. Generating optimal topologies in structural design using a homogenization method. Computer Methods in Applied Mechanics and Engineering, 1988, 71(2): 197-224.

[37] 朱本亮, 张宪民, 王念峰, 等. 柔顺机构拓扑优化研究进展. 机械工程学报, 2021, 57: 1-22.

[38] Boggs P T, Tolle J W. Sequential quadratic programming. Acta Numerica, 1995, 4: 1-51.

[39] Long K, Saeed A, Zhang J H, et al. An overview of sequential approximation in topology optimization of continuum structure. Computer Modeling in Engineering & Sciences, 2024, 139(1): 43-67.

[40] 裴杰. 求解等式约束优化问题的基于拟牛顿校正的既约 Hessian SQP 方法. 长沙: 湖南大学, 2008.

[41] 孙鹏文, 侯战华, 岳彩宾, 等. 基于遗传算法的风力机叶片结构铺层厚度优化. 太阳能学报, 2016, 37(6): 1566-1572.

[42] 于洲, 陈圣军, 李小平. 改进蚁群算法的研究综述. 信息与电脑(理论版), 2021, 33(11): 57-59.

[43] 张卓群. 基于蚁群算法的输电塔结构离散变量优化设计. 大连: 大连理工大学, 2014.

[44] Sigmund O. Design of multiphysics actuators using topology optimization—Part II: Two-material structures. Computer Methods in Applied Mechanics and Engineering, 2001, 190(49-50): 6605-6627.

[45] 王晓军, 马雨嘉, 王磊, 等. 飞行器复合材料结构优化设计研究进展. 中国科学: 物理学 力学 天文学, 2018, 48(1): 26-41.

[46] Yu T, Shi Y Y, He X D, et al. Optimization of parameter ranges for composite tape winding process based on sensitivity analysis. Applied Composite Materials, 2017, 24(4): 821-836.

[47] Lund E, Stegmann J. On structural optimization of composite shell structures using a discrete constitutive parametrization. Wind Energy, 2005, 8(1): 109-124.

[48] 李宏宇, 孙鹏文, 张兰挺, 等. 基于 ICM 的风力机叶片多相材料拓扑优化设计. 太阳能学报, 2021, 42(12): 261-266.

第2章 铺层参数对风电机组叶片结构性能的影响分析

2.1 响 应 面 法

响应面法(response surface method，RSM)是数学方法和统计方法的产物，它采用试验、建模和数据分析的方法对受多个变量影响的响应值进行优化，是一种用来建立设计变量和设计目标函数关系模型的方法。通过设计试验方案，并结合试验获取相应数据，采用多元二次回归方程来拟合设计变量与响应值之间的函数关系。响应面法将模型看成黑箱，不需要了解系统(结构)内部关联，输入和输出关系只需通过拟合关系式联系起来[1,2]。

2.1.1 试验设计法的基本术语

试验设计法的基本术语有 5 个，分别是试验指标、试验次数、试验水平、试验因素和交互作用[3]。其中：

(1)试验指标是用来衡量试验效果的质量指标，指标是试验研究过程的因变量。

(2)试验次数是指在设计试验过程中按照试验设计原理所需的最低次数。

(3)试验水平是试验中因素所处的级别，是各个因素在此次试验中需被考虑的几种具体条件。

(4)试验因素是自变量，是在试验中要考虑的对试验指标可能构成影响的变量统称，常用大写字母 A、B、C、D 等表示。

(5)交互作用是指因素间不同水平组合对响应指标造成的影响。由工程实践可知，不仅试验因素的不同水平对试验结果产生作用，试验因素之间存在的耦合作用同样对试验结果产生作用。

2.1.2 响应面法的基本原理

响应面法的基本思想是构造一个多项式，并通过该多项式表达含有隐式功能的函数，即用显式映射式充当试验因素与响应值之间的隐式映射关系，以便于优化处理[1,4]。从本质上来说，响应面法是一种统计方法，使用这种方法进行优化可以求解出包含不确定性输入变量的最佳响应值。主要过程如下：

(1)试验设计。采用试验设计方法在设计区域找试验点,获取自变量与响应值之间的对应数据。

(2)响应面拟合和显著性检验。依据试验数据模拟出响应面模型,并对其进行显著性检测,从而判定所模拟的响应面模型是否达到标准。

(3)优化。通过优化处理,确定试验因素的最优组合和最优响应值。

2.1.3　一阶响应面法

当试验设计中存在多个设计变量,且某些变量的重要性尚未凸显出来时,需要进行筛选试验,应用一阶响应面法剔除不重要的变量,并确定设计变量的水平是否接近响应面最优位置。若部分变量远离最优位置,则采用一阶数学模型使其逼近。一阶响应面模型为

$$y = \beta_0 + \sum_{i=1}^{N^x} \beta_i x_i \qquad (2.1)$$

式中, y 为响应值; x_i 为设计变量; β_0 为回归截距; β_i 为回归系数; N^x 为设计变量个数。

常用的一阶响应面法包括正交(回归)设计法和最速上升(下降)法。

1)正交(回归)设计法

正交试验设计主要依靠正交表实现,正交表安排的试验方法具有均衡搭配的特性。试验者可根据试验因素数、因素水平数以及是否具有交互作用等需求查找相应的正交表;再依据正交表的正交性,从试验中挑选出部分有代表性的因素进行试验,可以实现以最少的试验次数达到与大量全面试验等效的结果[5]。

正交设计法的步骤如下:

(1)根据工程实际或专业经验确定试验因素,将无关因素剔除,因素水平数根据需求一般在 2~4 选取。

(2)依据试验因素数和因素水平数选用合适的正交表,正交表的选取是整个试验设计的关键。正交表分为同水平正交表和混合水平正交表,若各因素水平相同则选取同水平正交表,否则选取混合水平正交表。

(3)应用选定的正交表,将各个表头替换为相应试验因素,便可得到相应试验方案;根据试验方案进行试验,将最终结果填入表内即可。

合理使用正交设计法可极大地减少工作量。在三因素三水平试验情况下,全面设计法需要进行 27 次试验,而正交设计法只需进行 9 次试验。在因素水平较低情况下,正交设计法是一种高效、快速而经济的多因素试验设计方法。

正交设计法的不足是:在筛选阶段收敛速度过慢,因素变化规律掌握不准确,导致试验次数增加。当试验步骤烦琐、成本支出过高时,此缺点更为明显,且试

验因素水平数过多时，正交设计的试验安排次数并非最优。

2）最速上升（下降）法

最速上升法（steepest-ascent algorithm）是一种沿着响应值最大增量方向逐渐移动搜寻的方法。若在编码空间中寻求最小响应值，则称该方法为最速下降法。

依据最速上升法原理，试验根据最快上升的路径进行搜寻，此方向平行于拟合响应面等高线的法线方向，通常取目标区域的中点并垂直于拟合曲线等高线的直线为最速上升路径。在上升过程中，步长的大小根据个人需求和实际情况来确定。最速上升法搜索路径如图 2.1 所示，最速上升方向即为响应值增加最快的方向。

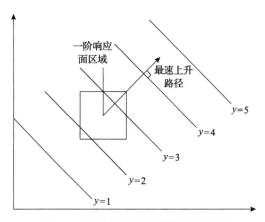

图 2.1　最速上升法搜索路径示意图

最速上升法通常先从因子或者部分因子设计开始，筛选出不相关因子并剔除。当存在可用于响应的回归模型后，沿着最速上升路径移动，便可到达响应值最大点附近的区域。

2.1.4　二阶响应面法

一般在工程优化上采用的都是响应面二阶模型，以获取输入变量的最优水平组合，二阶响应面模型为

$$y = \beta_0 + \sum_{i=1}^{N^x}\beta_i x_i + \sum_{i=1}^{N^x}\beta_{ii}x_i^2 + \sum_{i<j}^{N^x}\beta_{ij}x_i x_j + \varepsilon \tag{2.2}$$

式中，y 为响应值；x_i、x_j 为第 i、j 个自变量；β_0 为回归截距；β_i、β_{ii}、β_{ij} 为回归系数；$x_i x_j$ 为不同变量的交互项；N^x 为设计变量个数；ε 为正态随机误差。

常用的二阶响应面法包括中心复合设计法和 Box-Behnken 设计法。

1）中心复合设计法

中心复合设计（central composite design，CCD）法是最常用的响应面法之一，包括外切中心复合设计、内切中心复合设计和中心复合表面设计[6]。

当轴向点落在立方体外部，并且超出因子水平的极限范围时，此设计称为外切中心复合设计（circumscribed central composite design）。根据试验要求，不允许因子水平超出立方体区域，可缩小因子试验区域使轴向点落在立方体内部，此设计称为内切中心复合设计（inscribed central composite design）。当因子的水平数不足 5 个时，将轴向点置于立方体每个表面中心位置，此设计称为中心复合表面设计（central composite face-centered design）。

中心复合设计由 2^k 析因设计（k 为试验因素数）和部分因子设计组成。$k=2$ 的中心复合设计如图 2.2 所示，各轴上的点称为轴向点，轴向点个数为 $2k$；正方形各角上的点称为角点，当试验区域为立方体时则称为立方点，角点（立方点）个数为 2^k；a 为坐标轴上的坐标值，$a=2^{k/4}$，其取值影响中心复合设计的形式。

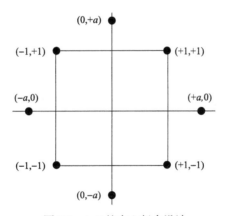

图 2.2　$k=2$ 的中心复合设计

当 $k=3$ 时，$a=2^{3/4}=1.682$，此时令 $a=1$，可使得原本在立方体面外的轴向点处于立方体各面中心处，如图 2.3 所示，此设计称为中心复合表面设计，能将上一次在立方体各顶点处获得的试验数据在后续中心复合设计中继续使用，即保留了设计的序贯性。

2）Box-Behnken 设计法

Box-Behnken 设计（Box-Behnken design，BBD）法常用于评定响应值与自变量的非线性关系，是二阶响应面法中常用的方法之一[7]。其优点是能够将所有设计点都附着在半径为 $2^{1/2}$ 的球面上，即正方体各棱边中点以及一个中心试验点。BBD法不包含由各个变量上限和下限所生成的立方体区域顶点处任意一点，因此当正方体顶点所代表的因子水平组合因试验成本过高或试验限制而不可行时，此设计就显示出其特有的优点。

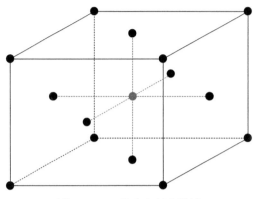

图 2.3　$k=3$ 的中心复合设计

考虑到各输入变量取值范围不尽相同,需要对所有的输入变量进行线性变换,做无量纲处理,使整个因子区域转变为中心在原点的立方体。设输入变量 g_i 的变化区间为 $[k'_{\min}, k'_{\max}]$,转换公式为

$$h_i = \frac{k' - m'}{l'} \tag{2.3}$$

式中,l' 为区间长度;k' 为区间上、下限;m' 为区间中点;h_i 为输入变量 g_i 转换后的转码变量。

经转换后,输入变量 g_i 的变化区间转为变量 h_i 对应的区间 $[-1, 1]$,输入变量 g_i 取值范围的高值和低值分别对应 $+1$、-1,中心点对应 0。此时,原因子变化区域转变为中心点在立方体中点、试验点在各棱边中点的立方体区域,如图 2.4 所示。其中,每个设计点的三维立体坐标代表每一试验点的三水平试验,并在整个域内平均分布。

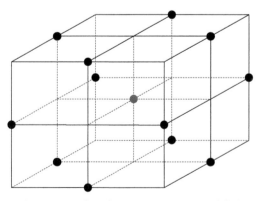

图 2.4　三因素三水平 Box-Behnken 试验布点

应用 BBD 法设计试验时不需要将所有的试验因素都安排为高水平试验组合，相对于中心复合试验，BBD 试验不存在轴向点，因此在设置因素水平时不会出现超出安全范围的情况。

与 CCD 法相比，BBD 法的突出优势在于：在自变量相同的情况下，进行试验的试验设计点较少，在提高试验设计效率的同时，保证了计算结果的可靠性。BBD 可用于非线性数学模型的拟合，拟合准确度和推测结果可靠性高，可找出各因素之间最优组合并考察交互作用，得到最优设计方案[8,9]。

BBD 的试验次数与因素数相关联，因素数与试验次数成正比，见表 2.1。以三因素(用 A、B、C 代表)为例，其设计见表2.2，其中 0 是中心点，+、−分别对应高水平和低水平。

表 2.1　Box-Behnken 设计法的因素数与试验次数

因素数	中心点数	试验次数
3	5	17
4	5	29
5	6	46
6	6	54
7	6	62

表 2.2　三因素的 Box-Behnken 设计法

试验序号	因素			响应值
	A	B	C	Y
1	−1	−1	0	—
2	1	−1	0	—
3	−1	1	0	—
4	1	1	0	—
5	−1	0	−1	—
6	1	0	−1	—
7	−1	0	−1	—
8	1	0	1	—
9	0	−1	−1	—
10	0	1	−1	—
11	0	−1	−1	—
12	0	1	1	—

续表

试验序号	因素			响应值
	A	B	C	Y
13	0	0	0	—
14	0	0	0	—
15	0	0	0	—
16	0	0	0	—
17	0	0	0	—

2.2 铺层参数对风电机组叶片结构性能的耦合影响分析

铺层参数对叶片结构性能存在耦合影响，不同的铺层参数组合将产生不同的叶片结构性能，并直接影响叶片的质量，孤立地研究某个参数对叶片结构性能的影响可能导致结果的严重失真。为此，本节从工程角度出发，采用有限元法与响应面法相结合的方法，建立铺层角度、铺层厚度、铺层顺序与叶片刚度、强度之间的二阶耦合映射关系，探究铺层参数对叶片结构性能的影响程度以及两两交互对叶片结构性能的耦合作用，以期获得优化的铺层参数取值域。

2.2.1 铺层参数与叶片结构性能间数学模型的建立

以某 1.5MW 风电机组叶片为对象，铺层角度、$\pm x°$铺层厚度比例和铺层顺序作为影响叶片结构静态性能的自变量，叶片强度指标 Tsai-Wu 失效因子、刚度指标最大位移为因变量，建立铺层参数与叶片结构性能间的多参数耦合数学模型。根据层合板设计原则，结合工程实践与经验，确定铺层角度和 $\pm x°$铺层厚度比例的取值范围分别为 30°～60°和 40%～80%，铺层顺序为离散变量，为了方便后续的运算与分析，对铺层顺序进行量化处理(离散变量量化方法见 3.3 节)，将其转化为连续变量(即铺层顺序参数)。选取三种具有代表性的铺层顺序，计算对应的表征参数。叶片铺层参数水平表见表 2.3。

表 2.3 叶片铺层参数水平表

铺层角度/(°)	$\pm x°$铺层厚度比例/%	铺层顺序，铺层顺序参数
30	40	$[\pm x°/\pm x°/0°/90°]_T$, 0.03
45	60	$[\pm x°/0°/\pm x°/90°]_T$, 0.18
60	80	$[0°/\pm x°/90°/\pm x°]_T$, 0.33

运用 Design Expert 软件中 Box-Behnken 设计法进行三因素三水平试验，获得 17 组试验点，其中前 12 组试验点为析因点，13～17 组试验点为零点，是设计区域的中心点，表示对零点进行 5 次重复性试验，用来估计试验误差。对每一种试验方案，采用 ABAQUS 软件分析叶片的强度和刚度，结果见表 2.4。

表 2.4　铺层参数的设计方案及分析结果

试验号	铺层角度/(°)	±x°铺层厚度比例/%	铺层顺序参数	Tsai-Wu 失效因子	最大位移/mm
1	30	40	0.18	0.841951	1091.65
2	60	40	0.18	0.848794	1095.27
3	30	80	0.18	0.841615	1092.34
4	60	80	0.18	0.855435	1099.54
5	30	60	0.03	0.841767	1091.96
6	60	60	0.03	0.852075	1097.37
7	30	60	0.33	0.841743	1091.95
8	60	60	0.33	0.852048	1097.37
9	45	40	0.03	0.842952	1092.12
10	45	80	0.03	0.843777	1093.26
11	45	40	0.33	0.842931	1092.12
12	45	80	0.33	0.843745	1093.25
13	45	60	0.18	0.843335	1092.65
14	45	60	0.18	0.843335	1092.65
15	45	60	0.18	0.843335	1092.65
16	45	60	0.18	0.843335	1092.65
17	45	60	0.18	0.843335	1092.65

参数对响应量的影响有单参数影响和不同参数之间的耦合影响，同一参数之间不存在耦合影响[10]。铺层参数与叶片结构性能表征参数之间的非线性数学模型为

$$y = \beta_0 + \beta_1 a + \beta_2 b + \beta_3 c + \beta_4 ab + \beta_5 bc + \beta_6 ac + \beta_7 abc \tag{2.4}$$

式中，y 为响应变量，即叶片结构性能表征参数；a、b、c 分别为铺层角度、±x°铺层厚度比例、铺层顺序参数；ab、bc、ac 分别为参数 a 和 b、b 和 c、a 和 c 的耦合项；abc 为参数 a、b、c 耦合项；$\beta_0 \sim \beta_7$ 为系数。

根据所得叶片 Tsai-Wu 失效因子和最大位移，采用 Design Expert 软件对试验数据进行多项式拟合回归，分别得到 DLC1.5g-2 工况下该取值域内铺层参数与叶片 Tsai-Wu 失效因子和最大位移的非线性耦合数学模型（a、b、c 耦合项的系数非常

小，忽略不计），即

$$SF = 0.873 - 1.44 \times 10^{-3} a - 2.14 \times 10^{-4} b + 9.48 \times 10^{-4} c + 5.81 \times 10^{-6} ab$$
$$- 5.17 \times 10^{-7} ac - 1.38 \times 10^{-5} bc \tag{2.5}$$

$$U = 1108.25 - 0.804a - 9.89 \times 10^{-2} b + 0.426c + 2.98 \times 10^{-3} ab$$
$$+ 1.15 \times 10^{-3} ac - 8.29 \times 10^{-3} bc \tag{2.6}$$

式中，SF 为 Tsai-Wu 失效因子；U 为最大位移，mm。

为了验证试验数据的可靠性及回归模型和回归系数的显著性，需要对其进行方差分析和残差分析检验。Tsai-Wu 失效因子和最大位移多元回归模型的方差分析结果分别见表 2.5 和表 2.6。表中，df 值为自由度；F 值是 F 检验的统计量，是组间和组内离差平方和与自由度的比值，主要用于分析参数间的交互作用等；p 值大小用来评定参数的显著性，即输入参数对响应值的影响是否显著。$p<0.01$ 时，该参数对响应值的影响极显著；$0.01<p<0.05$ 时，该参数对响应值的影响显著；$p>0.05$ 时，该参数对响应值的影响不显著[1]。

表 2.5 Tsai-Wu 失效因子多元回归模型的方差分析

来源	平方和	df 值	均方差	F 值	p 值
模型	2.88×10^{-4}	9	3.19×10^{-5}	82.37	<0.0001
a	2.13×10^{-4}	1	2.13×10^{-4}	547.88	<0.0001
b	7.85×10^{-6}	1	7.85×10^{-6}	20.24	0.0028
c	1.35×10^{-9}	1	1.35×10^{-9}	0.00	0.9546
ab	1.22×10^{-5}	1	1.22×10^{-5}	31.38	0.0008
ac	5.43×10^{-12}	1	5.43×10^{-12}	0.00	0.9971
bc	6.92×10^{-9}	1	6.92×10^{-9}	0.02	0.8975
残差	2.72×10^{-6}	7	3.88×10^{-7}	—	—
失拟项	2.72×10^{-6}	3	9.05×10^{-7}	—	—
纯误差	0	4	0	—	—
总离差	2.90×10^{-4}	6	—	—	—

表 2.6 最大位移多元回归模型的方差分析

来源	平方和	df 值	均方差	F 值	p 值
模型	8.55×10^{1}	9	0.95×10^{1}	73.74	<0.0001
a	5.85×10^{1}	1	5.85×10^{1}	453.68	<0.0001
b	0.07×10^{2}	1	0.65×10^{1}	50.50	0.0002

续表

来源	平方和	df 值	均方差	F 值	p 值
c	$0.01×10^{-2}$	1	$5.00×10^{-5}$	0.00	0.9848
ab	$0.03×10^{2}$	1	$0.32×10^{1}$	24.86	0.0016
ac	$2.67×10^{-5}$	1	$2.66×10^{-5}$	0.00	0.9889
bc	$2.48×10^{-3}$	1	$2.48×10^{-3}$	0.02	0.8936
残差	$9.00×10^{-1}$	7	$1.30×10^{-1}$	—	—
失拟项	$9.00×10^{-1}$	3	$3.00×10^{-1}$	—	—
纯误差	0	4	0	—	—
总离差	$8.64×10^{1}$	16	—	—	—

由表 2.5 和表 2.6 可知，模型对应的 p 值均小于 0.0001，说明 Tsai-Wu 失效因子和最大位移的回归模型是极显著的。铺层角度和 $±x°$铺层厚度比例的 p 值均小于 0.01，二者对 Tsai-Wu 失效因子和最大位移的影响均是极显著的；铺层顺序的 p 值大于 0.05，其对 Tsai-Wu 失效因子和最大位移的影响均不显著。交互项中，铺层角度与 $±x°$铺层厚度比例交互项的 $p<0.01$，其对 Tsai-Wu 失效因子和最大位移的耦合影响极显著，铺层角度和铺层顺序交互项、$±x°$铺层厚度比例和铺层顺序交互项的 p 值均大于 0.05，二者对 Tsai-Wu 失效因子和最大位移的耦合影响均不显著。

Tsai-Wu 失效因子和最大位移的残差正态概率分布如图 2.5 所示。从图中可以看出，散点分布近似直线，无异常样本存在，说明回归模型满足方差性假设，残差服从正态分布。

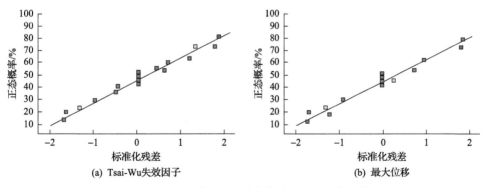

(a) Tsai-Wu失效因子　　(b) 最大位移

图 2.5　Tsai-Wu 失效因子和最大位移的残差正态概率分布

结合方差和残差分析结果，多参数耦合数学模型是显著且可行的。

2.2.2　铺层参数对叶片结构性能的耦合影响分析

利用 Design Expert 软件中的 Model Graphs 功能模块，Graphs Tool 设置为 3D Surface，Factors Tool 设置铺层参数及交互项。通过计算可生成铺层参数两两交互对叶片结构性能影响的响应曲面。

1. 铺层角度与±x°铺层厚度比例对叶片强度、刚度的耦合影响分析

在铺层顺序参数为 0.18 的情况下，铺层角度和±x°铺层厚度比例对叶片强度、刚度耦合影响的响应曲面如图 2.6 和图 2.7 所示。

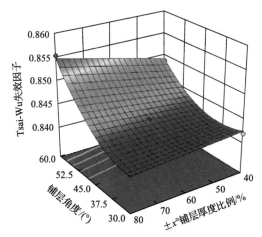

图 2.6　铺层角度和±x°铺层厚度比例对 Tsai-Wu 失效因子的耦合影响

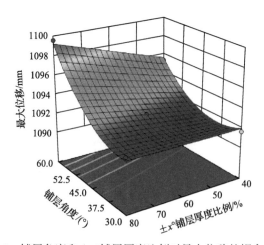

图 2.7　铺层角度和±x°铺层厚度比例对最大位移的耦合影响

在铺层顺序参数为 0.18 的情况下，随着铺层角度从 30°向 60°递增，Tsai-Wu

失效因子和最大位移都是先减小后增大；随着±x°铺层厚度比例从 40%向 80%递增，在铺层角度为 30°时，Tsai-Wu 失效因子和最大位移无明显变化；随着铺层角度增加到 60°，Tsai-Wu 失效因子和最大位移都在不断增大。由表 2.5 和表 2.6 可知，铺层角度与±x°铺层厚度比例对叶片强度和刚度存在极显著的耦合影响。选取铺层角度为 38°～45°、±x°铺层厚度比例为 55%～65%，能使 Tsai-Wu 失效因子处于较优值域；选取铺层角度为 55°～60°、±x°铺层厚度比例为 70%～80%，能使最大位移处于较优值域。

2. 铺层角度与铺层顺序对叶片强度、刚度的耦合影响分析

在±x°铺层厚度比例为 60%的情况下，铺层角度和铺层顺序对叶片强度、刚度耦合影响的响应曲面如图 2.8 和图 2.9 所示。

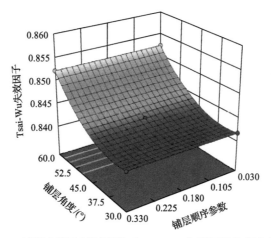

图 2.8　铺层角度和铺层顺序对 Tsai-Wu 失效因子的耦合影响

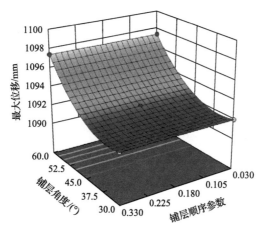

图 2.9　铺层角度和铺层顺序对最大位移的耦合影响

在±x°铺层厚度比例为 60%的情况下，随着铺层角度从 30°向 60°递增，Tsai-Wu 失效因子和最大位移都是先减小后增大；随着铺层顺序参数从 0.03 向 0.33 变化，Tsai-Wu 失效因子与最大位移均无明显变化。由表 2.5 和表 2.6 可知，铺层角度与铺层顺序对叶片强度和刚度的耦合影响不显著。选取铺层角度为 45°～50°、铺层顺序参数为 0.18～0.21，能使 Tsai-Wu 失效因子处于较优值域；选取铺层角度为 55°～60°、铺层顺序参数为 0.3～0.33，能使最大位移处于较优值域。

3. ±x°铺层厚度比例与铺层顺序对叶片强度、刚度的耦合影响

在铺层角度为 45°的情况下，±x°铺层厚度比例和铺层顺序对叶片强度、刚度耦合影响的响应曲面如图 2.10 和图 2.11 所示。

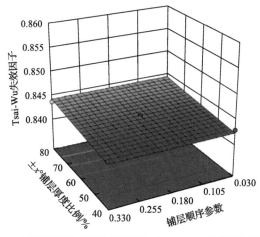

图 2.10　±x°铺层厚度比例和铺层顺序对 Tsai-Wu 失效因子的耦合影响

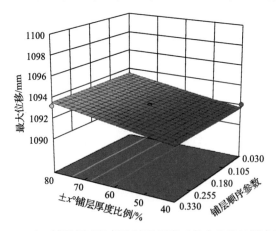

图 2.11　±x°铺层厚度比例和铺层顺序对最大位移的耦合影响

在铺层角度为 45°的情况下，随着±x°铺层厚度比例从 40%向 80%递增，Tsai-

Wu 失效因子和最大位移增大；随着铺层顺序参数从 0.03 向 0.33 变化，Tsai-Wu 失效因子和最大位移变化不明显。由表 2.5 和表 2.6 可知，$\pm x°$铺层厚度比例与铺层顺序对叶片强度和刚度的耦合影响不显著，选取$\pm x°$铺层厚度比例为 55%～60%、铺层顺序参数为 0.18～0.21，能使 Tsai-Wu 失效因子处于较优值域；选取$\pm x°$铺层厚度比例为 75%～80%、铺层顺序参数为 0.3～0.33，能使最大位移处于较优值域。

2.3　铺层参数对风电机组叶片结构性能影响的灵敏度分析

灵敏度是指设计目标对各个设计变量变化的敏感程度。灵敏度分析能够定性或定量地识别对设计目标影响显著的设计变量，以准确、有效地控制和修改试验参数并及时调整优化设计方案[11]。

灵敏度分析是研究一个系统输出变化率对系统参数变化敏感程度的方法[12,13]，其目的是探究模型输出不确定性的来源。通过灵敏度分析，可以根据模型输入变量对输出响应不确定性的贡献大小，对输入变量进行重要性排序，从而通过减小重要输入变量的不确定性，以最小的代价减小模型输出响应的不确定性，提高模型预测的稳健性。另外，通过给不重要输入变量设定一个确定值，达到减少设计参数、降低输入变量维数、提高优化效率的目的[14,15]。

在铺层参数对风电机组叶片结构性能影响的敏感度方面，如何识别敏感参数和非敏感参数、如何划分各参数的稳定域和非稳定域、如何确定铺层参数的优化取值范围，是需要研究和探讨的问题之一。为此，本节提出融合单参数区间灵敏度分析和多参数相对灵敏度分析的叶片铺层参数灵敏度分析方法。应用直接求导法和基于累积分布函数的矩独立灵敏度分析方法分别进行单参数区间灵敏度分析和多参数相对灵敏度分析，从整体上得到结构性能对各参数变化的敏感程度，识别出敏感和不敏感参数，确定各参数的初始稳定区间和非稳定区间，最终获得叶片综合性能优化稳定的铺层参数取值域。

2.3.1　单铺层参数对叶片结构性能影响的区间灵敏度分析

单参数区间灵敏度分析，又称局部灵敏度分析，从单一因素层面反映了参数变化对设计目标的影响程度。其操作简便，每次只分析一个因素，只考虑一个因素变化，所以被广泛应用。通过单铺层参数区间灵敏度分析，可以得到单铺层参数在取值范围内的灵敏度变化趋势，为单铺层参数的选择和调整提供依据[16]。

1. 单铺层参数区间灵敏度分析方法

对某一参数进行灵敏度分析时，在对应的取值范围内对该参数值进行随机选取，其他参数取固定值，固定值通常为各参数取值范围的中点值[17]。

根据灵敏度的数学定义，灵敏度是目标函数对设计变量的偏导数[18]，应用直接求导法得到单参数区间的灵敏度公式，即

$$S_i = \left| \frac{\partial f(x)}{\partial x_i} \right| \tag{2.7}$$

式中，S_i 为单参数区间灵敏度；$f(x)$ 为目标函数；x_i 为设计变量。

2. 单铺层参数对叶片强度影响的区间灵敏度分析

铺层顺序为不敏感参数，在其取值域内任意取值对叶片结构性能的影响均较小，因此无须对其进行单参数区间灵敏度分析和划分稳定区间。

将式(2.5)代入式(2.7)，可得出铺层角度、$\pm x°$铺层厚度比例对叶片 Tsai-Wu 失效因子的灵敏度函数，即

$$\begin{cases} S_a^{\text{Tsai-Wu}} = \left| \frac{\partial \text{SF}(a, \overline{b}, \overline{c})}{\partial a} \right| = \left| 3.2 \times 10^{-5} a - 1.1 \times 10^{-3} \right| \\ S_b^{\text{Tsai-Wu}} = \left| \frac{\partial \text{SF}(\overline{a}, b, \overline{c})}{\partial b} \right| = \left| 1.4 \times 10^{-7} b + 4 \times 10^{-5} \right| \end{cases} \tag{2.8}$$

式中，$S_a^{\text{Tsai-Wu}}$、$S_b^{\text{Tsai-Wu}}$ 分别为铺层角度、$\pm x°$铺层厚度比例对 Tsai-Wu 失效因子的区间灵敏度；$\overline{a} = 45°$、$\overline{b} = 60\%$、$\overline{c} = 0.18$ 分别为铺层角度、$\pm x°$铺层厚度比例和铺层顺序参数取值范围的中值。

叶片强度的单参数区间灵敏度曲线如图 2.12 所示。单参数区间灵敏度曲线反映了单个铺层参数在其取值范围内的灵敏度变化趋势，从图中可以看出，铺

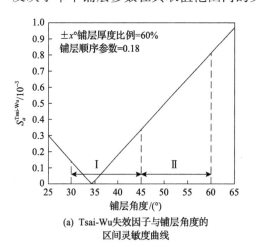

(a) Tsai-Wu 失效因子与铺层角度的
区间灵敏度曲线

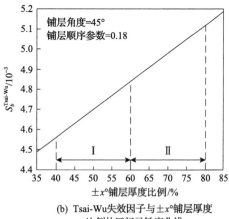

(b) Tsai-Wu 失效因子与 $\pm x°$铺层厚度
比例的区间灵敏度曲线

图 2.12 叶片强度的单参数区间灵敏度曲线

层角度的灵敏度值呈先降低后升高的趋势，±x°铺层厚度比例的灵敏度值则呈线性上升的趋势。

利用二分法将各个铺层参数取值范围均分为Ⅰ和Ⅱ两个区间，计算两个区间内的灵敏度平均值，分别记为$\overline{A}_{L1}$和$\overline{A}_{L2}$，整个取值范围的灵敏度平均值记为$\overline{A}_{L0}$。灵敏度平均值计算公式为

$$\overline{A}_{L}=\frac{\int_{L_d}^{L_u} S_x^{\text{Tsai-Wu}} \mathrm{d}x}{L_u - L_d} \tag{2.9}$$

式中，$\overline{A}_L$为铺层参数各区间的灵敏度平均值；L_u、L_d分别为铺层参数各区间的上限和下限。

将式(2.8)代入式(2.9)，分别求得各铺层参数的$\overline{A}_{L0}$、$\overline{A}_{L1}$和$\overline{A}_{L2}$，结果见表2.7。

表 2.7　铺层参数对叶片强度影响的各区间灵敏度平均值

铺层参数	$\overline{A}_{L0}/10^{-3}$	$\overline{A}_{L1}/10^{-3}$	$\overline{A}_{L2}/10^{-3}$
铺层角度	0.36	0.14	0.58
±x°铺层厚度比例	4.84	4.70	4.98

将$\overline{A}_{L1}$、$\overline{A}_{L2}$和$\overline{A}_{L0}$进行比较，若$\overline{A}_{L1} < \overline{A}_{L0}$，则Ⅰ为稳定区间，Ⅱ为非稳定区间；若$\overline{A}_{L2} < \overline{A}_{L0}$，则Ⅱ为稳定区间，Ⅰ为非稳定区间[19]。在稳定区间内，叶片结构性能对铺层参数的变化不敏感，在非稳定区间内，叶片结构性能对铺层参数的变化敏感。

由表2.7可知，铺层角度、±x°铺层厚度比例的Ⅰ区间灵敏度平均值$\overline{A}_{L1}$皆小于Ⅱ区间灵敏度平均值$\overline{A}_{L2}$，并且小于整体区间灵敏度平均值$\overline{A}_{L0}$。灵敏度平均值越小，说明在该区间内选取的铺层参数对叶片结构性能的影响越小，即叶片结构性能越稳定。因此，将各铺层参数的Ⅰ区间记为初始稳定区间，Ⅱ区间为记非稳定区间。

3. 单铺层参数对叶片刚度影响的区间灵敏度分析

将式(2.6)代入式(2.7)，可得出铺层角度、±x°铺层厚度比例对叶片最大位移的灵敏度函数，即

$$\begin{cases} S_a^U = \left| \dfrac{\partial U(a, \overline{b}, \overline{c})}{\partial a} \right| = \left| 0.018a - 0.625 \right| \\[3mm] S_b^U = \left| \dfrac{\partial U(\overline{a}, b, \overline{c})}{\partial b} \right| = \left| 1.9 \times 10^{-4} b + 0.034 \right| \end{cases} \tag{2.10}$$

式中，S_a^U、S_b^U 分别为铺层角度、$\pm x°$铺层厚度比例对最大位移的区间敏感度；$\bar{a} = 45°$、$\bar{b} = 60\%$、$\bar{c} = 0.18$ 分别为铺层角度、$\pm x°$铺层厚度比例和铺层顺序参数取值范围的中值。

叶片刚度的单参数区间灵敏度曲线如图 2.13 所示。

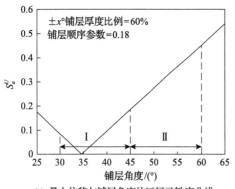

(a) 最大位移与铺层角度的区间灵敏度曲线

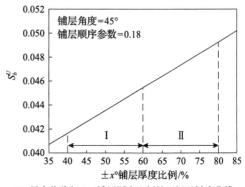

(b) 最大位移与$\pm x°$铺层厚度比例的区间灵敏度曲线

图 2.13　叶片刚度的单参数区间灵敏度曲线

从图 2.13 可以看出，铺层角度的灵敏度值呈先降低后升高的趋势，$\pm x°$铺层厚度比例的灵敏度值则呈逐渐升高的趋势。同理，将各个铺层参数取值范围分为Ⅰ 和Ⅱ两个区间，计算 $\bar{A}_{L1}$、$\bar{A}_{L2}$ 和 $\bar{A}_{L0}$。灵敏度平均值计算公式为

$$\bar{A}_L = \frac{\displaystyle\int_{L_d}^{L_u} S_x^U \mathrm{d}x}{L_u - L_d} \tag{2.11}$$

将式(2.10)代入式(2.11)，分别求得各铺层参数的 $\bar{A}_{L0}$、$\bar{A}_{L1}$ 和 $\bar{A}_{L2}$，结果见表 2.8。

表 2.8　铺层参数对叶片刚度影响的各区间灵敏度平均值

铺层参数	$\bar{A}_{L0}/10^{-3}$	$\bar{A}_{L1}/10^{-3}$	$\bar{A}_{L2}/10^{-3}$
铺层角度	0.20	0.08	0.32
$\pm x°$铺层厚度比例	0.0454	0.0435	0.0473

由表 2.8 可知，铺层角度和$\pm x°$铺层厚度比例的Ⅰ区间灵敏度平均值 $\bar{A}_{L1}$ 皆小于Ⅱ区间灵敏度平均值 $\bar{A}_{L2}$，且小于整体区间灵敏度平均值 $\bar{A}_{L0}$，因此将铺层角度和$\pm x°$铺层厚度比例的Ⅰ区间记为初始稳定区间，Ⅱ区间记为非稳定区间。

4. 铺层参数初始稳定区间和非稳定区间

综合考虑叶片强度和刚度的灵敏度曲线，铺层角度和 $\pm x°$ 铺层厚度比例的 I 区间为初始稳定区间(目标函数值变化比较平缓的区间)，II 区间为非稳定区间，见表 2.9。

表 2.9　铺层参数的初始稳定区间和非稳定区间

铺层参数	初始稳定区间	非稳定区间
铺层角度	[30°,45°]	[45°,60°]
$\pm x°$ 铺层厚度比例	[40%,60%]	[60%,80%]

2.3.2　多铺层参数对叶片结构性能影响的相对灵敏度分析

单参数灵敏度分析只反映了局部因素(单个参数)对整体的影响，而进行多参数灵敏度分析时，所有参数是同时变化的，能够定性或定量地识别对设计目标影响显著的设计变量，所得灵敏度具有一定的全局意义，因此多参数灵敏度分析又称全局灵敏度分析。

单参数灵敏度分析没有考虑参数间相互作用对模型输出结果(响应值)的影响，而铺层参数对叶片结构性能的影响存在耦合作用。为此，提出一种基于蒙特卡罗(Monte Carlo，MC)法的多铺层参数相对灵敏度分析方法，以此来考察叶片结构性能对不同铺层参数变化的敏感程度，找到敏感铺层参数。

蒙特卡罗法，又称随机模拟法或统计试验法，是一种通过使用随机数解决问题的方法。在进行灵敏度分析时，通常采用直接随机抽样进行模拟分析，步骤如下:

(1)识别随机变量，确定每一个随机变量的分布和特性。

(2)定义模拟的最大运行次数 N。

(3)产生均匀分布的随机数序列。

(4)将随机数序列转换为相对应的随机变量值。

(5)调用程序对当前值的响应进行计算。

(6)重复第(3)~(5)步，直至模拟达到最大运行次数 N。

(7)对响应值进行分析统计(平均值、标准方差、范围、分布形状等)。

通常第(3)步生成的随机数是使用计算机通过数学方法实现的,具有一定的局限性,因此称为伪随机数。伪随机数并非真正意义上的"随机",只有用物理方法产生的随机数才称为真随机数。真随机数和伪随机数最大的区别就是真随机数没有周期,但由于条件有限且随机数需求量较大,采用伪随机数进行计算是可行的。

应用蒙特卡罗法生成随机数后，需要对数据进行整理分析，获得各参数的灵敏度。因此，采用科尔莫戈罗夫-斯米尔诺夫(Kolmogorov-Smirnov，K-S)检验法进行检验，K-S 检验法是基于累积频率(概率)分布函数，检验一个经验分布是否符合某种理论分布或比较两个经验分布是否有显著性差异的方法。K-S 检验法检验两种分布是否相似或者不同，是通过为两个分布生成累积频率图，并计算横坐标值在两条曲线上对应点间的距离，在每个横坐标值计算得到的所有距离中搜索最大距离实现的[20]。

1. 多铺层参数区间灵敏度分析方法

相对灵敏度是指优化目标对各个设计变量变化的敏感程度，其目的是识别设计变量中对优化设计目标函数影响显著的和薄弱的环节，以准确、有效地控制和优化变量参数及修改优化方案，获得优化的目标[21]。

多参数相对灵敏度分析基于蒙特卡罗法，同时变化所有参数的取值，综合考虑多次模型运行结果并给出每个参数的灵敏度。而且，灵敏度的度量不是对比输出变量变化值与参数变化值，而是根据定义的目标函数值，通过给定的指标对 N_s 次模拟的目标函数值进行分类，然后计算可接受和不可接受两组参数的累积频率，比较主观标准和客观函数值，据此对每个参数的灵敏度做出判断[22]。

多参数相对灵敏度分析能综合反映结构性能对各参数变化的敏感程度。因此，可以定性或定量地识别敏感参数和不敏感参数。对于不敏感参数，其值可以在较大范围内选择；对于敏感参数，其值应该在有限范围内选取。

多参数相对灵敏度分析步骤如下：

(1)选择试验参数 $z_1, z_2, \cdots, z_n$。

(2)确定各参数的取值范围。

(3)对于选取的参数，应用蒙特卡罗法在各自的取值范围内生成独立均匀分布的随机数，在生成的随机数中进行随机均匀抽取，得到的随机数再进行随机组合，得到 N_s 个随机数组。在模型准确和模拟次数足够多的前提下，应用蒙特卡罗法得到的结果是十分可信的。

(4)应用 N_s 个随机数组运行多元回归模型，计算相应的目标函数值 Y_j ($j=1, 2, \cdots, N_s$)。

(5)比较目标函数值与目标函数值接受衡量标准，获得"可接受"和"不可接受"的目标函数值及其对应的随机数组，并进行分类。

目标函数值接受衡量标准 M_h 定义为

$$M_h = \frac{1}{N_s} \sum_{j=1}^{N_s} Y_j \tag{2.12}$$

式中，Y_j 为目标函数；N_s 为随机数组数；M_h 为 N_s 个随机数组计算所得 N_s 个目标参数值的平均值。

"可接受"和"不可接受"随机数组的数值分别为 P_a、P_r，判定准则分别为

$$P_a(Y_j) = \begin{cases} 1, & Y_j \leqslant M_h \\ 0, & 其他 \end{cases} \tag{2.13}$$

$$P_r(Y_j) = \begin{cases} 1, & Y_j > M_h \\ 0, & 其他 \end{cases} \tag{2.14}$$

分别将 N_s 个 Tsai-Wu 失效因子和 N_s 个最大位移与各自的衡量标准 M_h 进行比较。根据式(2.13)和式(2.14)对 N_s 个随机数组进行分类，由于 Tsai-Wu 失效因子和最大位移均是越小越好，当表征参数值小于等于 M_h 值时，将该表征参数值对应的随机数组归为"可接受"的类别中，并将 P_a 赋值为 1，P_r 赋值为 0；当表征参数值大于 M_h 值时，将该表征参数值对应的随机数组归为"不可接受"的类别中，并将 P_r 赋值为 1，P_a 赋值为 0。Tsai-Wu 失效因子和最大位移各自对应的 P_a 与 P_r 值之和均等于 N_s。

(6)统计评估敏感度。对每个铺层参数比较其"可接受"和"不可接受"两组参数的分布情况，计算累积频率，绘制累积频率分布曲线。

累积频率计算公式为

$$C_a = \frac{1}{N_a} \sum_{j=1}^{N_s} P_a(Y_j) \tag{2.15}$$

$$C_r = \frac{1}{N_r} \sum_{j=1}^{N_s} P_r(Y_j) \tag{2.16}$$

式中，C_a、C_r 分别为"可接受"和"不可接受"参数组的累积频率；N_a、N_r 分别为"可接受"和"不可接受"参数组总组数。

根据 K-S 检验法原理，基于累积频率分布曲线检验一个经验分布是否符合某种理论分布或比较两个经验分布是否有显著性差异。将需要做统计分析的数据和另一组标准数据进行对比，两条线之间的最大距离表示二者之间的最大区别程度。双样本 K-S 检验是比较两个样本最有用也是最通用的非参数方法之一，它对两个样本的累积频率分布曲线的位置和形状差异都很敏感，所以从一个样本集合中划

分出"可接受"和"不可接受"的样本集合,暂归为两个不同的样本,并进行对比分析。

各参数的灵敏度可用"可接受"和"不可接受"两条累积频率曲线最大的分离度,又称科尔莫戈罗夫-斯米尔诺夫距离(Kolmogorov-Smirnov distance, KS)表示,其大小代表了两组数据间的差异,差异越大表明数据间离散程度越大,即试验参数对响应值的影响作用越明显。对于某一参数,试验参数累积频率曲线的 KS 越大,对响应值的影响越大,对应的参数越敏感。因此,将 KS 作为敏感程度的表征参数,即灵敏度,计算式为

$$KS = \sup\left|C_a - C_r\right| \tag{2.17}$$

式中,sup 为上确界。

多参数相对灵敏度分析流程如图 2.14 所示。

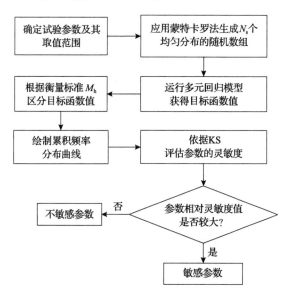

图 2.14　多参数相对灵敏度分析流程

2. 面向叶片强度的多铺层参数相对灵敏度分析

基于铺层参数与叶片强度(Tsai-Wu 失效因子)的多元回归模型式(2.5),对铺层参数进行相对灵敏度分析,设置模型在蒙特卡罗法中的运行次数 N_s=3000。

面向叶片强度的多参数相对灵敏度分析结果如图 2.15 所示。实线为"可接受"的累积频率曲线,虚线为"不可接受"的累积频率曲线,两条曲线分离程度越大,KS 越大,则叶片结构性能对该铺层参数的变化越敏感,反之越不敏感。

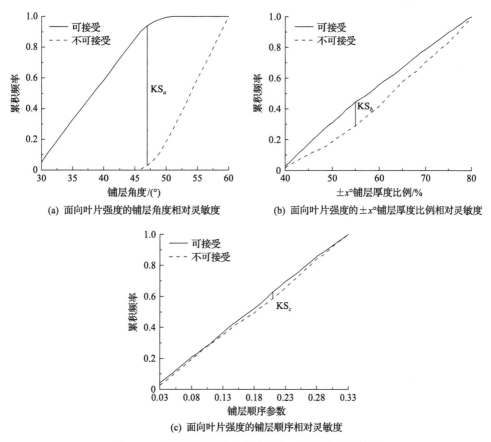

(a) 面向叶片强度的铺层角度相对灵敏度　　(b) 面向叶片强度的±$x°$铺层厚度比例相对灵敏度

(c) 面向叶片强度的铺层顺序相对灵敏度

图 2.15　面向叶片强度的多参数相对灵敏度分析结果

从图 2.15 可以看出，各铺层参数对应的累积频率分布曲线分离程度均不同，说明这三个铺层参数对叶片强度存在一定程度的影响。其中铺层角度的累积频率分布曲线分离程度最大，±$x°$铺层厚度比例次之，铺层顺序的累积频率分布曲线分离程度最小。

根据面向叶片强度的多参数相对灵敏度分析结果，可计算得到各铺层参数累积频率分布曲线分离程度的最大值，即相对灵敏度 KS。

铺层角度的相对灵敏度 KS_a=0.9394−0.0304=0.909，累积频率分布曲线分离程度最大处的铺层角度为 47°；

±$x°$铺层厚度比例的相对灵敏度 KS_b=0.4452−0.2888=0.1564，累积频率分布曲线分离程度最大处的±$x°$铺层厚度比例为 55%；

铺层顺序的相对灵敏度 KS_c=0.6285−0.5861=0.0424，累积频率分布曲线分离程度最大处的铺层顺序参数为 0.21。

由各铺层参数的相对灵敏度值可知，叶片强度对铺层角度的变化最敏感，对

±x°铺层厚度比例的变化次之，对铺层顺序的变化最不敏感。因此，铺层角度和±x°铺层厚度比例为敏感参数，铺层顺序为不敏感参数。

3. 面向叶片刚度的多铺层参数相对灵敏度分析

结合铺层参数和叶片刚度(最大位移)的多元回归模型式(2.6)，对铺层参数进行相对灵敏度分析，设置模型在蒙特卡罗法中的运行次数 N_s =3000。

面向叶片刚度的多参数相对灵敏度分析结果如图 2.16 所示。从图中可以看出，铺层角度"可接受"的曲线和"不可接受"的曲线的分离程度最大，说明铺层角度的相对灵敏度最大；±x°铺层厚度比例的两条曲线也有一定程度的分离，但分离程度不及铺层角度，说明±x°铺层厚度比例的相对灵敏度比铺层角度小；铺层顺序的两条曲线差异最不明显。

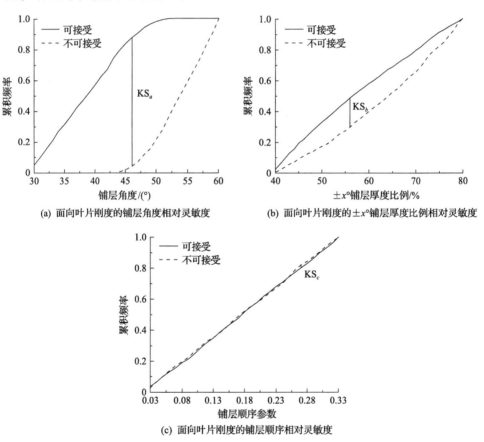

(a) 面向叶片刚度的铺层角度相对灵敏度　　(b) 面向叶片刚度的±x°铺层厚度比例相对灵敏度

(c) 面向叶片刚度的铺层顺序相对灵敏度

图 2.16　面向叶片刚度的多参数相对灵敏度分析结果

根据面向叶片刚度的多参数相对灵敏度分析结果，可计算得到各铺层参数累积频率分布曲线分离程度的最大值，即相对灵敏度 KS。

铺层角度的相对灵敏度 KS_a=0.8763−0.0394=0.8369，累积频率分布曲线分离程度最大处的铺层角度为 46°；

±x°铺层厚度比例的相对灵敏度 KS_b=0.4875−0.2987=0.1888，累积频率分布曲线分离程度最大处的±x°铺层厚度比例为 56%；

铺层顺序的相对灵敏度 KS_c=0.8205−0.8017=0.0188，累积频率分布曲线分离程度最大处的铺层顺序参数为 0.27。

由各铺层参数的相对灵敏度值可知，叶片刚度对铺层角度的变化最敏感，对±x°铺层厚度比例的变化次之，对铺层顺序的变化最不敏感。因此，铺层角度和±x°铺层厚度比例为敏感参数，铺层顺序为不敏感参数。

2.4　基于灵敏度分析的风电机组叶片铺层参数稳定域划分

叶片铺放成型过程中，由于铺层参数各自的取值域范围较大，在不同的铺层参数取值域中选取参数，获得不同的铺层参数组合会导致叶片结构性能间存在较大的差异。根据工程实际，复合材料在存放过程中难免会受到潮湿、紫外线辐射、雷击等环境影响，从而基体受到影响导致复合材料产生退化，因此仅依靠几种固定的铺层参数组合对叶片进行铺放，在铺放复合材料纤维布时会和预期效果出现一定的偏差。基于上述情况，考虑在进行铺层参数调整时可供参考的范围，针对风电机组叶片提出一种铺层参数稳定域划分方法，使叶片结构性能达到预期标准。

铺层参数稳定域是指铺层参数变化对叶片结构性能影响不显著的取值范围，非稳定域是铺层参数变化对叶片结构性能影响显著的取值范围。相比非稳定域，在稳定域内对铺层参数进行取值，获得的叶片结构性能较为稳定，不会出现多个铺层方案得到的叶片结构性能间存在较大差异的情况[23]。

各铺层参数的取值范围不同，对不同的表征参数影响程度也不同，所以需要对铺层参数逐个进行划分。在划分铺层参数稳定域前，首先要确定哪些是敏感参数，哪些是不敏感参数。因为敏感铺层参数对叶片结构性能影响较大，起到决定性作用，在不同范围内取值得到的叶片结构性能间存在较大差异，确定稳定域时，应在取值范围内谨慎选取，所以需要针对敏感参数的取值范围进行进一步探究，对其进行划分获得使叶片结构性能变化较为平缓的稳定域。而不敏感参数对叶片结构性能影响不显著，因此不敏感参数的稳定域根据工程实际选取，符合需求即可。

根据 2.3 节灵敏度分析结果，对于不同的表征参数分别对各铺层参数进行稳定域划分。由单参数区间灵敏度分析获得铺层参数初始稳定区间，在各敏感参数初始稳定区间内，应用多参数相对灵敏度分析得到的数据（N_s 个随机数组计算获

得的 N_s 个表征参数值)计算初始稳定区间和非稳定区间内的表征参数(Tsai-Wu 失效因子、最大位移)平均值。若初始稳定区间内的表征参数平均值小于非稳定区间内的,则将初始稳定区间作为首选稳定区间,进行进一步压缩细分。若初始稳定区间内的表征参数平均值大于非稳定区间内的,则摒弃初始稳定区间,将非稳定区间作为首选稳定区间,进行进一步压缩细分。

2.4.1　铺层参数稳定域划分方法

应用多参数灵敏度分析得到的相对灵敏度 KS,对最终确定得到的首选稳定区间进行细分,压缩首选稳定区间范围,获得稳定域长度。

稳定域长度计算公式为

$$L_i = \frac{\mathrm{KS}_{\min}}{\mathrm{KS}_i} L_{\min} \tag{2.18}$$

式中,$\mathrm{KS}_{\min}$ 为最不敏感铺层参数的相对灵敏度;KS_i 为第 i 个铺层参数的相对灵敏度;L_i 为第 i 个铺层参数的稳定域长度;$L_{\min}$ 为最不敏感铺层参数的稳定域长度,每个铺层参数取值范围设定长度为 1。

如图 2.17 所示,铺层参数取值范围长度为 1,由于首选稳定区间是对各参数取值范围进行二分法划分得到的,只经过一次划分后得到的首选稳定区间长度为 0.5。

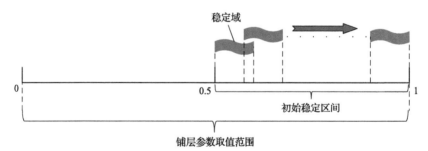

图 2.17　稳定域搜索示意图

在确定稳定域长度后,根据数据计算分析稳定域在首选稳定区间的位置。首先应判断各个参数对应不同表征参数计算出的稳定域长度,并和首选稳定区间长度进行比较。稳定域长度用于确定稳定域在初始稳定区间内的位置,若稳定域长度大于首选稳定区间长度,则选取首选稳定区间为稳定域;否则,将稳定域置于首选稳定区间最左侧(图 2.17),每次移动一个参数单位(设置铺层角度单位长度为 1°、±x°铺层厚度比例单位长度为 1%,铺层顺序参数单位长度为 0.01),直到首选稳定区间最右侧,停止搜寻。在移动的过程中,每移动一个参数单位,计算一次稳定域覆盖范围内的表征参数平均值。由于 Tsai-Wu 失效因子和最大位移越小，叶片结构性能越好，所有表征参数平均值中，最小值对应的稳定域位置即为该参数最终的稳定域。

基于灵敏度分析的铺层参数稳定域划分流程如图 2.18 所示。

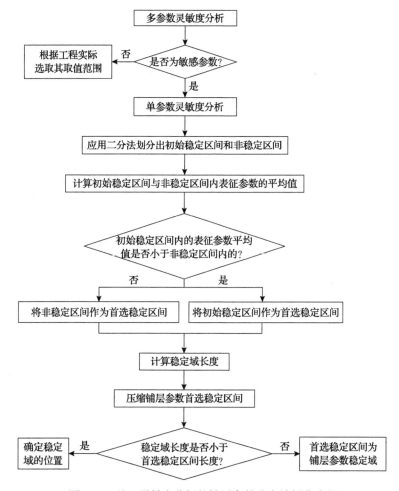

图 2.18　基于灵敏度分析的铺层参数稳定域划分流程

2.4.2　面向叶片强度的铺层参数稳定域划分

根据多参数相对灵敏度分析结果，对叶片强度影响较大的铺层参数为铺层角度和 ±x° 铺层厚度比例。因为敏感参数对叶片结构性能起到决定性作用，确定稳定域时，应在取值范围内谨慎选取，所以对铺层角度和 ±x° 铺层厚度比例的初始稳定区间进行进一步划分，以确定各自的稳定域。由于铺层顺序为不敏感参数，其取值范围根据工程实际选取。

根据 2.3 节面向叶片强度的多参数相对灵敏度分析中应用蒙特卡罗法生成的 N_s（N_s=3000）个表征参数值，计算得出铺层角度和 $\pm x°$ 铺层厚度比例的初始稳定区间与非稳定区间内的 Tsai-Wu 失效因子平均值，见表 2.10。

表 2.10　面向叶片强度的初始稳定区间与非稳定区间内的 Tsai-Wu 失效因子平均值

铺层参数	初始稳定区间	非稳定区间
铺层角度	0.841999	0.847214
$\pm x°$铺层厚度比例	0.843943	0.845154

1. 面向叶片强度的铺层角度稳定域划分

由表 2.10 可知，铺层角度初始稳定区间内的 Tsai-Wu 失效因子平均值小于非稳定区间内的，因此将初始稳定区间作为首选稳定区间。

将铺层角度相对灵敏度 KS_a＝0.909、铺层顺序相对灵敏度 KS_c＝0.0424（铺层顺序为最不敏感参数，所以 $\mathrm{KS}_{\min}$＝KS_c＝0.0424）、稳定域长度 $L_{\min}$＝1 代入式（2.18），可得铺层角度的稳定域长度 L_a 为

$$L_a = \frac{0.0424}{0.909} \times 1 = 0.0466$$

由表 2.9 可知，铺层角度首选稳定区间为[30°,45°]，首选稳定区间长度均为 0.5，其单位长度为 $0.5/(45-30)=0.033$。铺层角度的稳定域长度小于首选稳定区间长度，所以接下来在首选稳定区间内搜寻稳定域具体位置。如图 2.19 所示，铺层角度的稳定域长度介于一个单位长度和两个单位长度之间，因铺层角度单位长度为 1°，为方便计算，将稳定域延长至两个单位长度，即 2°，从左向右依次移动并进行计算分析。

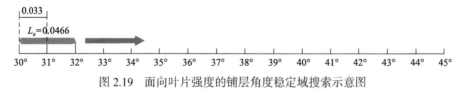

图 2.19　面向叶片强度的铺层角度稳定域搜索示意图

计算稳定域每次移动后覆盖范围内的 Tsai-Wu 失效因子平均值，结果见表 2.11。由表可知，Tsai-Wu 失效因子最小的位置为第 14 区间，所以铺层角度的稳定域为 [43°, 45°]。

表 2.11　铺层角度各区间内的 Tsai-Wu 失效因子平均值

序号	稳定域位置/(°)	Tsai-Wu 失效因子平均值
1	30~32	0.842267
2	31~33	0.842740
3	32~34	0.842048
4	33~35	0.842997
5	34~36	0.842495
6	35~37	0.841595
7	36~38	0.841628
8	37~39	0.841741
9	38~40	0.841864
10	39~41	0.841545
11	40~42	0.841670
12	41~43	0.841531
13	42~44	0.841563
14	43~45	0.841516

2. 面向叶片强度的 $\pm x°$ 铺层厚度比例稳定域划分

由表 2.10 可知，$\pm x°$ 铺层厚度比例初始稳定区间内的 Tsai-Wu 失效因子平均值小于非稳定区间内的，因此将初始稳定区间作为首选稳定区间。

将 $\pm x°$ 铺层厚度比例相对灵敏度 $KS_b = 0.1564$、铺层顺序相对灵敏度 $KS_c = 0.0424$（铺层顺序为最不敏感参数，所以 $KS_{min} = KS_c = 0.0424$）、稳定域长度 $L_{min} = 1$ 代入式（2.18），可得 $\pm x°$ 铺层厚度比例的稳定域长度 L_b 为

$$L_b = \frac{0.0424}{0.1564} \times 1 = 0.271$$

由表 2.9 可知，$\pm x°$ 铺层厚度比例首选稳定区间为[40%, 60%]，首选稳定区间长度均为 0.5，其单位长度为 $0.5/(60-40) = 0.025$。$\pm x°$ 铺层厚度比例稳定域划分方法与铺层角度相同，计算出 $\pm x°$ 铺层厚度比例的稳定域长度为 10 个单位，即 10%。$\pm x°$ 铺层厚度比例的稳定域长度小于首选稳定区间长度，所以在首选稳定区间内搜寻稳定域具体位置，从左向右依次移动并进行计算分析，如图 2.20 所示。

计算稳定域每次移动后覆盖范围内的 Tsai-Wu 失效因子平均值，结果见表 2.12。由表可知，当稳定域在第 1 组区间位置时，Tsai-Wu 失效因子平均值最

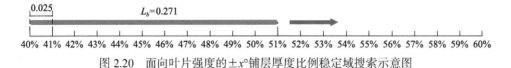

图 2.20　面向叶片强度的±x°铺层厚度比例稳定域搜索示意图

表 2.12　±x°铺层厚度比例各区间内的 Tsai-Wu 失效因子平均值

序号	稳定域位置/%	Tsai-Wu 失效因子平均值
1	40～51	0.843613
2	41～52	0.843643
3	42～53	0.843707
4	43～54	0.843797
5	44～55	0.843818
6	45～56	0.843908
7	46～57	0.844013
8	47～58	0.844107
9	48～59	0.844189
10	49～60	0.844266

小，说明在此范围内，叶片强度对±x°铺层厚度比例的变化不敏感，所以±x°铺层厚度比例的稳定域为[40%, 51%]。

2.4.3　面向叶片刚度的铺层参数稳定域划分

根据灵敏度分析结果，对叶片刚度影响较大的铺层参数从大到小依次为铺层角度、±x°铺层厚度比例、铺层顺序。其中，铺层角度和±x°铺层厚度比例为敏感参数，应进行稳定域划分；铺层顺序为不敏感参数，其取值范围只需根据工程实际选取。

根据 2.3 节面向叶片刚度的多参数相对灵敏度分析中应用蒙特卡罗法生成的 N_s（N_s=3000）个表征参数值，计算得出铺层角度和±x°铺层厚度比例的初始稳定区间与非稳定区间内的最大位移平均值，见表 2.13。

表 2.13　面向叶片刚度的初始稳定区间与非稳定区间内的最大位移平均值

铺层参数	初始稳定区间	非稳定区间
铺层角度	1092.01	1094.67
±x°铺层厚度比例	1092.92	1093.88

1. 面向叶片刚度的铺层角度稳定域划分

由表 2.13 可知，铺层角度初始稳定区间内的最大位移平均值小于非稳定区间内的，因此将初始稳定区间作为首选稳定区间。

将铺层角度相对灵敏度 $KS_a = 0.8369$、铺层顺序相对灵敏度 $KS_c = 0.0188$（铺层顺序为最不敏感参数，所以 $KS_{min} = KS_c = 0.0188$）、稳定域长度 $L_{min} = 1$ 代入式（2.18），可得铺层角度的稳定域长度 L_a 为

$$L_a = \frac{0.0188}{0.8369} \times 1 = 0.0224$$

由表 2.9 可得，铺层角度首选稳定区间为 [30°, 45°]，首选稳定区间长度为 0.5，其单位长度为 $0.5/(45-30) = 0.033$。铺层角度的稳定域长度小于首选稳定区间长度，所以在首选稳定区间内搜索稳定域具体位置。如图 2.21 所示，铺层角度稳定域长度不足一个单位长度，为方便计算，将稳定域延长至一个单位长度，即 1%，从左向右依次移动并进行计算分析。

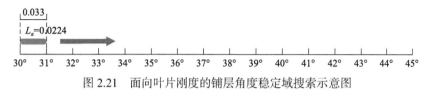

图 2.21　面向叶片刚度的铺层角度稳定域搜索示意图

计算稳定域每次移动后覆盖范围内的最大位移平均值，结果见表 2.14。由表可知，在第 15 组区间内的最大位移平均值最小，所以将 [44°, 45°] 定为铺层角度的稳定域。

表 2.14　铺层角度各区间内的最大位移平均值

序号	稳定域位置/(°)	最大位移平均值/mm
1	30～31	1092.132
2	31～32	1092.309
3	32～33	1092.442
4	33～34	1092.583
5	34～35	1091.868
6	35～36	1091.929
7	36～37	1091.854
8	37～38	1091.808
9	38～39	1091.920
10	39～40	1091.768
11	40～41	1091.785
12	41～42	1092.014

续表

序号	稳定域位置/(°)	最大位移平均值/mm
13	42～43	1091.817
14	43～44	1091.775
15	44～45	1091.751

2. 面向叶片刚度的±x°铺层厚度比例稳定域划分

由表 2.13 可知，±x°铺层厚度比例初始稳定区间内的最大位移平均值小于非稳定区间内的，因此将初始稳定区间作为首选稳定区间。

将±x°铺层厚度比例相对灵敏度 $KS_b = 0.1888$、铺层顺序相对灵敏度 $KS_c = 0.0188$（铺层顺序为最不敏感参数，所以 $KS_{min} = KS_c = 0.0188$）、稳定域长度 $L_{min} = 1$ 代入式（2.18），可得±x°铺层厚度比例的稳定域长度 L_b 为

$$L_b = \frac{0.0188}{0.1888} \times 1 = 0.1$$

由表 2.9 可得，±x°铺层厚度比例首选稳定区间为[40%, 60%]，首选稳定区间长度均为 0.5，其单位长度为 $0.5/(60-40) = 0.025$。±x°铺层厚度比例稳定域划分方法与铺层角度相同，计算出±x°铺层厚度比例的稳定域长度为 4 个单位，即 4%。±x°铺层厚度比例的稳定域长度小于首选稳定区间长度，所以在首选稳定区间内搜索稳定域具体位置，从左向右依次移动并进行计算分析，如图 2.22 所示。

图 2.22　面向叶片刚度的±x°铺层厚度比例稳定域搜索示意图

计算稳定域每次移动后覆盖范围内的最大位移平均值，结果见表 2.15。由表可知，第 5 组区间的最大位移平均值最小，所以±x°铺层厚度比例稳定域为[44%, 48%]。

表 2.15　±x°铺层厚度比例各区间内的最大位移平均值

序号	稳定域位置/%	最大位移平均值/mm
1	40～44	1092.555
2	41～45	1092.630
3	42～46	1092.669

续表

序号	稳定域位置/%	最大位移平均值/mm
4	43~47	1092.690
5	44~48	1089.647
6	45~49	1092.729
7	46~50	1092.737
8	47~51	1092.748
9	48~52	1092.804
10	49~53	1092.940
11	50~54	1092.978
12	51~55	1093.024
13	52~56	1093.103
14	53~57	1093.246
15	54~58	1093.265
16	55~59	1093.365
17	56~60	1093.420

2.4.4　叶片结构性能较优的铺层参数综合稳定域

叶片结构性能的优劣是通过综合评价强度和刚度得出，进行稳定域划分时，Tsai-Wu 失效因子和最大位移对应的铺层参数稳定域有所不同且存在交集，即稳定域有重合现象。综合考虑稳定域分析结果，寻求使叶片结构性能较优的综合稳定域至关重要，因此选取重合区域作为铺层参数最终的稳定域，结果见表 2.16。

表 2.16　铺层参数综合稳定域

表征参数	铺层角度	±x°铺层厚度比例
Tsai-Wu 失效因子	[43°,45°]	[40%,51%]
最大位移	[44°,45°]	[44%,48%]
综合稳定域	[44°,45°]	[44%,48%]

为验证铺层参数综合稳定域的可靠性，在稳定域内随机抽取 3 组数据、非稳定域内随机抽取 5 组数据进行验证，铺层顺序为不敏感参数，根据工程实际选取，选用 0.03、0.18、0.33，验证结果见表 2.17。

表 2.17　铺层参数综合稳定域试验验证

试验序号	区域	铺层角度/(°)	±x°铺层厚度比例/%	铺层顺序参数	Tsai-Wu 失效因子	最大位移/mm
W1	稳定域	45	45	0.18	0.843045	1092.25
W2	稳定域	44	44	0.33	0.842750	1092.09
W3	稳定域	45	48	0.03	0.843094	1092.32
F4	非稳定域	30	42	0.18	0.844001	1094.10
F5	非稳定域	46	79	0.18	0.843757	1093.23
F6	非稳定域	55	65	0.03	0.849050	1095.80
F7	非稳定域	56	53	0.33	0.848340	1095.23
F8	非稳定域	59	78	0.03	0.854116	1098.79

通过对比分析可得，在铺层参数综合稳定域内随机选取的铺层参数组合方案所得叶片结构性能均优于非稳定域内的。从整体层面综合考虑，基于灵敏度分析的稳定域划分方法得出的铺层参数综合稳定域具有良好的可靠性。

2.5　本 章 小 结

本章为探究铺层参数对风电机组叶片结构性能的影响，分析了铺层参数对叶片结构性能的耦合影响。为获得使叶片结构性能稳定的铺层参数优化取值范围，提出了融合多参数相对灵敏度分析和单参数区间灵敏度分析的叶片铺层参数灵敏度分析方法及一种划分敏感参数稳定域的方法，并进行了应用验证。

(1)依据工程实际、层合板基础理论和响应面法原理，采用 Box-Behnken 设计、仿真分析和多元回归分析相结合的方法，确定了各铺层参数的取值范围和试验方案；以铺层角度、±x°铺层厚度比例和铺层顺序为输入变量，叶片强度(Tsai-Wu 失效因子)和刚度(最大位移)为响应值，建立了铺层参数与叶片结构性能间耦合影响的数学模型，通过方差分析与残差分析验证了模型的显著性和可行性。分析结果表明，所建立的数学模型是极显著的，铺层角度、±x°铺层厚度比例、铺层角度与±x°铺层厚度比例交互项对叶片强度和刚度的耦合影响极显著，铺层顺序、铺层角度与铺层顺序交互项、±x°铺层厚度比例与铺层顺序交互项对叶片强度和刚度的耦合影响均不显著。

(2)结合多元回归模型，应用直接求导法进行单参数区间灵敏度分析，分别获得了单铺层参数对叶片强度和刚度影响的灵敏度公式，绘制各铺层参数的灵敏度曲线。根据叶片强度的单参数区间灵敏度分析结果，铺层角度的灵敏度呈先降低后升高的趋势，±x°铺层厚度比例的灵敏度呈线性上升趋势。根据叶片刚度的单参数区间灵敏度分析结果，铺层角度的灵敏度呈先降低后升高的趋势，$\pm x°$铺层厚度比例的灵敏度呈逐渐上升趋势。通过观察铺层参数灵敏度在各自取值范围内的变化趋势，应用二分法划分各铺层参数取值范围，分析得到了各铺层参数的初始稳定区间和非稳定区间。

(3) 应用基于累积分布函数的矩独立灵敏度分析方法，采用蒙特卡罗法在铺层参数各自取值范围内生成随机数，进行随机模拟分析，结合 K-S 检验原理绘制累积频率分布曲线，进行多铺层参数相对灵敏度分析。根据相对灵敏度分析结果计算了各铺层参数的相对灵敏度，得出了各铺层参数敏感度大小依次为：铺层角度、$\pm x°$铺层厚度比例和铺层顺序，其中铺层角度和$\pm x°$铺层厚度比例为敏感参数，铺层顺序为不敏感参数。

(4) 基于单参数区间灵敏度分析所得铺层参数的初始稳定区间和多参数相对灵敏度分析所得铺层参数的相对灵敏度值，提出一种铺层参数稳定域划分方法。对敏感铺层参数初始稳定域进行范围优化，得出了叶片综合性能较优的铺层角度、$\pm x°$铺层厚度比例的优化取值范围。

(5) 在稳定域和非稳定域内随机抽取 8 组铺层参数组合进行对比分析，结果表明，在综合稳定域内铺层参数组合方案所得叶片结构性能均优于非稳定域内的，验证了该方法的有效性和可行性，为风电机组叶片的结构设计和优化提供了方法和技术支持。

参 考 文 献

[1] 徐向宏, 何明珠. 试验设计与 Design-Expert、SPSS 应用. 北京: 科学出版社, 2010.

[2] 李莉, 张赛, 何强, 等. 响应面法在试验设计与优化中的应用. 实验室研究与探索, 2015, 34(8): 41-45.

[3] 李云雁, 胡传荣. 试验设计与数据处理. 北京: 化学工业出版社, 2008.

[4] 刘长虹, 陈虬, 吕震宙, 等. 复杂结构系统失效模式的响应面法. 机械强度, 2000, 22(1): 72-74.

[5] 方开泰, 马长兴. 正交与均匀试验设计. 北京: 科学出版社, 2001.

[6] 胡雅琴. 响应曲面二阶设计方法比较研究. 天津: 天津大学, 2005.

[7] Sood S, Jain K, Gowthamarajan K. Optimization of curcumin nanoemulsion for intranasal delivery using design of experiment and its toxicity assessment. Colloids and Surfaces B: Biointerfaces, 2014, 113: 330-337.

[8] 杨岚, 冯新泸. 动态优化偏最小二乘模型的建立与应用. 后勤工程学院学报, 2008, 24(2): 75-77.

[9] Negi L M, Jaggi M, Talegaonkar S. A logical approach to optimize the nanostructured lipid carrier system of irinotecan: Efficient hybrid design methodology. Nanotechnology, 2013, 24(1):

015104.

[10] Zhang L T, Guo L F, Rong Q. Single parameter sensitivity analysis of ply parameters on structural performance of wind turbine blade. Energy Engineering, 2020, 117(4): 195-207.

[11] Crosetto M, Tarantola S. Uncertainty and sensitivity analysis: Tools for GIS-based model implementation. International Journal of Geographical Information Science, 2001, 15(5): 415-437.

[12] Borgonovo E, Plischke E. Sensitivity analysis: A review of recent advances. European Journal of Operational Research, 2016, 248(3): 869-887.

[13] Pianosi F, Beven K, Freer J, et al. Sensitivity analysis of environmental models: A systematic review with practical workflow. Environmental Modelling & Software, 2016, 79: 214-232.

[14] Saltelli A, Tarantola S. On the relative importance of input factors in mathematical models. Journal of the American Statistical Association, 2002, 97(459): 702-709.

[15] Saltelli A. Sensitivity analysis for importance assessment. Risk Analysis, 2002, 22(3): 579-590.

[16] Ersoy H, Muǧan A. Design sensitivity analysis of structures based upon the singular value decomposition. Computer Methods in Applied Mechanics and Engineering, 2002, 191(32): 3459-3476.

[17] 钱文学, 尹晓伟, 何雪泫, 等. 压气机轮盘疲劳寿命影响参量的灵敏度分析. 东北大学学报, 2006, 27(6): 677-680.

[18] Zhang Z Y, Zhai R R, Wang X W, et al. Sensitivity analysis and optimization of operating parameters of an oxyfuel combustion power generation system based on single-factor and orthogonal design methods. Energies, 2020, 13(4): 998.

[19] Shah O R, Tarfaoui M. The identification of structurally sensitive zones subject to failure in a wind turbine blade using nodal displacement based finite element sub-modeling. Renewable Energy, 2016, 87(1): 168-181.

[20] 袁建宇, 逢锦程, 王影, 等. C/SiC 复合材料螺钉拉伸强度分布模型. 宇航材料工艺, 2019, 49(5): 74-78.

[21] Yu T, Shi Y Y, He X D, et al. Optimization of parameter ranges for composite tape winding process based on sensitivity analysis. Applied Composite Materials, 2017, 24(4): 821-836.

[22] Deng B, Shi Y Y, Yu T, et al. Multi-response parameter interval sensitivity and optimization for the composite tape winding process. Materials, 2018, 11(2): 220-239.

[23] Sun P W, Zhang Y, Zhang L T, et al. Value range optimization of ply parameter for composite wind turbine blades based on sensitivity analysis. Journal of Mechanical Science and Technology, 2022, 36(3): 1351-1361.

第3章 多相材料拓扑优化策略

为减少多相材料拓扑优化的计算成本，提高优化收敛速度和收敛率，解决离散变量和隐式约束等优化问题，本章研究以刚度矩阵替代本构矩阵进行材料插值、分区优化、离散变量量化方法、考虑隐式约束的优化方法、引入设计变量求和约束与价值函数的多相材料拓扑优化策略。

3.1 基于刚度矩阵插值的多相材料拓扑优化

3.1.1 基于本构矩阵的材料插值

基于变密度思想的多相材料拓扑优化，材料宏观性能表征为各候选材料性能的加权求和，当采用基于弹性本构矩阵的材料插值思路时，材料性能的当量弹性矩阵 $\boldsymbol{G}$ 通过式(3.1)确定[1,2]。

$$\boldsymbol{G} = \sum_{j=1}^{N^j} \omega_j \boldsymbol{G}_j \tag{3.1}$$

式中，ω_j 为第 j 种候选材料的权重；$\boldsymbol{G}_j$ 为第 j 种候选材料的弹性本构矩阵；N^j 为候选材料的数量。

单元刚度矩阵是计算力学中采用有限元法分析的关键矩阵，表征了单元体受力与变形之间的关系。在式(3.1)的基础上，需要根据材料的弹性本构矩阵、单元形状、单元厚度等信息计算得到单元刚度矩阵，才能进行有限元分析，进而获得拓扑优化所需要的结构响应量。

本节以四边形单元为例进行分析，每个单元有 4 个节点，每个节点有 2 个位移分量 u_x、u_y 及 2 个受力分量 f_x、f_y，则单元节点的位移向量 $\boldsymbol{u}_p$ 表示为

$$\boldsymbol{u}_p = \left\{\boldsymbol{u}_1, \boldsymbol{u}_2, \boldsymbol{u}_3, \boldsymbol{u}_4\right\}^{\mathrm{T}} = \left\{u_{x1}, u_{y1}, u_{x2}, u_{y2}, u_{x3}, u_{y3}, u_{x4}, u_{y4}\right\}^{\mathrm{T}} \tag{3.2}$$

单元节点的力向量 $\boldsymbol{f}_p$ 表示为

$$\boldsymbol{f}_p = \left\{\boldsymbol{f}_1, \boldsymbol{f}_2, \boldsymbol{f}_3, \boldsymbol{f}_4\right\}^{\mathrm{T}} = \left\{f_{x1}, f_{y1}, f_{x2}, f_{y2}, f_{x3}, f_{y3}, f_{x4}, f_{y4}\right\}^{\mathrm{T}} \tag{3.3}$$

四边形单元的形函数 N_p 描述为

$$
\begin{cases}
N_1(\xi,\eta) = \dfrac{1}{4}(1-\xi)(1-\eta) \\[2mm]
N_2(\xi,\eta) = \dfrac{1}{4}(1+\xi)(1-\eta) \\[2mm]
N_3(\xi,\eta) = \dfrac{1}{4}(1+\xi)(1+\eta) \\[2mm]
N_4(\xi,\eta) = \dfrac{1}{4}(1-\xi)(1+\eta)
\end{cases}
\tag{3.4}
$$

式中，N_q 为第 $q(q=1, 2, 3, 4)$ 个节点上的形函数；(ξ,η) 为自然坐标。

单元内任意一点的位移利用单元节点位移与单元形函数表示为

$$
\begin{cases}
u_x = \displaystyle\sum_{q=1}^{4} N_q u_{xq} \\[3mm]
u_y = \displaystyle\sum_{q=1}^{4} N_q u_{yq}
\end{cases}
\tag{3.5}
$$

式中，u_{xq}、u_{yq} 为第 q 个节点的位移分量。

式(3.5)表示为矩阵形式，即

$$
\boldsymbol{u} = \boldsymbol{N}\boldsymbol{u}_p = \sum_{q=1}^{4} N_q \boldsymbol{u}_q^{\mathrm{T}}
\tag{3.6}
$$

式中，$\boldsymbol{N}$ 为形函数矩阵。

单元应变向量 ε_p 可用单元节点位移表达为

$$
\varepsilon_p = \boldsymbol{L}\boldsymbol{u} = \boldsymbol{L}\boldsymbol{N}\boldsymbol{u}_p = \boldsymbol{B}_p^{\varepsilon}\boldsymbol{u}_p = \sum_{q=1}^{4} \boldsymbol{B}_p^{\varepsilon}\boldsymbol{u}_q^{\mathrm{T}}
\tag{3.7}
$$

式中，$\boldsymbol{B}_p^{\varepsilon}$ 为单元应变矩阵；$\boldsymbol{L}$ 为应变算子。

$$
\boldsymbol{L} = \begin{bmatrix} \dfrac{\partial}{\partial x} & 0 \\[2mm] 0 & \dfrac{\partial}{\partial y} \\[2mm] \dfrac{\partial}{\partial y} & \dfrac{\partial}{\partial x} \end{bmatrix}, \quad \boldsymbol{B}_p^{\varepsilon} = \boldsymbol{L}\boldsymbol{N} = \begin{bmatrix} \dfrac{\partial N_q}{\partial x} & 0 \\[2mm] 0 & \dfrac{\partial N_q}{\partial y} \\[2mm] \dfrac{\partial N_q}{\partial y} & \dfrac{\partial N_q}{\partial x} \end{bmatrix}, \quad q = 1, 2, 3, 4
\tag{3.8}
$$

根据式 (3.8)，计算单元应变矩阵 $\boldsymbol{B}_p^\varepsilon$ 需要计算形函数 N_q 对物理坐标 (x, y) 的导数，而形函数定义在自然坐标 (ξ, η) 下，通过链式求导法则可得到

$$
\begin{cases}
\dfrac{\partial N_q}{\partial \xi} = \dfrac{\partial N_q}{\partial x}\dfrac{\partial x}{\partial \xi} + \dfrac{\partial N_q}{\partial y}\dfrac{\partial y}{\partial \xi} \\[2mm]
\dfrac{\partial N_q}{\partial \eta} = \dfrac{\partial N_q}{\partial x}\dfrac{\partial x}{\partial \eta} + \dfrac{\partial N_q}{\partial y}\dfrac{\partial y}{\partial \eta}
\end{cases}
\tag{3.9}
$$

将式 (3.9) 写成矩阵形式，可得

$$
\begin{Bmatrix} \dfrac{\partial N_q}{\partial \xi} \\[2mm] \dfrac{\partial N_q}{\partial \eta} \end{Bmatrix}
=
\begin{bmatrix} \dfrac{\partial x}{\partial \xi} & \dfrac{\partial y}{\partial \xi} \\[2mm] \dfrac{\partial x}{\partial \eta} & \dfrac{\partial y}{\partial \eta} \end{bmatrix}
\begin{Bmatrix} \dfrac{\partial N_q}{\partial x} \\[2mm] \dfrac{\partial N_q}{\partial y} \end{Bmatrix}
= \boldsymbol{J}
\begin{Bmatrix} \dfrac{\partial N_q}{\partial x} \\[2mm] \dfrac{\partial N_q}{\partial y} \end{Bmatrix}, \quad q = 1, 2, 3, 4
\tag{3.10}
$$

利用矩阵取逆，可得到形函数对物理坐标的导数：

$$
\begin{Bmatrix} \dfrac{\partial N_q}{\partial x} \\[2mm] \dfrac{\partial N_q}{\partial y} \end{Bmatrix}
= \boldsymbol{J}^{-1}
\begin{Bmatrix} \dfrac{\partial N_q}{\partial \xi} \\[2mm] \dfrac{\partial N_q}{\partial \eta} \end{Bmatrix}, \quad q = 1, 2, 3, 4
\tag{3.11}
$$

根据式 (3.10)，定义雅可比矩阵 $\boldsymbol{J}$ 为

$$
\begin{aligned}
\boldsymbol{J} &=
\begin{bmatrix} \dfrac{\partial x}{\partial \xi} & \dfrac{\partial y}{\partial \xi} \\[2mm] \dfrac{\partial x}{\partial \eta} & \dfrac{\partial y}{\partial \eta} \end{bmatrix}
=
\begin{bmatrix} \displaystyle\sum_{q=1}^{4} \dfrac{\partial N_q}{\partial \xi} x_q & \displaystyle\sum_{q=1}^{4} \dfrac{\partial N_q}{\partial \xi} y_q \\[4mm] \displaystyle\sum_{q=1}^{4} \dfrac{\partial N_q}{\partial \eta} x_q & \displaystyle\sum_{q=1}^{4} \dfrac{\partial N_q}{\partial \eta} y_q \end{bmatrix} \\[4mm]
&=
\begin{bmatrix} \dfrac{\partial N_1}{\partial \xi} & \dfrac{\partial N_2}{\partial \xi} & \dfrac{\partial N_3}{\partial \xi} & \dfrac{\partial N_4}{\partial \xi} \\[2mm] \dfrac{\partial N_1}{\partial \eta} & \dfrac{\partial N_2}{\partial \eta} & \dfrac{\partial N_3}{\partial \eta} & \dfrac{\partial N_4}{\partial \eta} \end{bmatrix}
\begin{bmatrix} x_1 & y_1 \\ x_2 & y_2 \\ x_3 & y_3 \\ x_4 & y_4 \end{bmatrix}
= \mathrm{d}\boldsymbol{N} \cdot \boldsymbol{XY}
\end{aligned}
\tag{3.12}
$$

式中，$\mathrm{d}\boldsymbol{N}$ 为形函数对自然坐标的导数；$\boldsymbol{XY}$ 为节点坐标矩阵；x_q 和 y_q 为节点 q 的物理坐标。

$$\mathrm{d}\boldsymbol{N} = \begin{bmatrix} \dfrac{\partial N_1}{\partial \xi} & \dfrac{\partial N_2}{\partial \xi} & \dfrac{\partial N_3}{\partial \xi} & \dfrac{\partial N_4}{\partial \xi} \\ \dfrac{\partial N_1}{\partial \eta} & \dfrac{\partial N_2}{\partial \eta} & \dfrac{\partial N_3}{\partial \eta} & \dfrac{\partial N_4}{\partial \eta} \end{bmatrix} = \frac{1}{4}\begin{bmatrix} -(1-\eta) & 1-\eta & 1+\eta & -(1+\eta) \\ -(1-\xi) & -(1+\xi) & 1+\xi & 1-\xi \end{bmatrix} \quad (3.13)$$

$$\boldsymbol{XY} = \begin{bmatrix} x_1 & y_1 \\ x_2 & y_2 \\ x_3 & y_3 \\ x_4 & y_4 \end{bmatrix} \quad (3.14)$$

联合式(3.8)~式(3.14)可求取单元应变矩阵 $\boldsymbol{B}_p^{\varepsilon}$，再结合式(3.1)得到的材料当量弹性矩阵 $\boldsymbol{G}$，建立单元应变能 U_p 表达式。

$$\begin{aligned} U_p &= \frac{1}{2}\int_{\Omega_p} \boldsymbol{\varepsilon}_p^{\mathrm{T}}\boldsymbol{D}\boldsymbol{\varepsilon}_p h_p \mathrm{d}x\mathrm{d}y = \frac{1}{2}\int_{\Omega_p} \boldsymbol{u}_p^{\mathrm{T}}\left(\boldsymbol{B}_p^{\varepsilon}\right)^{\mathrm{T}}\boldsymbol{D}\boldsymbol{B}_p^{\varepsilon}\boldsymbol{u}_p h_p \mathrm{d}x\mathrm{d}y \\ &= \frac{1}{2}\int_{\Omega_p} \boldsymbol{u}_p^{\mathrm{T}}\left(\left(\boldsymbol{B}_p^{\varepsilon}\right)^{\mathrm{T}}\boldsymbol{D}\boldsymbol{B}_p^{\varepsilon}h_p \mathrm{d}x\mathrm{d}y\right)\boldsymbol{u}_p = \frac{1}{2}\boldsymbol{u}_p^{\mathrm{T}}\boldsymbol{K}_p\boldsymbol{u}_p \end{aligned} \quad (3.15)$$

式中，$\boldsymbol{K}_p$ 为单元刚度矩阵；h_p 为单元厚度；积分域为 Ω_p。对单元面积积分，从而推导获得单元刚度矩阵

$$\boldsymbol{K}_p = \int_{\Omega_p} \left(\boldsymbol{B}_p^{\varepsilon}\right)^{\mathrm{T}}\boldsymbol{D}\boldsymbol{B}_p^{\varepsilon}h_p \mathrm{d}x\mathrm{d}y \quad (3.16)$$

可以看出，单元刚度矩阵的求解较为烦琐，涉及大量与单元形函数相关的微积分运算。基于弹性本构矩阵的材料插值方案，尽管物理意义明确，但后续有限元分析的运算工作量巨大，间接影响优化设计的求解效率。

3.1.2　基于刚度矩阵的材料插值

针对本构矩阵插值方案优化效率低的问题，本节提出基于刚度矩阵的材料插值方法，多相材料性能表征基于单元刚度矩阵进行操作，描述为各种候选材料刚度矩阵的加权求和，第 p 个单元的刚度矩阵 $\boldsymbol{K}_p$ 可通过式(3.17)插值确定。

$$\boldsymbol{K}_p = \sum_{j=1}^{N^J} \omega_{pj}\boldsymbol{K}_{pj} \quad (3.17)$$

式中，K_{pj} 为第 p 个单元中候选材料 j 的刚度矩阵；ω_{pj} 为第 p 个单元中候选材料 j 的权重函数。为了保证插值方案在物理意义上的合理性，所有候选材料的权重之和约束为 1，即 $\sum\limits_{j=1}^{N^j}\omega_{pj}=1$。

通过输入材料的工程弹性常数和定义复合材料的铺层方式，利用 ABAQUS 软件可以快速获取结构的刚度信息，也可以通过分区定义不同数量的铺层来实现非等厚度层合板定义。候选材料的单元刚度矩阵 K_{pj} 可从 ABAQUS 软件中提取，并保存为.mat 格式文件，然后在 MATLAB 优化程序中直接调用。优化求解器直接基于调用的刚度矩阵进行材料插值和有限元分析，从而避免了在优化求解迭代过程中对式(3.1)～式(3.16)的运算操作。

权重函数 ω_{pj} 采用如下幂函数形式：

$$\omega_{pj}=(x_{p,j})^{\alpha} \tag{3.18}$$

式中，$x_{p,j}$ 为第 p 个单元中候选材料 j 的人工密度；α 为材料插值模型的惩罚指数。

在分区优化中，同一区域中选择相同的候选材料，整体刚度矩阵可按式(3.19)组装：

$$K=\bigcup_{i=1}^{N^i}K_i=\bigcup_{i=1}^{N^i}\left[\sum_{j=1}^{N^j}(x_{i,j})^{\alpha}K_{ij}\right] \tag{3.19}$$

式中，K 为整体刚度矩阵；$\bigcup$ 为对刚度矩阵进行组装；K_i 为第 i 个区域的刚度矩阵；K_{ij} 为第 i 个区域(单元)中候选材料 j 的刚度矩阵；N^i 为分区数；N^j 为候选材料数。

复合材料层合板铺层优化属于多层离散材料的优化问题，因此有必要引入层变量。$x_{i,j,m}$ 为第 m 层第 i 个区域(单元)中候选材料 j 的人工密度，N^m 为层数。结构全局的整体刚度矩阵 $K(x_{i,j,m})$ 描述为

$$K(x_{i,j,m})=\bigcup_{m=1}^{N^m}\bigcup_{i=1}^{N^i}\left[\sum_{j=1}^{N^j}(x_{i,j,m})^{\alpha}K_{i,j,m}\right] \tag{3.20}$$

式中，$K_{i,j,m}$ 为第 m 层第 i 个区域(单元)中候选材料 j 的刚度矩阵。

3.1.3 基于刚度矩阵插值的多相材料拓扑优化流程

基于刚度矩阵插值的多相材料拓扑优化包括以下实施流程：

(1)在商用有限元分析软件中建立结构的有限元模型，划分设计域，并编写模型代码。

(2)提取结构有限元模型信息(如节点、单元、载荷、边界和分区等)，提取每种候选材料的单元刚度矩阵，并将数据文件转换为.mat 格式，以便 MATLAB 程序调用。

(3)建立基于刚度矩阵插值的多相材料优化数学模型，利用 MATLAB 程序编写模型代码，并对设计变量进行初始化。

以最小化结构柔度为目标，选取第 m 层中第 i 个区域候选材料 j 的人工密度作为设计变量。采用人工密度边界和设计变量求和约束作为优化模型的约束条件，建立基于刚度矩阵插值的非等厚度复合材料层合板优化数学模型，即

$$\begin{cases} \text{find } \boldsymbol{X} = \left\{ x_{i,j,m} \right\}, \quad i = 1, 2, \cdots, N^i, j = 1, 2, \cdots, N^j, m = 1, 2, \cdots, N^m \\ \min \ C = \boldsymbol{U}^{\mathrm{T}} \boldsymbol{K} \boldsymbol{U} \\ \text{s.t.} \quad \boldsymbol{K}(x_{i,j,m}) \boldsymbol{U} = \boldsymbol{F} \\ \qquad 0 \leqslant x_{i,j,m} \leqslant 1 \\ \qquad \sum_{j=1}^{N^j} x_{i,j,m} = 1 \end{cases} \tag{3.21}$$

式中，$\boldsymbol{X}$ 为设计变量向量；C 为结构柔顺度；$\boldsymbol{U}$ 为位移向量；$\boldsymbol{K}$ 为整体刚度矩阵；$\boldsymbol{F}$ 为外部载荷向量；$\boldsymbol{K}(x_{i,j,m})\boldsymbol{U} = \boldsymbol{F}$ 为结构静力学平衡方程；$0 \leqslant x_{i,j,m} \leqslant 1$ 为设计变量的取值范围；$\sum_{j=1}^{N^j} x_{i,j,m} = 1$ 为设计变量的求和约束。

(4)编写 MATLAB 程序，调用步骤(2)保存的刚度矩阵信息进行材料插值和整体刚度矩阵组装。

(5)根据静力学平衡方程，利用有限元方法进行结构位移分析。

(6)计算目标函数和约束条件函数对设计变量的灵敏度信息。

(7)编写优化算法程序，确定变量更新方向和迭代步长。

(8)计算目标函数。

(9)判断收敛性。如果优化尚未收敛，则更新设计变量并返回步骤(4)迭代寻

优；否则，结束迭代过程并输出最终的优化结果。

基于刚度矩阵插值的多相材料拓扑优化流程如图 3.1 所示。

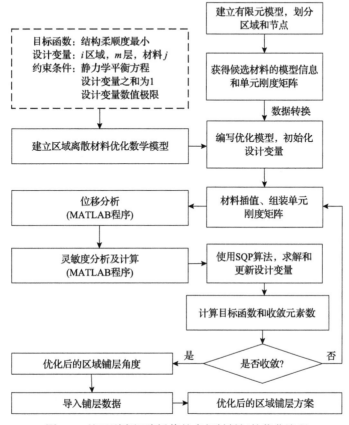

图 3.1　基于刚度矩阵插值的多相材料拓扑优化流程

3.1.4　数值算例

以悬臂梁为算例，通过与有关文献相比较，验证基于刚度矩阵插值的多相材料拓扑优化可以获得可靠的优化结果。纤维角度从工程中常用的候选值[0°，±45°，90°]中选择，本算例模型如图 3.2 所示，材料属性见表 3.1。

应用基于本构矩阵插值的 SIMP 模型、带有惩罚方法的形状函数（shape functions with penalization，SFP）方法（SFP 的相关内容详见 5.1.2 节）和基于刚度矩阵插值的分区离散材料优化（patch discrete material optimization，PDMO）方法对同一模型进行优化，不同优化方法获得的离散角度选择结果如图 3.3 所示，优化后的悬臂梁结构柔顺度见表 3.2。

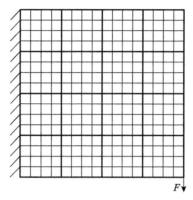

图 3.2　悬臂梁模型

表 3.1　材料属性

参数	数值
E_x/Pa	146.86×10^9
E_y/Pa	10.62×10^9
E_z/Pa	10.62×10^9
G_{xy}/Pa	5.45×10^9
G_{yz}/Pa	3.99×10^9
G_{xz}/Pa	5.45×10^9
v_{xy}	0.33
ρ/(kg/m^3)	1600

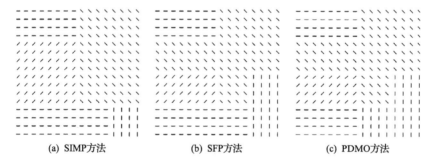

(a) SIMP方法　　　　(b) SFP方法　　　　(c) PDMO方法

图 3.3　不同优化方法获得的离散角度选择结果

表 3.2　优化后的悬臂梁结构柔顺度

优化方法	SIMP 方法	SFP 方法	PDMO 方法
结构柔顺度/(kN·mm)	2.63592	2.65219	2.41380

本算例中，SIMP、SFP 和 PDMO 方法优化得到的纤维布局方案遵循相似的

排列模式，在对称的中心区域，纤维主要沿着±45°排列；在靠近上、下两侧区域，纤维主要沿着 0°、90°铺设。本节基于刚度矩阵插值的 PDMO 方法与基于本构矩阵插值的 SIMP、SFP 方法得到的优化方案差异性很小，且优化后的目标函数值比后两种方法的优化结果更优，说明基于刚度矩阵插值的离散材料优化具有可行性、有效性和稳定可靠的优化能力。

3.2 考虑分区策略的多相材料拓扑优化

3.2.1 分区优化

传统的离散材料优化(discrete material optimization，DMO)方法是针对复合材料结构所提出的材料布局优化方法，用于解决其单元纤维方向的选择问题，通过从给定的离散值(如−45°、0°、45°、90°)中选取纤维铺角，实现纤维角度在设计域内的分布最优化，如图 3.4 所示，有向线段表示纤维铺角。由于该方法优化的对象是每一个单元，而实际生产中无法实现不同单元不同角度的复合纤维铺放。

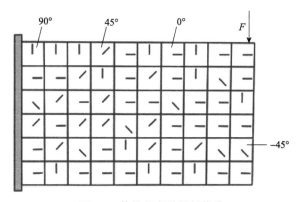

图 3.4 传统的离散材料优化

采用分区优化策略，将结构划分为若干个区域，每个区域为若干个单元的集合，同一区域内所有单元采取同种纤维铺角，可减少优化设计变量，且优化结果更符合实际制造需求。分区离散材料优化如图 3.5 所示。通过寻求区域数和实际生产之间的平衡，使理论优化结果更便于实际工程应用。

由于每种候选材料都有相应的刚度矩阵，任意一个区域的刚度矩阵都可以表示为候选材料刚度矩阵的加权和，第 i 个区域的刚度矩阵 $\boldsymbol{K}_i$ 为[3]

$$\boldsymbol{K}_i = \sum_{j=1}^{N^j} \omega_{ij} \boldsymbol{K}_{ij} \tag{3.22}$$

式中，K_{ij}为第i个区域第j种候选材料的刚度矩阵；ω_{ij}为第i个区域第j种候选材料的权重函数。为保证材料选择的合理性，所有候选材料的权重之和必须为1，即$\sum\limits_{j=1}^{N^j}\omega_{ij}=1$。

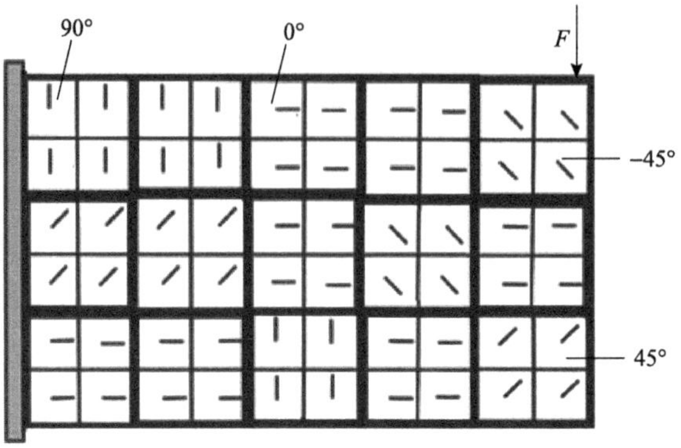

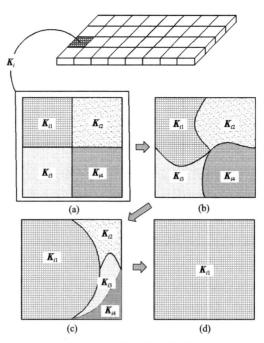

图 3.5　分区离散材料优化

材料插值示意图如图 3.6 所示。各部分的阴影面积表示区域材料权重，优化过程需确保从候选的多相材料中选择最优的一种材料，因此最终优化结果中只有

图 3.6　材料插值示意图

一种材料权重取值为 1，其余材料权重均为 0。如图 3.6(d)所示，迭代优化后 K_1 属性的候选材料权重占据全部面积，表示该材料权重为 1，因此将 K_1 属性的候选材料作为优选材料。

为确保材料插值方法具有实际意义，材料权重函数 ω_{ij} 需要满足边界条件 $\omega_{ij} \in [0,1]$ 及求和约束 $\sum_{j=1}^{N^j} \omega_{ij} = 1$。

以结构柔顺度最小为目标函数、第 i 个区域第 j 种候选材料的人工密度为设计变量，构建的分区离散材料优化数学模型为

$$
\begin{cases}
\text{find } \boldsymbol{X} = \left\{ x_{i,j} \right\}, \quad i = 1, 2, \cdots, N^i, \, j = 1, 2, \cdots, N^j \\
\min \ C = \boldsymbol{U}^{\mathrm{T}} \boldsymbol{F} \\
\text{s.t.} \quad \boldsymbol{K}(x_{i,j}) \boldsymbol{U} = \boldsymbol{F} \\
\qquad 0 \leqslant x_{i,j} \leqslant 1 \\
\qquad \sum_{j=1}^{N^j} x_{i,j} = 1
\end{cases}
\tag{3.23}
$$

式中，$\boldsymbol{X}$ 为设计变量向量；C 为结构柔顺度；$\boldsymbol{U}$ 为位移向量；$\boldsymbol{F}$ 为外部载荷向量；$\boldsymbol{K}(x_{i,j})\boldsymbol{U} = \boldsymbol{F}$ 为结构静力学平衡方程；$0 \leqslant x_{i,j} \leqslant 1$ 为设计变量的取值范围；$\sum_{j=1}^{N^j} x_{i,j} = 1$ 为设计变量求和约束。

3.2.2　数值算例

数值算例 1 为 L 板，其几何尺寸为 100mm×20mm×1mm，上端全固定约束，受集中载荷 F=100N，如图 3.7 所示。

数值算例 2 为薄板，其几何尺寸为 200mm×200mm×1mm，四端铰链约束，受集中载荷 F=10N，如图 3.8 所示。

选用材料为单向玻璃纤维，材料属性见表 3.3。

对 L 板划分网格，单元总数为 144。分别选取 1×1、2×2 个单元，建立相应的单元集合，得到不同大小的区域。采用式(3.23)所示的分区离散材料优化数学模型，利用 SQP 方法进行求解，得出 L 板各分区的优化结果，如图 3.9 所示。

对薄板划分网格，单元总数为 400。分别选取 1×1、2×2、2×4、4×2、4×4 个单元，建立相应的单元集合，得到不同大小的区域。采用式(3.23)所示的分区离散材料优化数学模型，利用 SQP 方法进行求解，得到薄板各分区的优化结果，如图 3.10 所示。

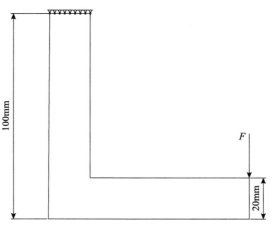

图 3.7　L 板

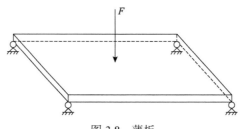

图 3.8　薄板

表 3.3　玻璃纤维材料属性

符号	参数	单位	数值
ρ	密度	kg/m^3	1.93×10^3
E_1	纤维 1 方向弹性模量	GPa	33.19
E_2	纤维 2 方向弹性模量	GPa	11.12
E_3	纤维 3 方向弹性模量	GPa	10.12
G_{12}	纤维 12 平面内剪切模量	GPa	3.69
G_{23}	纤维 23 平面内剪切模量	GPa	3.00
G_{13}	纤维 13 平面内剪切模量	GPa	3.00
v_{12}	纤维 12 平面内泊松比	—	0.23
v_{23}	纤维 23 平面内泊松比	—	0.11
v_{13}	纤维 13 平面内泊松比	—	0.11

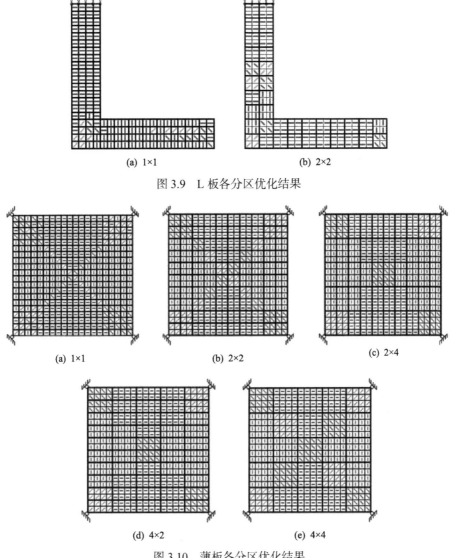

(a) 1×1　　　　　　　　　　　　　(b) 2×2

图 3.9　L 板各分区优化结果

(a) 1×1　　　　　　　　(b) 2×2　　　　　　　　(c) 2×4

(d) 4×2　　　　　　　　　　　(e) 4×4

图 3.10　薄板各分区优化结果

　　从图 3.9 和图 3.10 可以看出，随着设置区域的逐渐加大，更多的单元将表现为同一种纤维角度，意味着在实际的铺放生产中更易于实现。

　　图 3.11 为算例 2 不同分区模式下优化后的结构柔顺度和求解时间成本。从图中可以看出，对于同一优化模型，虽然载荷、边界条件都相同，但在不同的分区模式下，优化得到的结构柔顺度和求解时间成本表现出较大差异。随着设置区域的增大，优化所消耗的时间减少，但同时优化后的目标函数结构柔顺度变大。原因在于分区优化减少了设计变量数，提高了优化求解效率，但同时会

压缩寻优空间，导致目标结构响应变差。由 1×1 单元为一个区域到 2×2 单元为一个区域，消耗时间急剧减少，但 1×1 单元为一个区域的目标函数更小，说明优化结果更好。

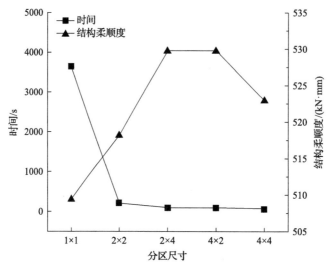

图 3.11　算例 2 各分区优化的迭代耗时图

图 3.12 为算例 2 各分区优化迭代历程。从图中可以看出，未分区（1×1 单元）的优化目标函数值最小（结果最优），但花费的时间较长（图 3.11），且区域太小不利于生产。因此，根据实际情况，调节区域的大小，以达到便于生产和性能的平衡。

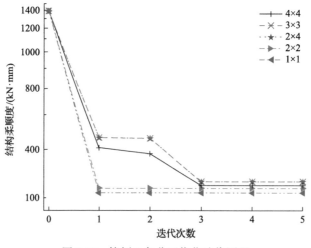

图 3.12　算例 2 各分区优化迭代历程

图 3.13 为算例 2 在厚度、载荷、边界条件均相同的条件下，不同模型的位移分析结果。从图中可以看出，更小分区方案的最大位移小，但不利于生产，所以分区大小要和实际生产达到一定的平衡。在其他条件均相同的情况下，利用离散材料分区优化得到的铺层方案的最大位移明显小于常用纤维布的最大位移，说明采用离散材料分区优化设计得到的铺层方案更优。

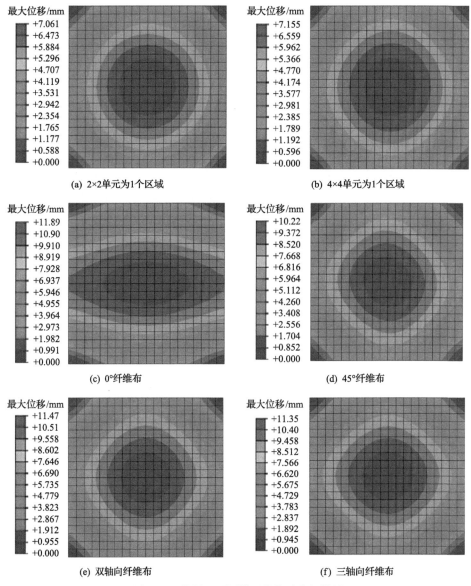

图 3.13　算例 2 不同模型的位移分析结果

3.3 离散变量量化方法

铺层顺序为有限数目的非连续量，属于离散变量优化范畴，传统的优化方法具有一定的局限性。通过调整材料性能参数，对不同铺层顺序下层合板的刚度进行等效，将层合板等效成各单层正交各向异性材料的叠加，则层合板的刚度等效模型可反映出不同铺层顺序单层板的刚度[4]。结合各层铺层顺序，通过建立层合板刚度等效模型和铺层顺序表征参数之间的数学关系，实现铺层顺序的量化。

考虑由 N^m 层单层板构成的总厚度为 h_t 的层合板，其各层 z 坐标如图 3.14 所示。铺层顺序是不同角度复合材料单层板沿 z 方向的排序，因此可通过建立各单层板 θ_k（第 k 层纤维铺角）和 z_k（第 k 层铺层和第 $k+1$ 层铺层界面距中面的距离）之间的函数来表示铺层顺序。

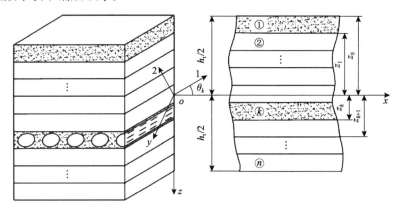

图 3.14 层合板各层 z 坐标

结合对称铺层原则，通过设计弯扭刚度矩阵，用正轴刚度不变量表示弯扭刚度矩阵，推导铺层顺序代理模型[5]，将离散变量转化为连续变量。

根据单层板正轴方向的应力-应变关系，可求得正轴刚度矩阵 $\boldsymbol{Q}$ 的元素 Q_{ij} 与工程弹性常数间的关系，即

$$\begin{cases} Q_{11} = \dfrac{E_1}{1-\nu_{12}\nu_{21}} \\[2mm] Q_{22} = \dfrac{E_2}{1-\nu_{12}\nu_{21}} \\[2mm] Q_{12} = \dfrac{\nu_{12}E_2}{1-\nu_{12}\nu_{21}} = \dfrac{\nu_{21}E_1}{1-\nu_{12}\nu_{21}} \\[2mm] Q_{66} = G_{12} \end{cases} \tag{3.24}$$

式中，E_1 和 E_2 分别为沿纤维方向和垂直纤维方向的弹性模量；ν_{ij} 为单层板沿 i 轴

和 j 轴方向应变之比的绝对值，即泊松比（i，j=1,2）；G_{12} 为单层板 12 平面内的剪切模量。

依据层合板理论，层合板的总体刚度由各单层板的刚度叠加求得，层合板面内刚度 A_{ij}、耦合刚度 B_{ij}、弯曲刚度 D_{ij} 见式（1.40）。为避免出现拉弯耦合变形，层合板采用对称铺层结构，B_{ij}=0。

为消除层合板的弯扭耦合，采用对称正交铺层结构，该结构 $(\bar{Q}_{16})_k = (\bar{Q}_{26})_k = 0$，于是 $A_{16} = A_{26} = 0$，$D_{16} = D_{26} = 0$，既不存在拉剪耦合作用，也不存在弯扭耦合作用[6]。

由于层合板耦合刚度矩阵 $\boldsymbol{B} = 0$，面内刚度矩阵 $\boldsymbol{A}$ 主要受铺层角度和铺层厚度影响，与铺层顺序无关；而弯曲刚度矩阵 $\boldsymbol{D}$ 与铺层角度、铺层厚度和铺层顺序都相关，如果给定了各单层板的厚度，则铺层顺序就由 $\boldsymbol{D}$ 唯一确定。因此，可通过设计 $\boldsymbol{D}$ 实现铺层顺序的量化，即铺层顺序的设计最终转化为层合板弯曲刚度矩阵的设计[7]。

根据单层板偏轴刚度和正轴刚度间的线性关系，将弯曲刚度矩阵用正轴刚度不变量表示为

$$\begin{cases} D_{11} = U_1 W_0^* + U_2 W_1^* + U_3 W_1^* \sum_{k=1}^{N^m} \dfrac{\cos(4\theta_k)}{\cos(2\theta_k)} \\[4mm] D_{12} = U_4 W_0^* - U_3 W_1^* \sum_{k=1}^{N^m} \dfrac{\cos(4\theta_k)}{\cos(2\theta_k)} \\[4mm] D_{22} = U_1 W_0^* - U_2 W_1^* + U_3 W_1^* \sum_{k=1}^{N^m} \dfrac{\cos(4\theta_k)}{\cos(2\theta_k)} \\[4mm] D_{66} = U_5 W_0^* - U_3 W_1^* \sum_{k=1}^{N^m} \dfrac{\cos(4\theta_k)}{\cos(2\theta_k)} \end{cases} \tag{3.25}$$

式中，W_0^*、W_1^* 为铺层顺序参数；θ_k 为第 k 层纤维铺角；$U_1 \sim U_5$ 为正轴刚度不变量，可用正轴刚度矩阵元素 Q_{ij} 表示，其计算公式为

$$\begin{cases} U_1 = \dfrac{1}{8}(3Q_{11} + 3Q_{22} + 2Q_{12} + 4Q_{66}) \\[3mm] U_2 = \dfrac{1}{2}(Q_{11} - Q_{12}) \\[3mm] U_3 = \dfrac{1}{8}(Q_{11} + Q_{22} - 2Q_{12} - 4Q_{66}) \\[3mm] U_4 = \dfrac{1}{8}(Q_{11} + 3Q_{22} + 6Q_{12} - 4Q_{66}) \\[3mm] U_5 = \dfrac{1}{8}(Q_{11} + Q_{22} - 2Q_{12} + 4Q_{66}) \end{cases} \tag{3.26}$$

假定层合板的厚度为 h_t，铺层顺序采用 $[\theta_1/\theta_2/\cdots/\theta_k]_T$ 形式，则 W_0^*、W_1^* 为

$$
\begin{cases}
W_0^* = \dfrac{8}{h_t^3}\displaystyle\sum_{k=1}^{N^m}(z_k^3 - z_{k-1}^3) \\[2mm]
W_1^* = \dfrac{8}{h_t^3}\displaystyle\sum_{k=1}^{N^m}(z_k^3 - z_{k-1}^3)\cos(2\theta_k)
\end{cases}
\tag{3.27}
$$

工程中常选用 0°、90° 和 ±x° 四种铺层角度，各铺层角度的厚度用 h_0、h_{90}、h_{+x}、h_{-x} 表示。为保证铺层顺序优化结果的准确性，W_0^*、W_1^* 的取值范围可以表示为

$$
\begin{cases}
W_0^* = 1 \\[2mm]
\left(\dfrac{h_0}{h_t}\right)^3 + \left(\dfrac{h_t-h_{90}}{h_t}\right)^3 - 1 \leqslant W_1^* \leqslant 1 - \left(\dfrac{h_t-h_0}{h_t}\right)^3 - \left(\dfrac{h_{90}}{h_t}\right)^3
\end{cases}
\tag{3.28}
$$

从式 (3.28) 可以看出，如果采用 0°、90°、±x° 这四种铺层角度，那么 W_0^* 为定值，只有参数 W_1^* 变化。W_1^* 受纤维铺角影响，通过控制层合板中各单层板的纤维铺角实现铺层顺序的变换。因此，用 W_1^* 作为设计变量进行铺层顺序设计，可实现铺层顺序的量化，达到对层合板铺层顺序进行优化设计的目的[8]。

引入铺层顺序表征参数的特点是设计变量只有一个，与铺放的层数多少无关，极大地提高了层合板铺层顺序设计与优化的可行性。同样，优化得到的 W_1^* 必须和实际的铺层顺序相对应。因此，需引入式 (3.28) 约束 W_1^* 的变化范围，避免优化顺序位于不可行区域，从而提高铺层顺序表征参数的准确性和可靠性。

以某 1.5MW 风电机组复合纤维叶片为例，采用 0°、90°、±x° 这四种铺层角度，假设各铺层角度的单层板厚度相同，均为 0.25mm。按照层合板铺层设计原则，确定层合板中至少要含有两层的 0° 和 90° 纤维布，计算得到 $h_0 = h_{90} = 0.5\text{mm}$，在不改变叶片原始铺层厚度的前提下，应用式 (3.28) 计算出 W_1^* 的取值范围为 $-0.42\sim0.42$。根据工程实践和经验，选取几种常用铺层顺序方案，并根据式 (3.27) 计算铺层顺序参数，结果见表 3.4。

表 3.4 铺层顺序方案

铺层顺序参数	铺层顺序
0.42	$[0°/\pm x_2°/90°]_{NT}$
0.14	$[0°/90°/\pm x_2°]_{NT}$
0.03	$[\pm x_2°/0°/90°]_{NT}$

续表

铺层顺序参数	铺层顺序
−0.08	$[\pm x°/90°/0°/\pm x°]_{NT}$
−0.21	$[\pm x°/90°/\pm x°/0°]_{NT}$
−0.33	$[90°/\pm x°/0°/\pm x°]_{NT}$
−0.42	$[90°/\pm x_2°/0°]_{NT}$

注：NT 表示循环铺放。

3.4　考虑隐式约束的复合材料层合板分区优化方法

传统约束处理通常采用代理模型、罚函数法等近似方法。其中，代理模型通过对输入、输出数据进行拟合，简化复杂的中间计算过程，构建近似数学表达式，将隐式约束显式化[9]；但当优化问题涉及高维度设计变量时，构建高精度的代理模型较为困难。罚函数法基于个体的约束违反程度构造惩罚项，通过对目标函数增加惩罚项来构造惩罚函数，将约束优化问题转化为无约束优化问题[10]；其处理约束条件的性能依赖于惩罚参数的选取，且需要约束函数的梯度信息，但隐式约束的梯度信息往往不可求。

针对上述问题，本节通过构建 MATLAB-Python-ABAQUS 联合仿真优化框架，实现对隐式约束的直接处理，探究一种考虑隐式约束的复合材料层合板分区优化方法。以离散纤维铺角为设计变量、结构柔顺度最小为目标函数、对称性制造和强度为隐式约束，构建分区优化数学模型，优化求解并进行算例验证。

3.4.1　隐式约束

在复合材料层合板设计过程中存在大量隐式约束(如应力、强度、位移、疲劳等)[10]，本节以对称性制造约束和强度约束为例。

(1)对称性制造约束。为避免层合板受到拉剪、拉弯载荷耦合作用引起的翘曲变形，导致整体结构发生破坏，铺层方案应满足对称性制造约束，即铺层厚度和角度沿构件的中性轴对称分布，如图 3.15 所示。

(2)强度约束。复合材料的力学性能分析较为复杂，在不同材料主方向下强度是不同的，即使是平面应力，通常也是三个应力分量按照某种方式的组合状态。由于 Tsai-Wu 强度失效准则耦合性地考虑了外力作用及材料本身固有属性所决定的因素对材料的破坏，采用 Tsai-Wu 失效因子 SF 作为复合材料结构的强度指标[11]。

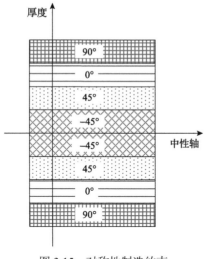

图 3.15　对称性制造约束

3.4.2　考虑隐式约束的复合材料层合板分区优化设计

1. 优化数学模型

以离散的纤维铺角为设计变量、结构柔顺度最小为目标函数，考虑对称性制造约束和强度约束，构建复合材料层合板分区优化数学模型：

$$\begin{cases} \text{find } \boldsymbol{X} = \{x_{i,m}\}, \quad i=1,2,\cdots,N^i, m=1,2,\cdots,N^m \\ \min \ C = \boldsymbol{U}^{\mathrm{T}}\boldsymbol{K}\boldsymbol{U} \\ \text{s.t.} \quad \boldsymbol{K}(x_{i,m})\boldsymbol{U} = \boldsymbol{F} \\ \qquad x_{i,m} = x_{i,N^m-m+1} \\ \qquad \text{SF} < 1 \end{cases} \tag{3.29}$$

式中，$\boldsymbol{X}$ 为设计变量向量；$x_{i,m}$ 为第 i 个区域第 m 层的设计变量；N^i 为结构分区数；N^m 为层数；C 为结构柔顺度；$\boldsymbol{U}$ 为结构位移向量；$\boldsymbol{K}$ 为结构整体刚度矩阵；$\boldsymbol{F}$ 为结构载荷向量；$x_{i,m} = x_{i,N^m-m+1}$ 为对称性制造约束；SF<1 为强度约束，即 Tsai-Wu 强度失效准则。

结构整体刚度矩阵 $\boldsymbol{K}$ 由所有区域的刚度矩阵组装得到，即

$$\boldsymbol{K} = \bigcup_{i=1}^{N^i}\bigcup_{m=1}^{N^m}\boldsymbol{K}_{i,m} \tag{3.30}$$

式中，$\boldsymbol{K}_{i,m}$ 为第 i 个区域第 m 层的铺层角度所对应的刚度矩阵。

2. 联合仿真优化框架及优化求解

将有限元分析和优化设计相结合的联合仿真优化已成为处理隐式约束的一种有效手段，其基本思想为：通过自行编写优化算法程序，调用有限元分析软件计算目标函数或约束条件，并将计算结果返回程序中进行优化求解。

采用 MATLAB 编程和 ABAQUS 有限元分析构建联合仿真优化框架，如图 3.16 所示。利用 Python 脚本程序完成两者之间的数据传递，实现对隐式约束的直接处理。该方法由 MATLAB 优化求解程序控制完成，自动调用 ABAQUS 软件进行设计变量更新、仿真计算，并提取优化所需的分析结果数据(如结构应力、应变、Tsai-Wu 失效因子等)，不需要人为进行仿真参数的反复修改，便于结合工程实际问题，为隐式约束处理提供了一种新的思路。

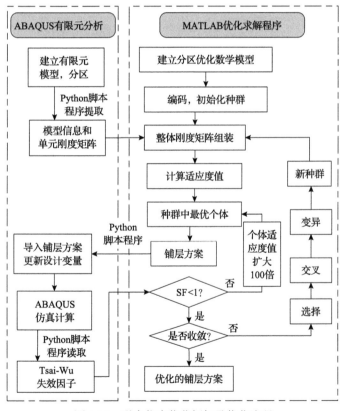

图 3.16　联合仿真优化框架及优化流程

针对复合材料层合板分区优化问题具有离散设计变量、高维度设计空间以及存在隐式约束的特点，将隐式约束处理方法与遗传算法相结合，实现上述优化问题的求解[12]。具体步骤如下：

(1)建立有限元模型，对模型分区。

(2)提取模型信息(各区域的单元、节点、边界条件等)和候选材料的单元刚度矩阵，并转换为 MATLAB 软件可读的数据类型(.mat 文件)。

(3)建立复合材料层合板分区优化数学模型，采用整数编码方式，初始化种群。

(4)MATLAB 编程，实现结构整体刚度矩阵的组装，并计算结构柔顺度。

(5)MATLAB 算法程序进行优化求解计算，在一次迭代完成后，将设计变量输出为完整的铺层方案。

(6)Python 脚本程序依据铺层方案修改 ABAQUS 软件中的有限元模型参数，更新各区域的铺层角度。

(7)调用 ABAQUS/CAE 内核，在不启动图形界面的情况下直接进行仿真计算，以提高计算效率。

(8)Python 脚本程序读取 Tsai-Wu 失效因子 SF。

(9)判断 SF 是否小于 1，如果 SF>1，则将该个体适应度值扩大 100 倍(因不满足强度约束，将其淘汰)，返回步骤(5)；否则判断是否收敛，如果不收敛，则进行遗传操作(选择、交叉、变异)，生成新种群，返回步骤(4)，进入下一轮迭代；如果收敛，则迭代结束，输出优化的铺层方案。

3.4.3 数值算例

这里分别以简支方板和叶片简化壳模型为算例验证方法的有效性。材料选用玻璃纤维增强环氧树脂层合板(QQ1，由 Vantico TDT 177-155 环氧树脂、Saertex U14EU920-00940-T1300-100000 0°纤维和 VU-90079-00830-01270-000000 45°纤维组成)，芯材选用巴沙木，两种材料属性均来自 SNL/MSU/DOE 数据库[13]，见表 3.5。

表 3.5　两种材料属性

符号	材料属性	QQ1	巴沙木
E_1	纵向弹性模量/GPa	33.1	0.207
E_2	横向弹性模量/GPa	17.1	0.207
G_{12}	剪切模量/GPa	6.29	0.011
S	剪切强度/MPa	141	—
X_t	纵向拉伸强度/MPa	843	—
X_c	纵向压缩强度/MPa	687	—

续表

符号	材料属性	QQ1	巴沙木
Y_t	横向拉伸强度/MPa	149	—
Y_c	横向压缩强度/MPa	274	—
ν_{12}	泊松比	0.27	—
ρ	密度/(kg/m³)	1919	150

1) 算例 1

简支方板的几何尺寸为 200mm×200mm×1mm，单层厚度为 0.25mm，四端铰链约束，中心受集中载荷 F=10N，如图 3.17 所示。应力从受力中心向四个端点传播。

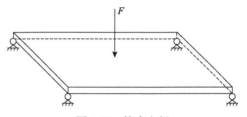

图 3.17 简支方板

对简支方板进行网格划分，共划分 20×20 个单元，选取 4×4 个单元为一个区域。遗传算法的设定参数为：种群规模 80，最大遗传代数 50，交叉概率 0.8，变异概率 0.1。简支方板分区优化结果如图 3.18 所示，纤维铺角在中心区域呈环形分布，在四个端点处呈放射状排列，各区域的铺层角度与方板所受拉压方向一致，与简支方板实际受力情况相符。

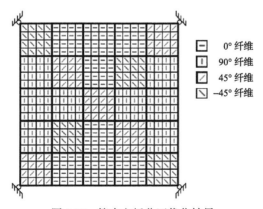

⊟	0° 纤维
⊔	90° 纤维
⊠	45° 纤维
⊠	−45° 纤维

图 3.18 简支方板分区优化结果

优化后简支方板的位移和 Tsai-Wu 失效因子分布如图 3.19 所示，最大位移为 7.155mm，最大 Tsai-Wu 失效因子为 0.14。在满足对称性制造约束和强度约束的前提下，与初始方案对应的最大位移 12.8mm 相比，获得了较大的刚度。

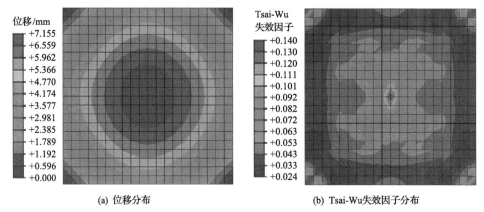

(a) 位移分布　　　　　　　　　　　　　(b) Tsai-Wu失效因子分布

图 3.19　优化后简支方板的位移和 Tsai-Wu 失效因子分布

2) 算例 2

简化壳模型在结构、载荷、约束条件等方面均类似于叶片，如图 3.20 所示。采用主梁-双腹板-蒙皮结构，在一端施加全约束边界条件，在参考点 RP-1、RP-2、RP-3 施加 x、y、z 方向的集中力载荷和弯矩载荷，参考点与整个载荷作用面施加耦合约束，整个作用面共同承担所有载荷。各参考点的载荷数据见表 3.6。

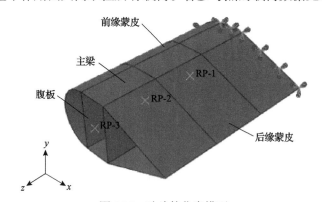

图 3.20　叶片简化壳模型

表 3.6　各参考点的载荷数据

参考点	F_x/kN	F_y/kN	F_z/kN	M_x/(N·m)	M_y/(N·m)	M_z/(N·m)
RP-1	30	30	0.5	30	55	50
RP-2	20	20	0.3	20	35	30
RP-3	10	10	0.1	10	15	10

模型为非等厚度，将模型沿展向按厚度分为 3 个区域，用数字 1、2、3 表示；沿环向分为 3 个区域，用字母Ⅰ、Ⅱ、Ⅲ表示，如图 3.21 所示。每层厚度为 1mm，1、2、3 区的铺层数分别为 19、13、7，材料属性依据原始铺层方案和优化过程中更新的铺层方案赋值。非优化区域对应叶片主梁，铺放 0°纤维布，共 10 层。

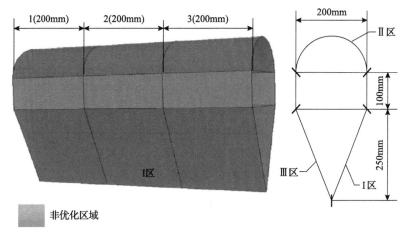

图 3.21　模型分区

优化设计变量有 27 个。遗传算法的设定参数为：种群规模 270，最大遗传代数 50，交叉概率 0.8，变异概率 0.1。在原有材料用量(铺层厚度不变)的情况下，通过优化各区域的纤维铺角，得到不同区域的铺层方案，限于篇幅，只给出前缘(Ⅱ区)铺层方案，见表 3.7。

表 3.7　前缘(Ⅱ区)铺层方案

层数	1 区	2 区	3 区
第 1 层	−45°	—	—
第 2 层	0°	—	—
第 3 层	0°	—	—
第 4 层	−45°	−45°	—
第 5 层	−45°	−45°	—
第 6 层	0°	0°	—
第 7 层	45°	45°	45°
第 8 层	−45°	−45°	−45°
第 9 层	45°	45°	45°
第 10 层	芯材	芯材	芯材
第 11 层	45°	45°	45°

层数	1 区	2 区	3 区
第 12 层	−45°	−45°	−45°
第 13 层	45°	45°	45°
第 14 层	0°	0°	—
第 15 层	−45°	−45°	—
第 16 层	−45°	−45°	—
第 17 层	0°	—	—
第 18 层	0°	—	—
第 19 层	−45°	—	—

　　叶片简化壳模型优化迭代历程如图 3.22 所示。在第 24 次迭代后，结构柔顺度趋于稳定，优化趋于收敛，同时满足 Tsai-Wu 强度失效准则。优化后叶片简化壳模型的结构柔顺度和 Tsai-Wu 失效因子分别为 27.92N·m 和 0.623，与初始铺层方案的 30.68N·m 和 0.971 相比，分别降低约 8.9% 和 35.84%，表明在满足强度和对称性制造约束的前提下，叶片简化壳模型的刚度性能得到了提高。

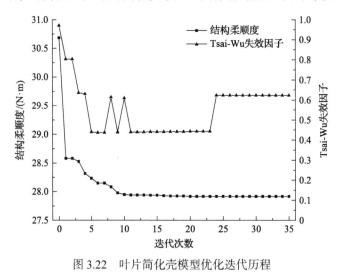

图 3.22　叶片简化壳模型优化迭代历程

3.5　提高优化收敛速度和收敛率的措施

3.5.1　引入设计变量求和约束

　　在离散材料优化中，为了保证优化后各单元与区域具有实际的物理意义，所有候选材料所对应的设计变量(或者人工密度)和必须等于1,即优化结束后,每一单元或区域有且仅对应一种唯一确定的材料。

在优化模型的求解过程中,若优化数学模型缺少合理的约束条件,则可能会出现结果不收敛,对设计变量引入必要的约束条件可以促进优化的收敛性。在传统离散材料优化的约束基础上,引入设计变量的求和约束,具体表述为

$$\sum_{j=1}^{N^j} x_{i,j} = 1 \quad 或 \quad \sum_{j=1}^{N^j} x_{i,j,m} = 1 \tag{3.31}$$

悬臂梁如图 3.23 所示,无求和约束和有求和约束对应的设计变量优化值分别见表 3.8 和表 3.9。

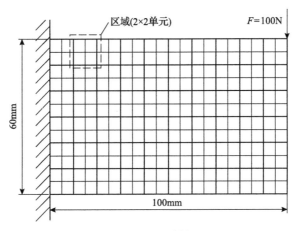

图 3.23　悬臂梁

表 3.8　无求和约束对应的设计变量优化值

单元	0°	45°	−45°	90°
1	1	1	0	0
2	1	0	1	0.513
3	1	1	0	0
4	1	1	1	0
5	1	1	1	0
6	1	1	1	1
7	0	0	0	0
8	1	0	0	0
9	1	1	1	1
10	1	1	1	1

表 3.9　有求和约束对应的设计变量优化值

单元	0°	45°	−45°	90°
1	1	0	0	0
2	1	0	0	0
3	1	0	0	0
4	1	0	0	0
5	1	0	0	0
6	1	0	0	0
7	1	0	0	0
8	0	1	0	0
9	1	0	0	0
10	0	1	0	0

算例优化结果表明，未施加求和约束的某些单元设计变量出现多个"1"，导致材料选取困难，结果无法收敛；施加求和约束的每个单元的设计变量仅有一个为"1"，其他为"0"，保证了优化结果的收敛性。

3.5.2　引入价值函数

为保证全局收敛性和提高收敛速度，引入价值函数确定迭代搜索步长。通常目标函数、拉格朗日函数、罚函数等都可作为价值函数，本节采用著名的 1 范数价值函数，文献[14]已对 1 范数价值函数的下降方向，也就是最优解的下降方向做了证明，此处仅加以应用。

1 范数价值函数 $\phi(\boldsymbol{x})$ 为

$$\phi(\boldsymbol{x}) = \phi(\boldsymbol{x}) + \frac{1}{\sigma_{\mathrm{f}}}\left(\|\boldsymbol{h}(\boldsymbol{x})\|_1 + \|\boldsymbol{g}(\boldsymbol{x})\|_1\right) \tag{3.32}$$

式中，$\|\boldsymbol{h}(\boldsymbol{x})\|_1$、$\|\boldsymbol{g}(\boldsymbol{x})\|_1$ 为约束向量的 1 范数；σ_{f} 为罚参数。

图 3.24 和图 3.25 分别为图 3.23 算例未引入和引入价值函数的优化迭代历程。可以看出，对于同一优化模型，在相同参数设置下，是否引入价值函数对迭代过程有非常明显的影响。未引入价值函数优化迭代约 30 次才趋于收敛，收敛缓慢，原因是迭代过程中搜索步长较小。在保证全局寻优的基础上，引入价值函数可使收敛速度加快。对比优化结果，两者的目标函数值相同，最终解相同，引入价值函数可明显加快收敛速度。

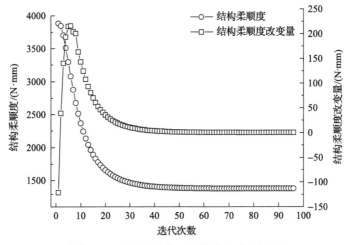

图 3.24　未引入价值函数的优化迭代历程

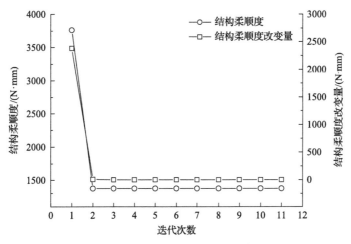

图 3.25　引入价值函数的优化迭代历程

3.5.3　消除灰度问题的策略

针对灰度单元问题，可采取增大惩罚指数、连续化惩罚以及施加赫维赛德（Heaviside）函数等措施来解决。

1) 增大惩罚指数

在离散材料优化问题中，候选材料权重往往达不到 0/1 收敛状态，权重值为 0～1 的中间值，此时为了驱动设计变量达到收敛状态，从而明确选择出某种候选材料，通常增大惩罚指数使候选材料权重逼近 0 或 1。图 3.26 为不同惩罚指数对材料权重的驱动作用，当 $\alpha=1$，即不进行惩罚时，权重为直线状态，增大 α 的值，可以使权重向 0/1 逼近，从而保证权重值达到收敛状态。通常情况下，优化问题中的惩罚指数是恒定的，即不随着迭代次数或其他因素的变化而改变。惩罚指数的选取对优化问题有着至关重要的影响，其值过小会导致惩罚力度小，从而达不到收敛状态；其值过大则会导致数学模型的阶次升高，近似算法可能无法寻得最优解。采用序列二次规划法求解优化问题，选取的惩罚指数为 3。

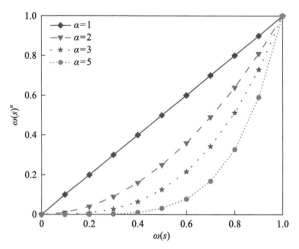

图 3.26　不同惩罚指数对材料权重的驱动作用

2）连续化惩罚

与传统拓扑优化中恒定的惩罚指数不同，连续化惩罚策略是指在优化初始迭代时使用较小的惩罚指数，在满足一定内部收敛指标后逐渐增加。连续化惩罚策略不仅可以防止优化过早陷入局部最优解，而且可以有效地提高收敛率[15]。

3）施加 Heaviside 函数

Xu 等[16]提出了体积守恒 Heaviside 非线性密度过滤函数，消除了拓扑优化结果中边界处的灰色单元，提高了优化迭代的计算效率和稳定性。段尊义[17]将改进的 Heaviside 惩罚函数引入 DMO 优化模型中，提高了优化效率，为纤维增强复合材料的优化设计提供了一种新的技术手段。改进后的 Heaviside 惩罚函数为

$$\bar{\rho} = e^{-\alpha(1-\rho)} - (1-\rho)e^{-\alpha} \tag{3.33}$$

式中，ρ 为候选材料的人工密度；$\bar{\rho}$ 为非线性惩罚后的人工密度；α 为惩罚指数。

不同惩罚指数对应的 Heaviside 曲线如图 3.27 所示。由图可知，随着惩罚指数的增加，对人工密度的惩罚作用逐渐增大，驱使人工密度向 0/1 逼近，从而实现非 0 即 1 的选择，解决了纤维铺角优化问题中存在的灰度问题。

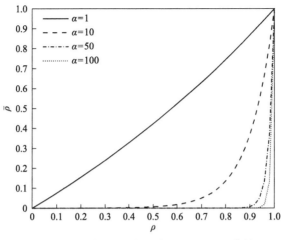

图 3.27　不同惩罚指数对应的 Heaviside 曲线

3.6　本　章　小　结

为减少多相材料拓扑优化的计算成本，提高优化收敛速度和收敛率，解决离散变量和隐式约束等问题，本章研究了以刚度矩阵替代本构矩阵进行材料插值、分区优化、离散变量量化方法、考虑隐式约束的优化方法以及引入设计变量求和约束、引入价值函数的多相材料拓扑优化策略。

(1) 采用刚度矩阵替代本构矩阵进行材料插值，建立刚度矩阵材料插值模型，便于实现与有限元软件的结合，且可直接从有限元软件导出单元刚度矩阵，保证了数据的正确性。相比传统 DMO 方法中以弹性矩阵进行插值，减少了优化迭代过程中求解纤维复合材料本构矩阵数值积分的计算成本，为空间复杂结构的离散材料优化提供了新的材料插值方法。

(2) 针对传统 DMO 方法优化时实际生产中无法实现不同单元不同角度纤维的铺放和非等厚度复合材料结构拓扑优化的问题，通过建立单元集合，提出了分区优化的策略。数值算例表明，分区优化虽然使结构性能略有降低，但可显著减少优化时间。在实际生产中，可通过调节区域大小达到便于生产和性能的平衡。

(3) 由于有限数目、非连续量的铺层顺序属于离散变量优化范畴，传统的优化方法具有一定的局限性。通过调整材料性能参数，对不同铺层顺序下的层合板刚度进行等效，将层合板等效成各单层正交各向异性材料的叠加，则层合板的刚度等效模型反映出不同铺层顺序单层板的刚度。结合各层铺层顺序，构建层合板刚度等效模型和铺层顺序表征参数之间的数学关系，实现了铺层顺序的量化，为解决复合材料层合板离散变量的优化问题提供了一种新的思路和解决方案。

(4)针对传统复合材料层合板优化设计较少考虑隐式约束或通过构建代理模型和惩罚函数等近似方法进行约束处理存在的问题,通过构建 MATLAB-Python-ABAQUS 联合仿真优化框架,实现了对隐式约束的直接处理。

(5)在优化模型的求解过程中,若优化数学模型缺少合理的约束条件,可能会出现结果不收敛。为此,在传统离散材料优化的约束基础上,引入设计变量的求和约束,每个单元的人工密度设计变量仅有一个为"1",其他为"0",保证了优化结果的收敛性。

(6)优化迭代过程中若搜索步长较小,则收敛十分缓慢,通过引入价值函数确定迭代搜索步长,在保证全局寻优的基础上,可加快收敛速度。

(7)采取增大惩罚指数、连续化惩罚以及施加 Heaviside 函数等措施,可有效解决灰度单元问题。

参 考 文 献

[1] Hvejsel C F, Lund E. Material interpolation schemes for unified topology and multi-material optimization. Structural and Multidisciplinary Optimization, 2011, 43(6): 811-825.

[2] Bruyneel M. SFP—A new parameterization based on shape functions for optimal material selection: Application to conventional composite plies. Structural and Multidisciplinary Optimization, 2011, 43(1): 17-27.

[3] Sun P W, Zhang J, Wu P H, et al. A discrete material optimization method with a patch strategy based on stiffness matrix interpolation. Journal of Mechanical Science and Technology, 2022, 36(2): 797-807.

[4] Lucas S, Martin O, John E Q. Wind turbine rotor modelling using response surface methodology//23rd Canadian Conference on Electrical and Computer Engineering, Calgary, 2010.

[5] 何旋, 金海波. 基于稳定性的复合材料层合板铺层顺序优化. 科技创新导报, 2014, 11(3): 75-76.

[6] Zghal J, Ammar A, Chinesta F, et al. High-resolution elastic analysis of thin-ply composite laminates. Composite Structures, 2017, 172(7): 15-21.

[7] 王宗涛. 铺层参数对风力机叶片性能的耦合影响分析与优化. 呼和浩特: 内蒙古工业大学, 2019.

[8] 董新洪, 孙鹏文, 张兰挺, 等. 风力机叶片铺层参数多目标优化设计. 机械工程学报, 2022, 58(4): 165-173.

[9] 李智勇, 黄滔, 陈少淼, 等. 约束优化进化算法综述. 软件学报, 2017, 28(6): 1529-1546.

[10] 田可可, 李成, 胡春幸, 等. 基于响应面法的 CFRP 层合板挖补修理结构的单目标优化. 复合材料科学与工程, 2021, (9): 22-30.

[11] 张兰挺, 邓海龙, 郜佳佳, 等. 铺层参数对风力机叶片静态结构性能的影响分析. 太阳能学报, 2014, 35(6): 1059-1064.

[12] 闫金顺, 孙鹏文, 赵雄翔, 等. 考虑隐式约束的复合材料层合板分区优化方法. 复合材料科学与工程, 2022, (5): 61-65.

[13] Mandell J F S. SNL/MSU/DOE composite material fatigue database. Albuquerque: Sandia National Laboratories, 2011.

[14] 马昌凤. 最优化方法及其 Matlab 程序设计. 北京: 科学出版社, 2010.

[15] 段尊义, 阎军, 牛斌, 等. 基于改进离散材料插值格式的复合材料结构优化设计. 航空学报, 2012, 33(12): 2221-2229.

[16] Xu S L, Cai Y W, Cheng G D. Volume preserving nonlinear density filter based on Heaviside functions. Structural and Multidisciplinary Optimization, 2010, 41(4): 495-505.

[17] 段尊义. 纤维增强复合材料框架结构拓扑与纤维铺角一体化优化设计. 大连: 大连理工大学, 2016.

第4章 风电机组叶片多相材料宏观拓扑优化方法及应用

4.1 连续体结构多相材料拓扑优化方法

常见的连续体结构拓扑优化方法主要有均匀化方法、变密度方法、渐进结构优化方法、独立连续映射方法、水平集方法、移动可变形组件方法，其中前四种属于材料分配类型，后两种属于边界演化类型[1,2]。

1. 均匀化方法

Cheng 和 Olhoff 在对实心弹性薄板的研究中首次引入了肋骨密度微结构，结果表明，为了得到全局最优解，必须扩大设计空间，包括由无限细的密肋加强的板设计。这项工作被公认为是近代结构拓扑优化的先驱[3]。受此启发，Bendsøe 和 Kikuchi 于 1988 年首次提出了连续体拓扑优化概念和基于均匀化理论的连续体拓扑优化方法——均匀化方法(homogenization method，HM)[4]，其主要思想是：在连续介质中引入孔洞微结构，通过周期性分布的非均质微孔结构描述宏观匀质材料，并将孔洞微结构的尺寸作为设计变量对连续体结构拓扑进行数学定量描述，将拓扑优化问题转化为微孔结构尺寸优化问题。即以孔洞大小描述材料的有无，通过微结构参数控制宏观结构在单元中的材料取舍。当孔洞较小时保留单元，当孔洞较大时删除这个单元。如二维微孔结构，将微孔结构长度 l_1、l_2 和旋转角度 θ 作为设计变量，如图 4.1 所示，在取值范围内具有三种状态：空孔结构、实体结构和开孔结构[5]。均匀化方法有明确的数学基础和物理意义并且得到的结果具有

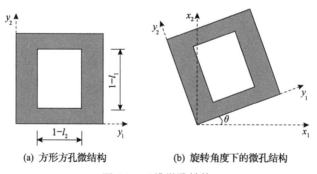

(a) 方形方孔微结构　　　　(b) 旋转角度下的微孔结构

图 4.1　二维微孔结构

网格无关性，但该方法计算量大且复杂，目前已少有研究。

2. 变密度方法

变密度方法（variable density method，VDM）是在均匀化方法基础上发展起来的另一种拓扑优化方法，其主要思想是：定义一种密度（也称人工密度或伪密度）可变的材料单元，并用这种单元代替均匀化方法中的带孔微结构，人为假定材料弹性模量与材料相对密度的关系，通过改变相对密度来决定设计区域材料单元的增删[6,7]。

在工程中，材料的刚度线性依赖材料的密度，即刚度大的材料，密度也大。变密度方法正是基于这个朴素的逻辑，用单元的密度来代替材料的有无，即密度为 1，保留材料，否则删除材料。以每个单元的相对密度作为设计变量，通过建立密度变量与材料参数（如弹性模量、热导率）之间的函数关系（插值模型），改变伪密度实现设计区域材料单元的增删，从而将本质上是 0-1 整数规划问题的拓扑优化模型转化为关于[0,1]区间内单元密度的连续变量优化问题[8]。该方法具有数学理论严谨、物理意义明确、原理简单易懂、灵敏度推导简单、求解效率高的优点，但设计变量多、计算烦琐且只能优化单一材料结构。变密度方法主要有两种最常用的材料插值模型：SIMP 模型和材料属性的有理近似（rational approximation of material properties，RAMP）模型，为了使材料中间密度值趋于两个离散值 0 和 1，SIMP 和 RAMP 模型通过惩罚函数对材料的中间密度值进行惩罚[9]。变密度方法的典型工程应用如图 4.2 所示。

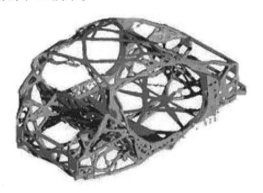

图 4.2　变密度方法的典型工程应用

3. 渐进结构优化方法

渐进结构优化（evolutionary structural optimization，ESO）方法是澳大利亚华裔学者谢亿民和 Steven 提出的，是一种可解决各类拓扑优化问题的通用方法。该方法的主要思想是：在设计域内，采用进化策略逐渐移去结构中的低应力材料和低应变能材料，包括硬删除和软删除两类方法。渐进结构优化法最大的优点是算法简单，通用性好，易于商用有限元软件的二次开发；但由于只允许删除而不允许增加单元，优化结果受删除率和进化率两个参数影响较大；有效单元有可能被错误删除或者过早删除，删除之后无法恢复。为了克服该缺陷，Querin 在原渐进结构优化方法的基础上提出双向渐进结构拓扑优化(bi-directional evolutionary structural optimization，BESO)方法，该方法的主要改进是在删除低应力单元的同时添加高应力单元，提高了优化效率。经过多年发展，BESO 方法已被广泛应用于各类优化问题的求解[10-12]。图 4.3 为基于 BESO 方法的短悬臂梁拓扑优化结果。

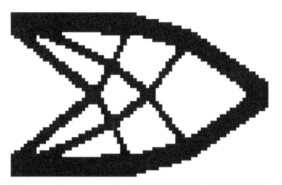

图 4.3　基于 BESO 方法的短悬臂梁拓扑优化结果

4. 独立连续映射方法

独立连续映射(independent continuous mapping，ICM)方法是隋允康教授提出的，该方法的主要思想是将离散拓扑变量转变为连续拓扑变量，以便于构造过滤函数，删减设计变量单元，优化后再采用逆映射将连续变量转变为离散变量。具体来说，就是将依附于截面或形状层次的设计变量抽取出来，用独立于单元或子域具体性能参数的拓扑变量"1"或"0"来表征单元或子域内材料的有无；引入过滤函数完成对单元或子域具体性能参数的识别表达，将本质上离散的拓扑变量映射为[0,1]区间上连续的拓扑变量；建立数学模型并求解，之后将[0,1]区间上连续的拓扑变量依据关系映射反演(relation mapping inversion，RMI)原则离散成最优拓扑变量，从而确定优化后单元或子域内材料的有无。该方法的优点是：将尺寸优化、形状优化和拓扑优化的目标统一规范化，克服了结构柔顺度作为目标函数难以处理多工况的困难，对于求解难度大的离散变量优化更简捷，使结构能够快速收敛，寻找出最佳拓扑路径，得到最优的拓扑构型[13-15]。目前该方法取得了较大的发展，不仅局限于简单规则的二维、三维结构，已扩展到多相材料结构拓扑优化。图 4.4 为 ICM 方法在桥梁拓扑优化设计中的应用。

(a) 实物图

(b) 拓扑图

图 4.4　ICM 方法在桥梁拓扑优化设计中的应用

1) 磨光函数和过滤函数[16]

用连续物理量表示离散拓扑变量的关系可用阶跃函数(图 4.5)来描述,表达式为

$$t_p = H\left(\frac{v_p}{v_p^0}\right) = \begin{cases} 1, & \dfrac{v_p}{v_p^0} \in (0,1] \\ 0, & \dfrac{v_p}{v_p^0} = 0 \end{cases} \tag{4.1}$$

式中,t_p 为 p 单元的拓扑变量;$H\left(\dfrac{v_p}{v_p^0}\right)$ 为离散拓扑变量与物理量之间的映射函数;v_p 为 p 单元的任意物理量;v_p^0 为对应物理量的固有值。

用磨光函数 $P(v)$(图 4.6)近似取代阶跃函数,使设计变量与各单元物理性能参数之间形成连续、可导的关系,并将离散变量自然扩展为连续变量。

磨光函数具有连续性、可微性、凸性、有界性、逼近性、严格单调递增等性质,文献[13]介绍了 3 种典型形式的磨光函数。

幂函数形式:

$$t_p = P\left(\frac{v_p}{v_p^0}\right) = \left(\frac{v_p}{v_p^0}\right)^{\frac{1}{\alpha_{\mathrm{m}}}}, \quad \alpha_{\mathrm{m}} \geqslant 1 \tag{4.2}$$

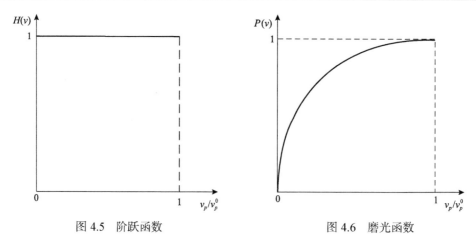

図 4.5　阶跃函数　　　　　　　　　　图 4.6　磨光函数

复合指数函数形式：

$$t_p = P\left(\frac{v_p}{v_p^0}\right) = \frac{1 - e^{-\delta_m\left(\frac{v_p}{v_p^0}\right)}}{1 + e^{-\delta_m}}, \quad \delta_m \geqslant 1 \tag{4.3}$$

Sigmoid 函数形式：

$$t_p = P\left(\frac{v_p}{v_p^0}\right) = \beta_m \frac{1 - e^{-\gamma_m\left(\frac{v_p}{v_p^0}\right)}}{1 + e^{-\gamma_m\left(\frac{v_p}{v_p^0}\right)}}, \quad \beta_m = \frac{1 + e^{-\gamma_m}}{1 - e^{-\gamma_m}}, \quad \gamma_m \geqslant 1 \tag{4.4}$$

式中，α_m、β_m、γ_m、δ_m 为各磨光函数的参数。

阶跃函数揭示了传统意义上的离散拓扑变量与结构任意物理量之间的函数关系，将离散拓扑变量表达为结构任意物理量的函数。因此，如果想要把单元任意物理量表达为拓扑变量的函数，自然就需要用到阶跃函数的逆函数，称为跨栏函数（图 4.7），表达式为

$$S(t_p) = H^{-1}(t_p) = \frac{v_p}{v_p^0} = \begin{cases} 0, & t_p = 0 \\ (0,1], & t_p = 1 \end{cases} \tag{4.5}$$

则

$$v_p = v_p^0 S(t_p) \tag{4.6}$$

可以看出,跨栏函数 $S(t_p)$ 存在当拓扑变量等于 1 时,函数值无法确定的问题。因此,采用近似替代策略,对跨栏函数进行连续化逼近得到过滤函数,如图 4.8 所示。

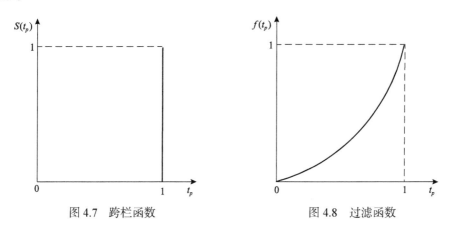

图 4.7　跨栏函数　　　　　　　　　　图 4.8　过滤函数

用过滤函数近似替代跨栏函数,便成功完成了拓扑变量由离散到连续的转换过程,且各单元物理量与拓扑变量之间的函数关系也由不确定、不连续、不可导变为确定、连续、可导。

过滤函数具有连续性、可微性、凹性、有界性、逼近性、严格单调递增等性质,主要有三种形式[17]。

幂函数形式:

$$f(t_p) = t_p^{\alpha_g}, \quad \alpha_g \geqslant 1 \tag{4.7}$$

复合指数函数形式:

$$f(t_p) = -\alpha_g \ln[1 + (e^{-1/\alpha_g} - 1)t_p], \quad \alpha_g > 0 \tag{4.8}$$

修正的 Sigmoid 函数形式:

$$f(t_p) = \frac{1}{\alpha_g} \ln \frac{1 + t_p/\beta_g}{1 - t_p/\beta_g}, \quad \alpha_g > 0, \ \beta_g > 0 \tag{4.9}$$

式中, α_g 、 β_g 为参数。

ICM 方法的关键是过滤函数的引用,过滤函数不但赋予了拓扑变量独立性和连续性,且在建模时能识别相应单元的有关几何量或物理量。以单元质量 w_p 和单元许用应力 $\overline{\sigma_p}$ 为例,依据式(4.6)分别采用质量过滤函数 $f_w(t_p)$ 和许用应力过滤

函数 $f_{\bar{\sigma}}(t_p)$ 对二者进行识别，于是有

$$w_p = f_w(t_p)w_p^0 \tag{4.10}$$

$$\overline{\sigma_p} = f_{\bar{\sigma}}(t_p)\overline{\sigma_p^0} \tag{4.11}$$

式中，w_p^0、$\overline{\sigma_p^0}$ 分别为 p 单元的固有质量和单元初始应力约束上限值。

过滤函数对单元有关物理量或几何量的识别，意为拓扑变量通过过滤函数识别出单元的性能是否趋近于零，以此决定该单元是保留还是删除。

在 ICM 方法中，引入过滤函数对设计变量进行筛选过滤，同时又对相关物理性能参数进行识别，使单元的性能参数替换成具体的量，表达式为

$$\begin{cases} w_p = f_w(t_p)w_p^0 \\ \overline{\sigma_p} = f_{\bar{\sigma}}(t_p)\overline{\sigma_p^0} \\ k_p = f_k(t_p)k_p^0 \end{cases} \tag{4.12}$$

式中，t_p 为单元连续拓扑变量；w、$\bar{\sigma}$ 和 k 分别为单元优化过程中变化的质量、应力和刚度；w^0、$\overline{\sigma^0}$ 和 k^0 分别为各自的固有量。

传统意义上的设计变量是一个离散的概念，引入过滤函数，利用过滤函数识别各性能参数，将离散变量映射为连续变量。由式 (4.12) 可知，t_p 依靠过滤函数识别出单元的性能参数是否趋于零，从而确定单元内材料的有无。

利用过滤函数对各性能参数的过滤和识别建立拓扑优化数学模型。在同一模型中，会出现多个不同的过滤函数，优化迭代时过滤函数的不同会影响性能识别的快慢或过滤的多少，选择合适的过滤函数是提高优化效率、获得最优拓扑结构的关键。过滤函数在形式一定的情况下，参数选取不同，表现形式也不同。

2）映射和反演

在 ICM 方法中，优化结果中设计变量多数趋于 0 或 1，但仍不可避免存在中间值，即灰度区域。虽然中间值较少，但也要规划为 0 或 1。对于少量未收敛的设计变量，基于 RMI 原则取 D_R 值作为映射反演的阈值，将小于 D_R 的变量离散为 0、大于等于 D_R 的变量离散为 1，表达式为

$$t_p = \begin{cases} 1, & t_p \geqslant D_R \\ 0, & t_p < D_R \end{cases} \tag{4.13}$$

由此完成连续变量向最优离散变量的离散。从 RMI 原则看，过滤函数的识别

表达是从单元性能向设计变量的映射，逆过程是映射的反演。映射反演关系如图 4.9 所示。

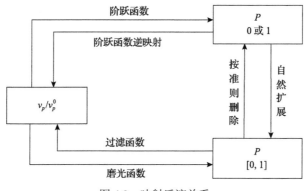

图 4.9　映射反演关系

5. 水平集方法

水平集(level set)方法是由 Sethian 在研究波前传播时追踪复杂运动界面提出来的[1,18,19]，直到 2000 年，才将水平集函数引入结构拓扑优化中。水平集方法的主要思想是将二维或三维结构表达为一个高一维水平集函数。如一个三维的形状，用一个水平面去切它，得到一个二维的投影，也就是说，一个二维的图形实际上是一个三维形状的投影，三维的形状是一个四维函数的投影，如图 4.10 所示。

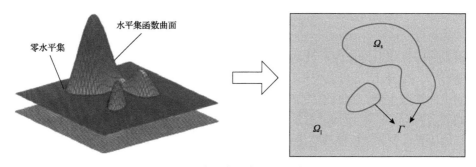

图 4.10　水平集函数及其二维投影

水平集函数为

$$\begin{cases} \varphi(x,t) > 0, & \forall x \in \Omega_s \\ \varphi(x,t) = 0, & \forall x \in \Gamma \\ \varphi(x,t) < 0, & \forall x \in \Omega_l \end{cases} \tag{4.14}$$

用水平集隐函数简化结构的载荷和几何边界的约束条件，改变水平集函数使结构在边界应力大的地方向外扩张，即增加材料，在边界应力小的地方向外收缩，即去除材料，从而把材料布局演化问题转化为几何形状演化问题[20,21]，如图 4.11 所示。

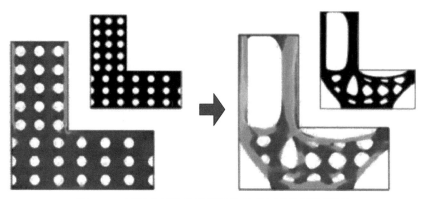

图 4.11　材料布局演化问题转化为几何形状演化问题

　　水平集方法的优点是在设计区域内，拓扑优化和尺寸优化可同时实现，不会出现棋盘格等数值不稳定问题。缺点是：①过分依赖设计域，当设计域选择不当时，会反复优化已出现的孔洞，很难达到最优解；②由于属于边界演化方法，它的收敛速度往往较慢，每步迭代结束时要重新计算水平集函数，需要消耗大量计算时间。

6. 移动可变形组件方法

　　移动可变形组件(moving morphable components，MMC)方法是采用具有显式几何表达信息的组件作为设计的基础单元，组件可在设计区域内自由移动、伸缩和变形(大小、长度都可以变形)，通过组件的移动、旋转、交叉、覆盖等方式，有的组件相互重合，有的组件交融消失，从而实现结构的拓扑变化[22-26]，变化过程如图 4.12(a)～(d)所示。移动可变形组件方法属于典型的显式拓扑优化方法，具有设计变量少、分析模型与优化模型完全解耦、无需过滤算子、边界光滑、传力路径清晰且可便捷地获取传力路径上的结构几何尺寸、不存在灰度单元等优点[27]。

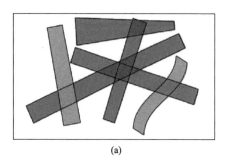
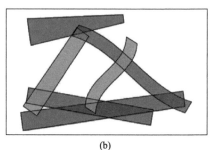

(a)　　　　　　　　　　　　　　　　　　(b)

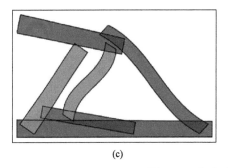
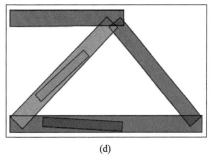

(c)　　　　　　　　　　　　　　　　　　(d)

图 4.12　移动可变形组件方法

4.2　基于 ICM 方法的复合材料层合板多相材料宏观拓扑优化

4.2.1　过滤函数的选取

在 ICM 方法中，设计变量利用过滤函数识别过滤出单元性能参数是否趋于零，从而确定单元内材料的有无。过滤函数不仅对设计变量进行筛选和过滤，而且对相关性能参数进行识别。通过引入光滑连续的过滤函数可以有效求解目标函数和约束函数的灵敏度信息，便于采用成熟且高效的数学规划类算法求解拓扑优化数学模型。

ICM 方法中过滤函数的不同关系到模型的求解效率，选择结构形式简单的幂函数形式的过滤函数，优化数学模型中主要引入质量过滤函数 f_w 和刚度过滤函数 f_k，表达式分别为

$$f_w(\rho_p) = \rho_p^{\alpha_{gw}} \tag{4.15}$$

$$f_k(\rho_p) = \rho_p^{\alpha_{gk}} \tag{4.16}$$

式中，ρ_p 为第 p 个单元的设计变量（人工相对密度）；α_{gw} 和 α_{gk} 分别为质量过滤函数和刚度过滤函数的参数。

过滤函数在形式一定的情况下，其不同表现为参数的不同。幂函数形式的不同参数的质量过滤函数和刚度过滤函数对结构拓扑优化的影响可归结为 α_{gw} 和 α_{gk} 对其的影响。对于同一优化数学模型中的质量过滤函数和刚度过滤函数，α_{gw} 和 α_{gk} 之间的相对值比绝对值更重要，根据设计变量的定义，α_{gw} 一般取值为 1[14]。采用试算法进行数值仿真试验，选择合适的刚度过滤函数，进而提高拓扑优化的收敛率和结果的可靠性[28]。

分别取幂函数形式过滤函数参数 α_g 为 1、3、6 和 20，四个过滤函数在[0,1]

区间上的曲线如图 4.13 所示。

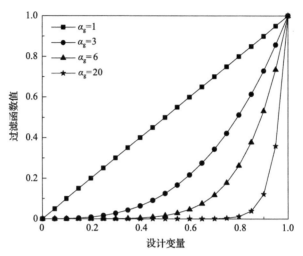

图 4.13　不同参数的幂函数形式过滤函数曲线

4.2.2　多相材料拓扑优化的插值

材料插值是多相材料拓扑优化的关键，目前拓扑优化模型有单相材料的有无优化模型和多相材料的拓扑优化模型两种。在多相材料拓扑优化设计中，通过插值函数建立设计变量与候选材料之间的关系表达式，用设计变量表征单元内的不同相材料。

对于单相材料的有无优化模型，Andreassen 等[29]对 SIMP 方法进行改进，改进的 SIMP 方法表达式为

$$E_p = E_{\min} + \rho_p^{\alpha}(E_0 - E_{\min}) \tag{4.17}$$

式中，E_p 为优化中第 p 个单元的弹性模量；E_0 为单元的固有弹性模量；$E_{\min}$ 为单元弹性模量的最小值，用来防止计算过程中出现数值奇异；ρ_p 为第 p 个单元的设计变量；α 为惩罚指数。

对于复合材料层合板结构的多相材料宏观拓扑优化问题，以式(4.17)为基础，通过设计变量 ρ_p 来表征单元或设计区域内不同的相材料，采用单元的质量和刚度矩阵进行材料插值。引入质量过滤函数和刚度过滤函数，基于改进的 SIMP 方法，构建多相材料拓扑优化的插值函数：

$$\begin{cases} \boldsymbol{K}_p = \boldsymbol{K}_p^{\mathrm{II}} + f_k(\rho_p)(\boldsymbol{K}_p^{\mathrm{I}} - \boldsymbol{K}_p^{\mathrm{II}}) \\ w_p = w_p^{\mathrm{II}} + f_w(\rho_p)(w_p^{\mathrm{I}} - w_p^{\mathrm{II}}) \end{cases} \tag{4.18}$$

式中，ρ_p 为第 p 个单元的设计变量；$\boldsymbol{K}_p$ 为第 p 个单元的刚度矩阵；$\boldsymbol{K}_p^{\mathrm{I}}$ 和 $\boldsymbol{K}_p^{\mathrm{II}}$ 分别为第 p 个单元 I 号和 II 号材料的固有刚度矩阵；w_p 为第 p 个单元的质量；w_p^{I} 和 w_p^{II} 分别为第 p 个单元 I 号和 II 号材料的固有质量。

由式(4.18)可知，该插值函数用一个设计变量可表征单元或区域内两相材料的分布，减少了设计变量数目，降低了数学模型维度。若设计变量为 0，过滤函数即为 0，从而驱使 $\boldsymbol{K}_p$、w_p 表征的是 II 号材料的固有刚度和质量；同理，设计变量为 1，$\boldsymbol{K}_p$、w_p 表征的是 I 号材料的固有刚度和质量。由于该多相材料插值函数的特性，不需要设置 $\rho_{\min}$=0.001，插值函数本身可避免结构分析中的数值奇异问题，从而使结构分析更为精确。

4.2.3　基于 ICM 方法的多相材料宏观拓扑优化数学模型

基于 ICM 方法构建优化数学模型，优化目标和约束限制的选取非常明确。目标函数是结构质量，质量是与力学响应无关的量，可避免不同层次优化标准不一致和多工况下多目标优化等问题。目标函数的数学表达式为

$$\min W = \sum_{p=1}^{N^p} f_w(\rho_p) w_p^0 \tag{4.19}$$

式中，W 为结构总质量；w_p^0 为第 p 个单元的固有质量；N^p 为单元总数。

合理的约束限制是实现结构优化不可或缺的组成部分，在 ICM 方法建模中，以应力、位移和频率等性能指标作为约束，进一步与目标函数相协调，许用值可从制造规范和设计手册中找到参考依据。对于复合材料层合板的拓扑优化设计，需要满足一定的刚度要求，防止优化后结构产生有害变形，即保证结构变形不超过规定范围。对结构的位移进行约束，位移约束的数学表达式为

$$u_\xi \leqslant \overline{u_\xi} \tag{4.20}$$

式中，u_ξ 为结构中第 ξ 个自由度的位移；$\overline{u_\xi}$ 为许用位移。

若对模型中所有节点进行约束，节点数过多必将导致位移约束成为常见的多约束优化问题。约束数目过多，会导致灵敏度分析计算量大、计算效率低和优化求解困难等。

为解决式(4.20)中约束数目过多的问题，采用位移约束集成化策略，将多个不等式约束问题转化为一个可微的单约束问题[30,31]。对于该策略，现有 p-norm、p-mean 和 KS(Kreisselmeier-Steinhauser)函数 3 种包络函数[32]，选择 KS 包络函数

对位移约束进行集成化处理，集成化后的代理模型表达式为

$$U^{\text{KS}} = \frac{1}{c_b}\ln\left[\sum_\xi \exp\left(c_b\frac{u_\xi}{\overline{u_\xi}}\right)\right] \leqslant 1 \tag{4.21}$$

式中，c_b 为 KS 包络函数的参数，且满足

$$\lim_{c_b\to\infty} U^{\text{KS}} = \lim_{c_b\to\infty}\frac{1}{c_b}\ln\left[\sum_\xi \exp\left(c_b\frac{u_\xi}{\overline{u_\xi}}\right)\right] = 1 \tag{4.22}$$

KS 包络函数参数 c_b=20。文献[32]中指出，c_b 取值较大时，会导致求解过程中出现数值振荡；c_b 取有限值时，KS 包络函数值又与实际值之间存在差异，故引入修正系数以修正两者之间的关系，即

$$\tilde{U}^{\text{KS}} = c^{\text{KS}} U^{\text{KS}} \leqslant 1 \tag{4.23}$$

式中，c^{KS} 为修正系数，表达式为

$$c^{\text{KS}} = \frac{\max(u_\xi)}{\overline{u_\xi} U^{\text{KS}}} \tag{4.24}$$

基于 ICM 方法，以单元相对密度为设计变量，引入质量过滤函数和刚度过滤函数，以 KS 包络函数集成化的位移为约束，构建结构总质量最小为目标函数的复合材料层合板结构多相材料宏观拓扑优化数学模型：

$$\begin{cases}
\text{find } \boldsymbol{\rho} = (\rho_1, \rho_2, \cdots, \rho_{N^p})^{\text{T}} \\[2mm]
\min W = \sum_{p=1}^{N^p}\left[w_p^{\text{II}} + f_w(\rho_p)(w_p^{\text{I}} - w_p^{\text{II}})\right] \\[2mm]
\text{s.t.} \quad \frac{1}{c_b}\ln\left[\sum_\xi \exp\left(c_b\frac{u_\xi}{\overline{u_\xi}}\right)\right] \leqslant 1 \\[2mm]
\boldsymbol{KU} = \boldsymbol{F} \\[2mm]
\boldsymbol{K}_p = \boldsymbol{K}_p^{\text{II}} + f_k(\rho_p)(\boldsymbol{K}_p^{\text{I}} - \boldsymbol{K}_p^{\text{II}}) \\[2mm]
0 \leqslant \rho_p \leqslant 1, \quad p = 1, 2, \cdots, N^p
\end{cases} \tag{4.25}$$

式中，$\boldsymbol{\rho}$ 为设计变量向量；$\boldsymbol{KU} = \boldsymbol{F}$ 为结构静力学平衡方程；$0 \leqslant \rho_p \leqslant 1$ 为设计变量取值范围。

4.2.4　结构响应量的灵敏度分析

1）目标函数的灵敏度分析

结构总质量是与设计变量 ρ_p 有关的响应量，将质量过滤函数式（4.15）代入目标函数得

$$W = \sum_{p=1}^{N^p}\left[w_p^{\mathrm{II}} + \rho_p^{\alpha_{\mathrm{gw}}}\left(w_p^{\mathrm{I}} - w_p^{\mathrm{II}} \right) \right] \tag{4.26}$$

对式（4.26）求偏导，得到目标函数的一阶灵敏度为

$$\frac{\partial W}{\partial \rho_p} = \alpha_{\mathrm{gw}}\rho_p^{\alpha_{\mathrm{gw}}-1}\left(w_p^{\mathrm{I}} - w_p^{\mathrm{II}} \right) \tag{4.27}$$

2）位移约束的灵敏度分析

求位移约束灵敏度的主要任务是求代理模型对设计变量的偏导数，对式（4.21）求偏导，可得

$$\frac{\partial U^{\mathrm{KS}}}{\partial u_\xi} = \frac{\exp\left(c_{\mathrm{b}}\dfrac{u_\xi}{\overline{u_\xi}} \right)}{\overline{u_\xi}\sum\limits_{\xi}\exp\left(c_{\mathrm{b}}\dfrac{u_\xi}{\overline{u_\xi}} \right)} \tag{4.28}$$

由链式求导法则可得

$$\frac{\partial U^{\mathrm{KS}}}{\partial \rho_p} = \sum_\xi \frac{\partial U^{\mathrm{KS}}}{\partial u_\xi}\frac{\partial u_\xi}{\partial \rho_p} \tag{4.29}$$

自由度 ξ 对应的位移表达式为位移向量的函数，即

$$\begin{cases} u_\xi = \boldsymbol{A}_\xi^{\mathrm{T}}\boldsymbol{U} \\ \boldsymbol{A}_\xi = \left\{ 0,\cdots,0,1,0,\cdots,0 \right\}^{\mathrm{T}} \end{cases} \tag{4.30}$$

式中，$\boldsymbol{A}_\xi^{\mathrm{T}}$ 只有第 ξ 分量为 1，其余分量都为 0。

将式（4.30）代入式（4.29）得

$$\frac{\partial U^{\mathrm{KS}}}{\partial \rho_p} = \sum_\xi \frac{\partial U^{\mathrm{KS}}}{\partial u_\xi}\frac{\partial \boldsymbol{A}_\xi^{\mathrm{T}}\boldsymbol{U}}{\partial \rho_p} = \sum_\xi \frac{\partial U^{\mathrm{KS}}}{\partial u_\xi}\cdot \boldsymbol{A}_\xi^{\mathrm{T}}\frac{\partial \boldsymbol{U}}{\partial \rho_p} \tag{4.31}$$

将刚度过滤函数式(4.16)代入式(4.18)并组装整体刚度矩阵，可得

$$K = \bigcup_{p=1}^{N^p} \left[K_p^{\mathrm{II}} + \rho_p^{\alpha_{\mathrm{gk}}} (K_p^{\mathrm{I}} - K_p^{\mathrm{II}}) \right] \tag{4.32}$$

将式(4.32)代入静力学平衡方程 $KU=F$ 得

$$\bigcup_{p=1}^{N^p} \left[K_p^{\mathrm{II}} + \rho_p^{\alpha_{\mathrm{gk}}} (K_p^{\mathrm{I}} - K_p^{\mathrm{II}}) \right] U = F \tag{4.33}$$

对式(4.33)求偏导，可得

$$\frac{\partial \bigcup\limits_{p=1}^{N^p} \left[K_p^{\mathrm{II}} + \rho_p^{\alpha_{\mathrm{gk}}} (K_p^{\mathrm{I}} - K_p^{\mathrm{II}}) \right]}{\partial \rho_p} U + \bigcup_{p=1}^{N^p} \left[K_p^{\mathrm{II}} + \rho_p^{\alpha_{\mathrm{gk}}} (K_p^{\mathrm{I}} - K_p^{\mathrm{II}}) \right] \frac{\partial U}{\partial \rho_p} = \frac{\partial F}{\partial \rho_p} \tag{4.34}$$

由于外载荷为恒定载荷，式(4.34)等号右边为零，整理后可得

$$\frac{\partial U}{\partial \rho_p} = - \left[\bigcup_{p=1}^{N^p} \left[K_p^{\mathrm{II}} + \rho_p^{\alpha_{\mathrm{gk}}} (K_p^{\mathrm{I}} - K_p^{\mathrm{II}}) \right] \right]^{-1} \alpha_{\mathrm{gk}} \rho_p^{\alpha_{\mathrm{gk}}-1} (K_p^{\mathrm{I}} - K_p^{\mathrm{II}}) U \tag{4.35}$$

将式(4.35)代入式(4.31)得

$$\frac{\partial U^{\mathrm{KS}}}{\partial \rho_p} = - \sum_{\xi} \frac{\partial U^{\mathrm{KS}}}{\partial u_{\xi}} \cdot A_{\xi}^{\mathrm{T}} \left[\bigcup_{p=1}^{N^p} \left[K_p^{\mathrm{II}} + \rho_p^{\alpha_{\mathrm{gk}}} (K_p^{\mathrm{I}} - K_p^{\mathrm{II}}) \right] \right]^{-1} \alpha_{\mathrm{gk}} \rho_p^{\alpha_{\mathrm{gk}}-1} (K_p^{\mathrm{I}} - K_p^{\mathrm{II}}) U \tag{4.36}$$

构建伴随矩阵[33]：

$$\lambda^{\mathrm{T}} = \sum_{\xi} \frac{\exp\left(c_b \dfrac{u_{\xi}}{\overline{u_{\xi}}} \right)}{\overline{u_{\xi}} \sum\limits_{\xi} \exp\left(c_b \dfrac{u_{\xi}}{\overline{u_{\xi}}} \right)} \cdot A_{\xi}^{\mathrm{T}} \left[\bigcup_{p=1}^{N^p} \left[K_p^{\mathrm{II}} + \rho_p^{\alpha_{\mathrm{gk}}} (K_p^{\mathrm{I}} - K_p^{\mathrm{II}}) \right] \right]^{-1} \tag{4.37}$$

则基于 KS 包络函数集成化的位移约束一阶灵敏度表达式为

$$\frac{\partial U^{\mathrm{KS}}}{\partial \rho_p} = - \lambda^{\mathrm{T}} \alpha_{\mathrm{gk}} \rho_p^{\alpha_{\mathrm{gk}}-1} (K_p^{\mathrm{I}} - K_p^{\mathrm{II}}) U \tag{4.38}$$

4.2.5　数值算例

建立尺寸为 2000mm×600mm×80mm 的复合材料层合板结构,如图 4.14 所示。层合板结构由 8 层纤维布组成,每层均匀划分为 6×20 个单元,共 960 个单元。中间三个点受力分别为 F_1=2000N、F_2=3000N、F_3=4000N,两端为全固定约束。0° 纤维布作为初始铺层材料,优化后将巴沙木作为替换材料。为保证巴沙木不分布在上下最外两层,将这两层固定为非优化层,其余中间 6 层为优化层。采用分区优化策略,将 4 个单元集成化为一个区域,共 240 个区域,其中优化设计区域 180 个。各区域沿 x 轴正方向用 A、B、C 表示,沿 y 轴正方向用 1～10 表示,沿 z 轴反方向用 a～f 表示,如图 4.15 所示。质量过滤函数参数 α_{gw}=1,刚度过滤函数参数 α_{gk}=9,层合板结构的最大位移许用值为 4.5mm。

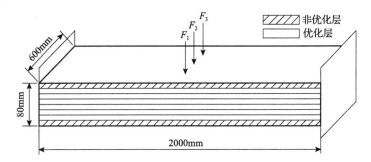

图 4.14　两端固支层合板结构

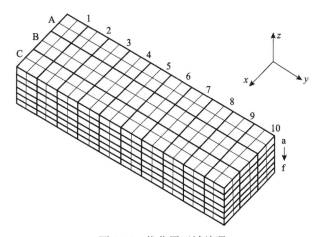

图 4.15　优化层区域编码

采用式(4.25)所示优化数学模型,应用 SQP 算法求解,结构质量优化迭代历程如图 4.16 所示。

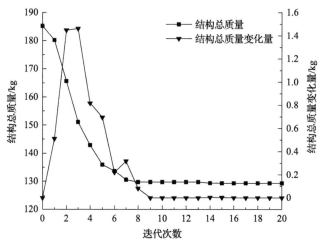

图 4.16　结构质量优化迭代历程

由图 4.16 可知，目标函数的迭代历程曲线较为平滑，且在优化过程中结构总质量大幅度减小，符合预期减重的目标。第 9 次迭代后模型的结构总质量及其变化量基本保持稳定，质量变化量趋于 0，且后续迭代没有出现数值振荡现象，说明优化结果收敛。

基于 SQP 算法求解优化数学模型后，设计变量仍为连续值，表 4.1 为各设计区域优化后的连续设计变量值。

表 4.1　连续设计变量值

区域	连续变量	区域	连续变量	区域	连续变量	区域	连续变量
Aa1	3.47×10^{-6}	Ad8	1.0000	Ba6	1.0000	Cd3	7.71×10^{-6}
Ab1	0.9924	Ae8	1.0000	Bb6	1.0000	Ce3	3.81×10^{-6}
Ac1	1.0000	Af8	1.0000	Bc6	1.0000	Cf3	3.87×10^{-6}
⋮	⋮	⋮	⋮	⋮	⋮	⋮	⋮
Aa8	3.87×10^{-6}	Bd5	1.0000	Ca3	1.0000	Cd10	1.0000
Ab8	3.81×10^{-6}	Be5	0.3704	Cb3	1.0000	Ce10	0.9921
Ac8	0.8078	Bf5	0.9998	Cc3	1.0000	Cf10	3.46×10^{-6}

由表 4.1 可知，设计变量多数趋近于 0 或 1，但仍存在部分中间值（未收敛情况）。给定替换阈值 $D=0.6$，依据 RMI 原则将优化后连续变量映射反演回 0/1 的最优离散变量，反演后的离散设计变量见表 4.2。

依据最优离散变量的 0-1 分布，基于 Python 脚本程序，将材料的空间分布导入 ABAQUS 有限元模型，变量为"1"的设计区域内材料保持纤维布不变，变量为"0"的设计区域内将纤维布替换成巴沙木。优化后层合板结构中所有层（优化层+非优化层)材料的空间布局如图 4.17 所示。

表 4.2　离散设计变量值

区域	离散变量	区域	离散变量	区域	离散变量	区域	离散变量
Aa1	0	Ad8	1	Ba6	1	Cd3	0
Ab1	1	Ae8	1	Bb6	1	Ce3	0
Ac1	1	Af8	1	Bc6	1	Cf3	0
⋮	⋮	⋮	⋮	⋮	⋮	⋮	⋮
Aa8	0	Bd5	1	Ca3	1	Cd10	1
Ab8	0	Be5	0	Cb3	1	Ce10	1
Ac8	1	Bf5	1	Cc3	1	Cf10	0

(a) A部分所有层材料分布

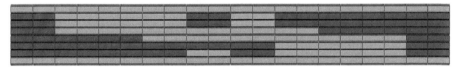

(b) B部分所有层材料分布

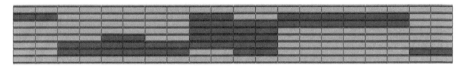

(c) C部分所有层材料分布

图 4.17　优化后层合板结构的材料空间布局

　　优化前后层合板结构的最大位移和 Tsai-Wu 失效因子分布分别如图 4.18 和图 4.19 所示。

　　优化前后层合板结构性能对比见表 4.3。由表可知，最大位移由优化前的 3.303mm 增加到 4.510mm，增大了 1.207mm，质量由最初的 185.3kg 减少到 129.2kg，减小了约 30.3%。优化前后 Tsai-Wu 失效因子都小于 1，满足强度要求，不会发生失效破坏。算例表明，所述多相材料宏观拓扑优化方法在位移小范围增加和 Tsai-Wu 失效因子满足强度要求的情况下减重效果明显，该方法是可行且有效的。

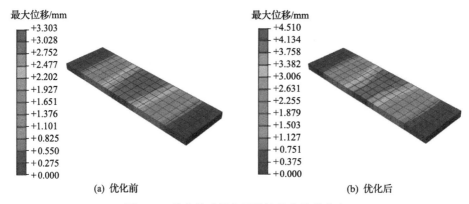

(a) 优化前　　　　　　　　　　　　　　(b) 优化后

图 4.18　优化前后层合板结构最大位移分布

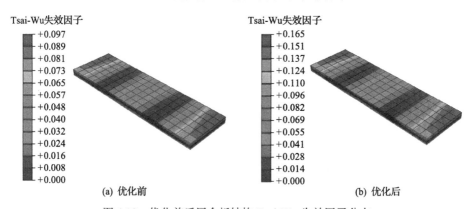

(a) 优化前　　　　　　　　　　　　　　(b) 优化后

图 4.19　优化前后层合板结构 Tsai-Wu 失效因子分布

表 4.3　优化前后层合板结构性能对比

性能参数	优化前	优化后
质量/kg	185.3	129.2
最大位移/mm	3.303	4.510
Tsai-Wu 失效因子	0.097	0.165

4.3　基于 ICM 方法的风电机组叶片多相材料宏观拓扑优化

　　复合纤维布和软夹芯材料的不同空间布局将产生不同的叶片拓扑结构、性能和质量，为设计者提供了调整材料宏观拓扑、优化结构响应的设计空间。为最大程度发挥材料空间布局的设计潜力，保证叶片的主要性能和质量尽可能达到最优，研究叶片多相材料宏观拓扑优化设计具有理论意义和工程价值。复合纤维和软夹芯材料的密度不同，在满足性能要求的前提下，为减轻重量、降低成本，应将叶片低应力单元的复合纤维替换为软夹芯材料。针对叶片特定的结构和受载状况，采用 ICM 法进行风电机组叶片多相材料宏观拓扑优化。

4.3.1　以强度为约束的叶片多相材料宏观拓扑优化

基于 ICM 方法，建立以单元密度为设计变量、强度为约束、质量最小为目标函数的优化数学模型，以修正的满应力设计法和 RMI 原则相结合的策略进行求解，并通过 ABAQUS-Python-MATLAB 联合平台实现拓扑优化过程，获得叶片复合纤维和软夹芯材料的合理空间布局。

1. 以强度为约束的多相材料连续体结构宏观拓扑优化模型

复合材料结构优化域内的材料在各个方向上的力学性能随着方向的不同表现出部分差异，需要一定的强度理论将复合材料的应力和基本强度联系起来。选择 Tsai-Wu 失效因子 $SF < 1$ 作为强度约束条件，为避免出现个别单元失效或接近失效的情况，采用修正系数 μ_s 对 Tsai-Wu 失效因子约束上限进行修正，约束条件调整为 $SF_p < \mu_s$，依据工程数值经验，μ_s 取值为 0.8。

引入过滤函数，拓扑变量借助其完成对相应单元属性的识别表达，则多相材料连续体结构宏观拓扑优化数学模型可表达为

$$
\begin{cases}
\text{find } \boldsymbol{t} = (t_1, \cdots, t_{N^p})^{\mathrm{T}} \\
\min \ W = \sum_{p=1}^{N^p} w_{pj}^0 f_w(t_p) \\
\text{s.t.} \quad SF_p < \mu_s f_s(t_p) \\
\qquad 0 < t_{p\min} \leqslant t_p \leqslant 1 \\
\qquad i = 1, 2, \cdots, N^p, \ j = 1, 2
\end{cases}
\tag{4.39}
$$

式中，$\boldsymbol{t}$ 为拓扑变量向量；W 为结构总质量；w_{pj}^0 为第 p 个单元第 j 种候选材料的固有质量；SF_p 为第 p 个单元的 Tsai-Wu 失效因子；$t_{p\min}$ 为设计域内单元拓扑变量的最小值；N^p 为单元数；$f_w(t_p)$、$f_s(t_p)$ 分别为第 p 个单元的质量过滤函数和 Tsai-Wu 失效因子过滤函数，选用幂函数形式且参数值 α_{gw} 和 α_{gs} 分别取 1 和 3。

模型的优化求解算法主要有数学规划法、优化准则法和智能算法。优化准则法因其收敛速度快、优化效率高、重分析次数与设计变量数目无直接关系，适用于大型结构优化问题的求解。满应力设计法是典型的优化准则法，通过设定结构在满足约束条件的同时，应力达到许用应力值来获得最佳拓扑优化的传力路径，从而得到理想的优化结果。本质上，满应力设计法是对应力约束进行了零阶近似，

避免了建立一阶近似的灵敏度分析计算量。当结构单元的失效因子临界满足强度准则时，认为整体结构达到最优拓扑结果[17]。

将约束条件改写为

$$f_s(t_p) > \frac{SF_p}{\mu_s} \tag{4.40}$$

令

$$\max \frac{SF_p}{\mu_s} = f_s(t_p^*) \tag{4.41}$$

则有

$$f_s(t_p) > f_s(t_p^*) \tag{4.42}$$

因此，可得解

$$t_p^* = f_s^{-1}\left(\max \frac{SF_p}{\mu_s}\right) \tag{4.43}$$

假定结构为静定结构，则可以通过下述证明 t_p^* 为数学模型(4.39)的最优解。

静定结构的单元内力不会随着单元截面的变化而变化，而单元的内力和截面性质又决定了单元的应力。SF 是关于应力的一个物理量，因此在单元截面不变的前提下，优化求解得到的 t_p^* 值和 $f_s(t_p^*)$ 也是不变的。

令 $f_w(t_p) = t_p^{\alpha_{gw}}$、$f_s(t_p) = t_p^{\alpha_{gs}}$，则有

$$[f_s(t_p)]^{\frac{\alpha_{gw}}{\alpha_{gs}}} = t_p^{\alpha_{gw}} = f_w(t_p) \tag{4.44}$$

由式(4.39)的约束条件可得

$$[f_s(t_p)]^{\frac{\alpha_{gw}}{\alpha_{gs}}} \geqslant [f_s(t_p^*)]^{\frac{\alpha_{gw}}{\alpha_{gs}}} \tag{4.45}$$

由式(4.44)和式(4.45)可得

$$f_w(t_p) \geqslant f_w(t_p^*) \tag{4.46}$$

将式(4.46)代入式(4.39)的质量表达式，可得

$$W = \sum_{p=1}^{N^p} w_{pj}^0 f_w(t_p) \geqslant \sum_{p=1}^{N^p} w_{pj}^0 f_w(t_p^*) = W^* \tag{4.47}$$

可以证明 t_p^* 就是优化模型的最优解。

收敛准则为前后两次迭代计算中叶片质量的变化率小于给定的精度，即

$$\left| \frac{W^{(v+1)} - W^{(v)}}{W^{(v+1)}} \right| \leqslant \varepsilon \tag{4.48}$$

式中，$W^{(v)}$、$W^{(v+1)}$ 分别为前后两次循环中的叶片质量；ε 为收敛精度，取 $0.001^{[34]}$。

2. 以强度为约束的多相材料连续体结构宏观拓扑优化流程

以强度为约束的多相材料连续体结构宏观拓扑优化流程如图 4.20 所示，具体步骤和过程如下：

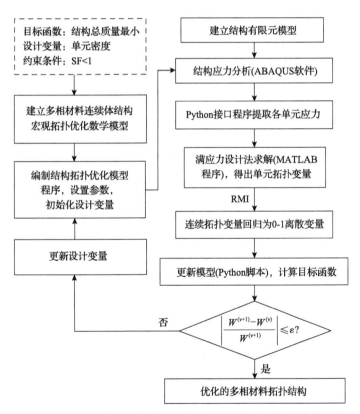

图 4.20　以强度为约束的多相材料连续体结构宏观拓扑优化流程

(1)建立结构有限元模型。

(2)建立多相材料连续体结构宏观拓扑优化数学模型,编制模型程序,设置参数,初始化设计变量。

(3)结构应力分析(ABAQUS 软件)。

(4)Python 接口程序提取各单元应力。

(5)满应力设计法求解(MATLAB 程序),得出单元拓扑变量。

(6)依据关系映射反演原则将连续拓扑变量回归为 0/1 离散变量。

(7)更新模型,计算目标函数。

(8)收敛性判别,如果不收敛,更新设计变量,返回步骤(3);否则,迭代结束,输出最终优化结果。

3. 以强度为约束的叶片两相材料宏观拓扑优化

对某 1.5MW 风电机组叶片进行以强度为约束的两相材料(复合纤维和软夹芯材料)宏观拓扑优化,历经 8 次迭代达到收敛条件,迭代过程如图 4.21 所示。

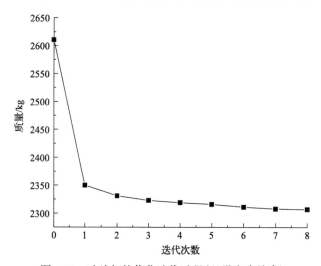

图 4.21　叶片拓扑优化迭代过程(以强度为约束)

优化后叶片的拓扑结构如图 4.22 所示,其中浅色区域为寻优得到的低应力区域,即需要在中间层部分铺放软夹芯材料的区域,其他区域铺放复合纤维布。

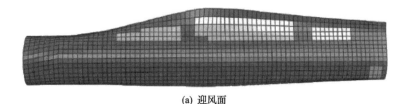

(a) 迎风面

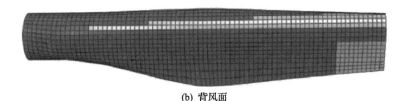

(b) 背风面

图 4.22　优化后叶片的拓扑结构(以强度为约束)

在实际生产中，复合纤维布和软夹芯材料在不同规则区域内分块铺放。从图 4.22 可以看出，优化后的材料空间布局是不规则的，不符合叶片实际生产过程中的材料铺放规则。为此，需采用等代设计法对不规则区域进行再设计。

等代设计法是复合材料在结构上应用初期的一种设计方法，是指在优化前后相同的工况下，使用含软夹芯材料较多的、形状规则的层合板结构等面积替代优化后形状不规则区域，以保证叶片的重量不再增加。因此，借鉴等代设计法的思想，将软夹芯材料区域之间较小的、不连续、不规则区域的复合材料替换为含有软夹芯材料的层合板，以满足叶片实际生产要求。再设计后叶片的拓扑结构如图 4.23 所示。

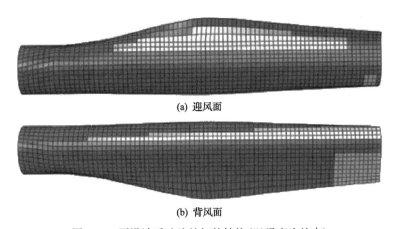

(a) 迎风面

(b) 背风面

图 4.23　再设计后叶片的拓扑结构(以强度为约束)

优化前后叶片的 Tsai-Wu 失效因子如图 4.24 所示，质量可直接从模型中提取出来，具体数值见表 4.4。

优化后的叶片部分区域用软夹芯材料替换了复合纤维布，导致 Tsai-Wu 失效因子略微增大(由 0.5370 增大到 0.5722)，但仍远小于 1，满足强度要求；叶片质量减少了 170kg(由 2610kg 减少到 2440kg)，实现了叶片减重的目标和复合纤维布与软夹芯材料的优化布局。

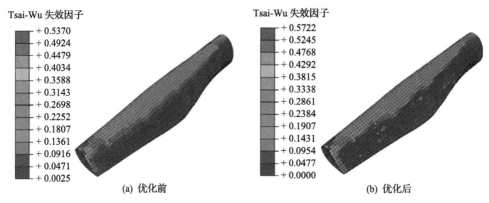

(a) 优化前   (b) 优化后

图 4.24 优化前后叶片的 Tsai-Wu 失效因子

表 4.4 优化前后叶片质量和 Tsai-Wu 失效因子

性能参数	优化前	优化后
质量/kg	2610	2440
Tsai-Wu 失效因子	0.5370	0.5722

4.3.2 以位移为约束的叶片多相材料宏观拓扑优化

针对叶片特定的结构、受力载荷和制造约束，将独立连续映射法和序列二次规划法相融合，基于 ICM 方法建立以质量最小为目标函数、单元密度为设计变量、位移为约束的叶片多相材料宏观拓扑优化数学模型，应用 MATLAB 编写模型与优化算法，并和 ABAQUS 软件交互进行求解，获得叶片复合纤维和软夹芯材料的合理空间布局。

1. 以位移为约束的多相材料连续体结构宏观拓扑优化模型

1）模型构建

以单元密度为设计变量、结构质量最小为目标函数、位移为约束条件，构建基于 ICM 的多相材料连续体结构宏观拓扑优化数学模型，即

$$\begin{cases} \min W = \sum_{p=1}^{N^p} w_p \\ \text{s.t. } u_p \leqslant \overline{u}_p \\ \quad 0 \leqslant x_{p\min} \leqslant x_p \leqslant 1 \\ \quad p = 1, 2, \cdots, N^p \end{cases} \tag{4.49}$$

式中，w_p 为第 p 个单元的质量；u_p 为第 p 个单元的位移；$\overline{u}_p$ 为第 p 个单元位移

约束最大值；x_p 为第 p 个单元的拓扑设计变量；$x_{p\min}$ 为 x_p 的下限值，为了避免单元刚度矩阵在计算过程中出现奇异，取 $x_{p\min}=0.001$；N^p 为设计区域单元数。

引入复合指数形式的过滤函数，对原模型中的离散单元质量与单元位移进行连续化过滤[35]：

$$\begin{cases} w_p = f_w(x_p)w_p^0 = \dfrac{\mathrm{e}^{x_p/\gamma_{\mathrm{gw}}}-1}{\mathrm{e}^{1/\gamma_{\mathrm{gw}}}-1}w_p^0 \\[4mm] u_p = f_k(x_p)u_p^0 = \dfrac{\mathrm{e}^{x_p/\gamma_{\mathrm{gk}}}-1}{\mathrm{e}^{1/\gamma_{\mathrm{gk}}}-1}u_p^0 \end{cases} \tag{4.50}$$

式中，w_p^0 为第 p 个单元的初始质量；u_p^0 为第 p 个单元的初始位移；$f_k(x_p)$ 为刚度过滤函数；$f_w(x_p)$ 为质量过滤函数；γ_{gw}、γ_{gk} 为常数，且 $\gamma_{\mathrm{gw}}>0$、$\gamma_{\mathrm{gk}}>0$。

引入复合指数形式过滤函数位移约束下多相材料连续体结构的拓扑优化数学模型[36]：

$$\begin{cases} \min\ W = \displaystyle\sum_{p=1}^{N^p} \dfrac{\mathrm{e}^{x_p/\gamma_{\mathrm{gw}}}-1}{\mathrm{c}^{1/\gamma_{\mathrm{gw}}}-1}w_p^0 \\[4mm] \mathrm{s.t.}\ \ \dfrac{\mathrm{e}^{x_p/\gamma_{\mathrm{gk}}}-1}{\mathrm{e}^{1/\gamma_{\mathrm{gk}}}-1}u_p^0 \leqslant \bar{u}_p \\[3mm] 0 \leqslant x_{\min} \leqslant x_p \leqslant 1 \\[1mm] p = 1,2,\cdots,N^p \end{cases} \tag{4.51}$$

2) 位移约束显式化

为简化求解，对目标点位移约束进行显式化处理。根据莫尔定理，结构任意节点在某一方向上的广义位移 u_q 为[37]

$$u_q = \sum_{p=1}^{N^p} D_p = \sum_{p=1}^{N^p} \int \left(\boldsymbol{\sigma}_p^{\mathrm{V}}\right)^{\mathrm{T}} \left(\boldsymbol{\varepsilon}_p^{\mathrm{R}}\right)\mathrm{d}v \tag{4.52}$$

式中，$D_p = \int \left(\boldsymbol{\sigma}_p^{\mathrm{V}}\right)^{\mathrm{T}} \left(\boldsymbol{\varepsilon}_p^{\mathrm{R}}\right)\mathrm{d}v$ 为第 p 个单元对广义位移贡献的莫尔积分形式，$\boldsymbol{\sigma}_p^{\mathrm{V}}$ 为在 u_q 方向作用单位虚载荷下第 p 个单元的应力向量，$\boldsymbol{\varepsilon}_p^{\mathrm{R}}$ 为实载荷下第 p 个单元的应变向量。

由虚功原理得单元节点位移 u_q 和总位移 u_{T} 为

$$u_q = \left(\boldsymbol{P}_q^{\mathrm{R}}\right)^{\mathrm{T}} \boldsymbol{u}_q^{\mathrm{V}} \tag{4.53}$$

$$u_{\mathrm{T}} = \sum_{p=1}^{N^p} \left(\boldsymbol{P}_p^{\mathrm{R}} \right)^{\mathrm{T}} \boldsymbol{u}_q^{\mathrm{V}} \tag{4.54}$$

式中，$\boldsymbol{P}_p^{\mathrm{R}}$ 为实载荷下第 p 个单元的节点力列向量；$\boldsymbol{u}_q^{\mathrm{V}}$ 为虚载荷下第 p 个单元的节点位移向量。

依据有限元原理，设计域结构的单元刚度为

$$\boldsymbol{K}_p \boldsymbol{u}_q^{\mathrm{V}} = \boldsymbol{P}_p^{\mathrm{V}} \tag{4.55}$$

式中，$\boldsymbol{K}_p$ 为第 p 个单元的刚度矩阵；$\boldsymbol{P}_p^{\mathrm{V}}$ 为虚载荷下第 p 个单元的节点力列向量。

引入复合指数形式的过滤函数，则单元刚度矩阵为

$$\boldsymbol{K}_p = \boldsymbol{K}_p^0 E_p = \boldsymbol{K}_p^0 \frac{\mathrm{e}^{x_p / \gamma_{\mathrm{gk}}} - 1}{\mathrm{e}^{1 / \gamma_{\mathrm{gk}}} - 1} \tag{4.56}$$

式中，E_p 为第 p 个单元的弹性模量；$\boldsymbol{K}_p^0$ 为第 p 个单元的初始刚度矩阵。

将式(4.55)代入式(4.54)，得出设计域内的目标点位移为

$$u_{\mathrm{T}} = \sum_{p=1}^{N^p} \left(\boldsymbol{P}_p^{\mathrm{R}} \right)^{\mathrm{T}} \left(\boldsymbol{K}_p \right)^{-1} \boldsymbol{P}_p^{\mathrm{V}} \tag{4.57}$$

把式(4.56)代入式(4.57)，得出 u_{T} 的显式化表达式为

$$u_{\mathrm{T}} = \sum_{p=1}^{N^p} \left(\boldsymbol{P}_p^{\mathrm{R}} \right)^{\mathrm{T}} \left(\boldsymbol{K}_p^0 \right)^{-1} \boldsymbol{P}_p^{\mathrm{V}} \frac{\mathrm{e}^{1 / \gamma_{\mathrm{gk}}} - 1}{\mathrm{e}^{x_p / \gamma_{\mathrm{gk}}} - 1} = \sum_{p=1}^{N^p} D_p^0 \frac{\mathrm{e}^{1 / \gamma_{\mathrm{gk}}} - 1}{\mathrm{e}^{x_p / \gamma_{\mathrm{gk}}} - 1} \tag{4.58}$$

式中，D_p^0 为第 p 个单元对目标位移点的作用分量系数。

上述推导过程中，通过引入复合指数形式的刚度过滤函数，实现了位移约束的显式化处理。

3) 材料插值方法

ICM 方法定义独立拓扑变量 $x_p (0 \leqslant x_p \leqslant 1)$ 用于表征单元的不同相材料，对于两种材料，其与单元刚度矩阵 $\boldsymbol{K}_p$ 和质量 w_p 的关系为

$$\begin{cases} \boldsymbol{K}_p = \boldsymbol{K}^2 + x_p^\alpha (\boldsymbol{K}^1 - \boldsymbol{K}^2) \\ w_p = w^2 + x_p (w^1 - w^2) \end{cases}, \quad p = 1, 2, \cdots, N^p \tag{4.59}$$

式中，α 为单元刚度矩阵的惩罚因子；上标 1 和 2 分别表示材料 1 和材料 2；当

$x_p = 1$ 时，表示第 p 个单元选用材料 1；$x_p = 0$ 时，表示第 p 个单元选用材料 2。

4）模型求解

将式（4.58）代入式（4.51），得到显式化位移约束下多相材料连续体结构拓扑优化模型为[32]

$$
\begin{cases}
\min W = \displaystyle\sum_{p=1}^{N^p} \dfrac{e^{x_p/\gamma_{gw}} - 1}{e^{1/\gamma_{gw}} - 1} w_p^0 \\
\text{s.t.} \quad \displaystyle\sum_{p=1}^{N^p} D_p^0 \dfrac{e^{1/\gamma_{gk}} - 1}{e^{x_p/\gamma_{gk}} - 1} \leqslant \bar{u}_T \\
0 < x_{\min} \leqslant x_p \leqslant 1 \\
p = 1, 2, \cdots, N^p
\end{cases}
\tag{4.60}
$$

式中，$\bar{u}_T$ 为总位移约束上限值。

为了获得优化模型设计变量的最优解，利用拉格朗日乘子法进行计算分析。引入拉格朗日乘子 λ，得到拉格朗日方程：

$$
L(x_p, \lambda) = \sum_{p=1}^{N^p} \frac{e^{1/\gamma_{gw}} - 1}{e^{x_p/\gamma_{gw}} - 1} w_p^0 - \lambda \left(\sum_{p=1}^{N^p} D_p^0 \frac{e^{1/\gamma_{gk}} - 1}{e^{x_p/\gamma_{gk}} - 1} - \bar{u}_T \right)
\tag{4.61}
$$

拉格朗日函数一阶导数表示为

$$
\frac{\partial L}{\partial x_p} = \frac{(1 - e^{1/\gamma_{gw}}) e^{x_p/\gamma_{gw}}}{\gamma_{gw} (e^{x_p/\gamma_{gw}} - 1)^2} w_p^0 - \lambda D_p^0 \frac{(1 - e^{1/\gamma_{gk}}) e^{x_p/\gamma_{gk}}}{\gamma_{gk} (e^{x_p/\gamma_{gk}} - 1)^2} = 0
\tag{4.62}
$$

消去拉格朗日乘子 λ 得到最终解：

$$
x_p = \frac{\displaystyle\sum_{p=1}^{N^p} D_p^0 \left(\dfrac{e^{1/\gamma_{gk}} - 1}{e^{x_p/\gamma_{gk}} - 1} \right)^{1/(\gamma_{gk}+1)} \cdot \left(w_p^0 \right)^{\gamma_{gw}/(\gamma_{gw}+1) + e^{1/\gamma_{gw}-1}}}{\bar{u}^{e^{1/\gamma_{gk}}} \left(D_p^0 \right)^{1/\gamma_{gk} - 1}}
\tag{4.63}
$$

至此，完成了位移约束下多相材料连续体结构宏观拓扑优化模型设计变量的分析求解。

5）优化收敛准则

收敛准则同式（4.48）。

2. 以位移为约束的多相材料连续体结构宏观拓扑优化流程

以位移为约束的多相材料连续体结构宏观拓扑优化流程如图 4.25 所示，具体步骤和过程如下：

（1）建立结构有限元模型。

（2）建立基于 ICM 方法的多相材料连续体结构宏观拓扑优化数学模型，编制模型程序，设置参数，初始化设计变量。

（3）结构应力分析。

（4）Python 接口程序提取各单元应力、体积、坐标和节点等信息。

（5）依据提取信息，调用 ICM 算法程序识别过滤单元（标记低应力单元）。

（6）SQP 算法求解，得出新的设计变量。

（7）计算目标函数。

（8）收敛性判别，如果不收敛，更新设计变量，返回步骤（3）；否则，迭代结束，输出最终优化结果。

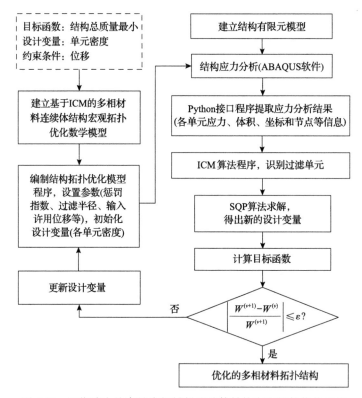

图 4.25　以位移为约束的多相材料连续体结构宏观拓扑优化流程

3. 以位移为约束的风电机组叶片多相材料宏观拓扑优化

对某 1.5MW 风电机组叶片进行以位移为约束的两相材料（复合纤维和软夹芯材料）宏观拓扑优化，历经 36 次迭代达到收敛条件，迭代过程如图 4.26 所示。

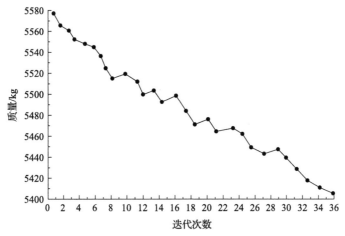

图 4.26　叶片拓扑优化迭代过程(以位移为约束)

优化后叶片的拓扑结构如图 4.27 所示,线条内的不规则区域为寻优得到的低应力区域,即软夹芯材料铺放区域,其他区域为复合纤维布铺放区。

图 4.27　优化后叶片的拓扑结构(以位移为约束)

优化前后叶片的质量和 Tsai-Wu 失效因子分别为 5574kg、5488kg 和 0.8715、0.8299,优化后分别减少 166kg 和 0.0416,叶片质量降低、性能提高,实现了叶片复合纤维与软夹芯材料的优化布局。

4. 基于等代设计法的叶片再设计

优化后的材料空间布局不规则,同理采用等代设计法进行再设计。由于优化的区域(不规则区域)为叶片蒙皮,使用形状规则的层合板结构[±45°/软夹芯材料/±45°]替换不规则区域。再设计后叶片的拓扑结构如图 4.28 所示。

为确保再设计后叶片的强度满足要求,应用最大应力失效准则和 Tsai-Wu 强度失效准则对其进行校核。

根据 ISO 527-5:2021 标准测试,±45°纤维布基本强度数据见表 4.5。

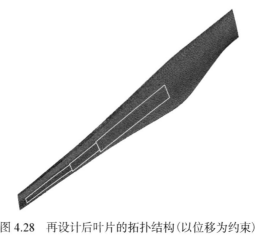

图 4.28　再设计后叶片的拓扑结构(以位移为约束)

表 4.5　±45°纤维布基本强度　　　　　　　　(单位：MPa)

强度	X_t	X_c	Y_t	Y_c	S
数值	467	453	124	128	93.5

由最大应力失效准则式(1.16)对再设计后叶片蒙皮进行应力分析，结果为

$$\sigma_1 = 147.1\text{MPa} < X_t, \quad \sigma_1 = -124.7\text{MPa} > -X_c$$

$$\sigma_2 = 74.28\text{MPa} < Y_t, \quad \sigma_2 = -19.96\text{MPa} > -Y_c$$

$$\tau_{12} = 91.66\text{MPa} < S$$

式中，正值代表拉伸，负值代表压缩。可知，材料的应力均小于与之相对应的许用强度，满足要求。

同时，将数值代入 Tsai-Wu 强度失效准则式(1.21)，计算得到 Tsai-Wu 失效因子 SF=0.74163<1。材料结构安全[38]，且结构产生损坏的可能性小。

通过两个强度失效准则判断再设计后叶片蒙皮强度均满足要求，结构安全。

4.4　考虑密度变化率约束的叶片多相材料宏观拓扑优化

4.4.1　密度变化率约束

1. 基于密度变量的约束策略

由复合材料和软夹芯材料组成的风电机组叶片以及由复合材料和金属组成的新一代航空结构材料——纤维增强金属层合板，都属于由两种材料构成的复合材料夹芯层合板。对于这一类结构的宏观拓扑优化，如果不考虑相应的约束，两种材料的分布相对自由，且不可能确保一种材料位于内层，另一种材料位于两侧外层。两相材料甚至可能沿厚度方向交替出现，如图 4.29 所示，显然不符合制造要求和工程实际，优化结果不可行。因此，需要施加关键性制造约束，实现设计区域内一种材料从中间层开始替换，避免两种材料沿厚度方向交替出现的情况。

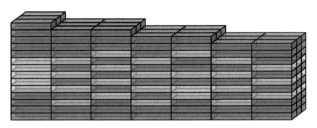

图 4.29　夹芯层合板结构两种材料沿厚度方向交替出现

　　依据对设计变量施加约束的方法，针对层合板结构的厚度优化问题，Sjølund 等[39]基于离散材料与厚度优化(discrete material and thickness optimization，DMTO)方法提出一种制造约束，来控制整个层合板结构厚度的变化。该制造约束通过约束后续层的密度变化来防止中间孔洞层的产生，具体是依据区域中第 m 层的密度来约束第 $m+1$ 层的密度，约束函数表达式为

$$\rho_{i,m+1} \leqslant o(\rho_{i,m}, L) \tag{4.64}$$

式中，$\rho_{i,m}$ 为第 i 个区域中第 m 层的相对密度；$\rho_{i,m+1}$ 为第 i 个区域中第 $m+1$ 层的相对密度；o 为分段函数，表达式为

$$o(\rho_{i,m}, L) = \begin{cases} o_1(\rho_{i,m}, L) = \dfrac{L}{1-L}\rho_{i,m}, & \rho_{i,m} \leqslant 1-L \\[2mm] o_2(\rho_{i,m}, L) = \dfrac{1-L}{L}\rho_{i,m} + \dfrac{2L-1}{L}, & \rho_{i,m} > 1-L \end{cases} \tag{4.65}$$

式中，L 为控制 o_1 和 o_2 斜率的参数，且 $0 < L \leqslant 0.5$。注意，当 $L=0.5$ 时，约束函数成为 $\rho_{i,m+1} \leqslant \rho_{i,m}$。

　　图 4.30 为不同参数值对约束限制的影响。该制造约束的施加限制材料从顶部开始移除，从而避免产生中间孔洞层；通过控制参数 L 又避免了整个区域内厚度方向材料全部移除的情况，使得优化结果满足工程实际的生产制造要求。

　　依据上述理论和方法，提出一种基于密度变量的约束策略，称为密度变化率约束。该约束策略可以有效避免两相材料在结构厚度方向交替出现的问题。

　　密度变量是表征单元或区域内不同相材料的决定因素，当密度变量为 0 时，替换成软夹芯材料；当密度变量为 1 时，选择复合纤维布。密度变化率约束是依据设计区域中某一层的密度来约束其相邻层的密度，在中性层或中性面以上，用上层的密度来约束下层的密度上限；在中性层或中性面以下，则用下层的密度来

约束上层的密度上限。相邻层的密度上限由一个与相应层相关联的非线性函数决定，具体表达式为

$$G(\rho,\psi)=\begin{cases} g(\rho_{i,m},\psi)\geqslant\rho_{i,m+1}, & m\leqslant\dfrac{N^m-1}{2} \\[2mm] g(\rho_{i,m+1},\psi)\geqslant\rho_{i,m}, & m>\dfrac{N^m}{2} \end{cases} \tag{4.66}$$

式中，ψ 为用于控制密度变化率约束函数 $g(\rho_{i,m},\psi)$ 曲率的参数；N^m 为设计域中的总层数；$g(\rho_{i,m},\psi)$ 为与 $\rho_{i,m}$ 相关的函数，其表达式为

$$g(\rho_{i,m},\psi)=\frac{1}{\psi-1}(\psi^{\rho_{i,m}}-1) \tag{4.67}$$

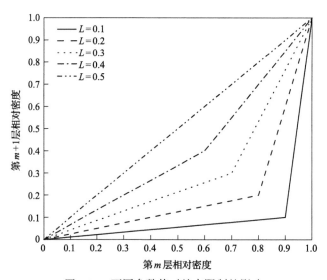

图 4.30 不同参数值对约束限制的影响

图 4.31 为不同参数 ψ 的约束函数对相邻层密度的限制情况。参数 ψ 的差异会导致相邻两层密度上限的收缩率不同，有效地防止了软夹芯材料层贯穿整个设计领域，满足了结构上下两侧多层均为复合纤维的要求。根据数值经验[40]，ψ 值越小，越容易使软夹芯材料层贯穿整个设计区域；ψ 越大，越可能出现局部最优解。本书的数值算例和工程应用中，取 $\psi=10^2$。

以某层合板为例，密度变化率约束模型如图 4.32 所示，在中间平面或中间层以上，用上层的密度来约束下层的密度上限；在中间平面或中间层以下，用下层的密度来约束上层的密度上限。

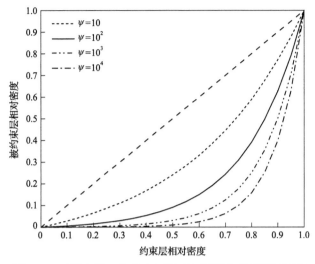

图 4.31　不同参数 ψ 的约束函数对相邻层密度的限制情况

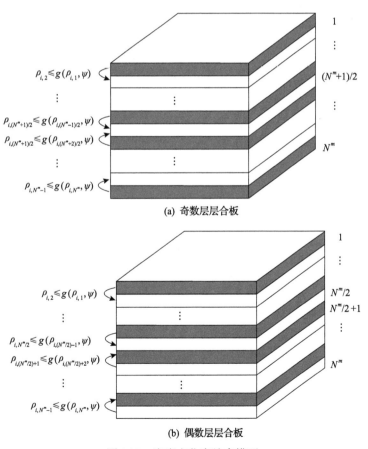

图 4.32　密度变化率约束模型

对密度变量施加密度变化率约束，通过限制相邻层的密度上限，内层的相对密度必然小于两侧层的相对密度。在优化过程中，如果相对密度的设计变量在厚度方向上为 0，则首先出现在中间层，然后依次向两侧展开。在复合纤维夹芯层合板设计区域中，实现了软夹芯材料从中间层开始替换，避免了复合纤维层和软夹芯材料层交替出现的问题。通过调整非线性函数的曲率参数 ψ，对最内和最外两侧到中间层的密度上限进行缩减，有效防止软夹芯材料层贯穿整个设计区域，满足结构最外面和最内面几层均为复合纤维布的工程实际要求。

2. 优化数学模型的建立

基于 ICM 方法，考虑密度变化率约束，以设计区域内每一层的相对密度为设计变量、位移和密度变化率为约束条件、结构总质量最小为目标函数，构建多相材料宏观拓扑优化数学模型：

$$
\begin{cases}
\text{find } \boldsymbol{\rho} = (\rho_{1,1}, \rho_{1,2}, \cdots, \rho_{N^i, N^m})^{\mathrm{T}} \\
\min W = \sum_{i=1}^{N^i} \sum_{m=1}^{N^m} \left[w_{i,m}^{\mathrm{II}} + \rho_{i,m}^{\alpha_{\mathrm{gw}}} (w_{i,m}^{\mathrm{I}} - w_{i,m}^{\mathrm{II}}) \right] \\
\text{s.t.} \quad \dfrac{1}{c_{\mathrm{b}}} \ln \left[\sum_{\xi} \exp \left(c_{\mathrm{b}} \dfrac{u_{\xi}}{\overline{\overline{u_{\xi}}}} \right) \right] \leqslant 1 \\
\boldsymbol{K U} = \boldsymbol{F} \\
\boldsymbol{K}_i = \boldsymbol{K}_{i,m}^{\mathrm{II}} + \rho_{i,m}^{\alpha_{\mathrm{gw}}} (\boldsymbol{K}_{i,m}^{\mathrm{I}} - \boldsymbol{K}_{i,m}^{\mathrm{II}}) \\
G(\rho_{i,m}, \psi) \geqslant 0 \\
0 \leqslant \rho_i \leqslant 1, \quad i = 1, 2, \cdots, N^i, m = 1, 2, \cdots, N^m
\end{cases}
\tag{4.68}
$$

式中，$\rho_{i,m}$ 为第 i 个区域第 m 层的设计变量；$G(\rho_{i,m}, \psi)$ 为密度变化率约束函数。

3. 数值算例

构建受载情况和约束限制均类似叶片的简易圆柱壳模型，如图 4.33 所示。模型长 L=2000mm、半径 R=100mm，圆柱壳左端全固定约束，右端分别在 4 个位置均匀施加 F=10kN 的集中力载荷。0°纤维布作为初始铺层材料，共 8 层，每层厚度为 2mm；巴沙木为优化后替换材料。采用分区优化策略，沿环向分为 4 部分，用 A、B、C 和 D 表示，沿展向分为 8 段，用 1～8 表示，单元和设计区域划分如图 4.34 所示。

采用式(4.68)构建的优化数学模型并应用SQP算法，在 MATLAB 和 ABAQUS 中交互求解，对复合材料圆柱壳结构进行优化，验证方法的可行性和有效性。优化后圆柱壳结构的材料空间布局如图 4.35 所示。

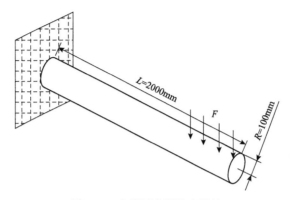

图 4.33　左端固定圆柱壳结构

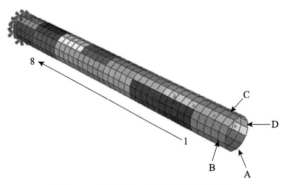

图 4.34　每层单元和设计区域划分

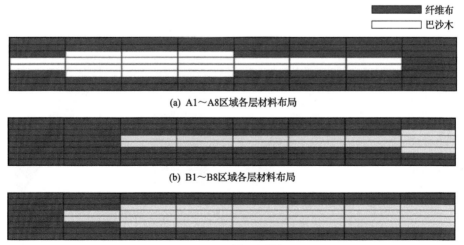

(d) D1～D8区域各层材料布局

图 4.35　优化后圆柱壳结构的材料空间布局

由图 4.35 可知，优化后圆柱壳结构的材料空间布局满足密度变化率约束，复合纤维布和软夹芯材料在厚度方向未出现交替分布，符合工程实际的铺放要求。

优化前后圆柱壳结构的最大位移和 Tsai-Wu 失效因子分布分别如图 4.36 所示和图 4.37 所示。

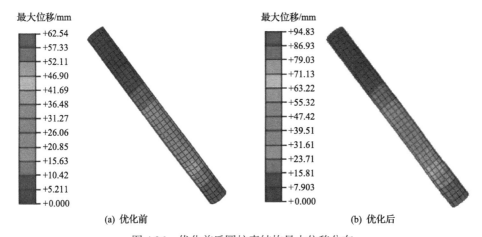

图 4.36　优化前后圆柱壳结构最大位移分布

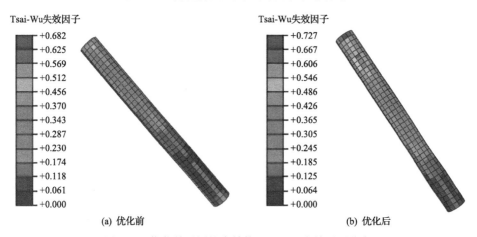

图 4.37　优化前后圆柱壳结构 Tsai-Wu 失效因子分布

优化前后结构性能对比见表 4.6。由表可知，最大位移由优化前的 62.54mm 增加到 94.83mm，但仍满足刚度要求；Tsai-Wu 失效因子由优化前的 0.682 增加到

0.727，变化不大且均小于 1，满足强度要求，不会发生失效破坏；质量由最初的
38.42kg 减小到 28.03kg，减小了约 27%。算例表明，考虑密度变化率约束的多相
材料宏观拓扑优化设计的优化结果更贴合工程实际，且在满足性能要求的前提下
能够减轻结构质量，该方法是有效且可行的。

表 4.6　优化前后结构性能对比

性能参数	优化前	优化后
质量/kg	38.42	28.03
最大位移/mm	62.54	94.83
Tsai-Wu 失效因子	0.682	0.727

4.4.2　叶片多相材料宏观拓扑优化

1. 叶片多相材料宏观拓扑优化数学模型

对于风电机组叶片蒙皮结构，为了减少设计变量以及易于实际生产过程中材
料铺放的实现，采用分区优化策略，每个区域内同一层的材料分布相同，具体分
区情况如图 1.7 所示。

针对叶片特定的结构和受载情况，对叶片蒙皮结构多相材料的整体空间布局
进行优化。基于 ICM 方法，引入幂函数形式的质量过滤函数和刚度过滤函数完成
相应设计区域内各性能参数的识别表达，采用分区优化和密度变化率约束策略，
以设计区域内每一层的相对密度为设计变量、位移和密度变化率为约束条件、结
构总质量最小为目标函数，构建风电机组叶片两相材料宏观拓扑优化数学模型，即

$$
\begin{cases}
\text{find } \boldsymbol{\rho} = (\rho_{1,1}, \rho_{1,2}, \cdots, \rho_{N^i, N^m})^{\mathrm{T}} \\[2mm]
\min\ W = W_{\text{other}} + \displaystyle\sum_{i=1}^{N^i}\sum_{m=1}^{N^m}\left[w_{i,m}^{\mathrm{II}} + f_w(\rho_{i,m})(w_{i,m}^{\mathrm{I}} - w_{i,m}^{\mathrm{II}}) \right] \\[2mm]
\text{s.t. } \dfrac{1}{c_{\mathrm{b}}}\ln\left[\displaystyle\sum_{\xi} \exp\left(c_{\mathrm{b}}\dfrac{u_{\xi}}{\overline{u_{\xi}}} \right) \right] \leqslant 1 \\[2mm]
\boldsymbol{KU} = \boldsymbol{F} \\[2mm]
\boldsymbol{K} = \boldsymbol{K}_{\text{other}} + \displaystyle\sum_{i=1}^{N^i}\sum_{m=1}^{N^m}\left[\boldsymbol{K}_{i,m}^{\mathrm{II}} + f_k(\rho_{i,m})(\boldsymbol{K}_{i,m}^{\mathrm{I}} - \boldsymbol{K}_{i,m}^{\mathrm{II}}) \right] \\[2mm]
G(\rho_{i,m}, \psi) \geqslant 0 \\[2mm]
0 \leqslant \rho_i \leqslant 1, \quad i = 1, 2, \cdots, N^i, m = 1, 2, \cdots, N^m
\end{cases}
\tag{4.69}
$$

式中，W 为叶片总质量；W_{other} 为叶片非优化区域质量；$\boldsymbol{K}_{\text{other}}$ 为叶片非优化区域

组装后的刚度矩阵。非优化区域包括叶根、主梁、腹板，初始铺层材料为纤维布，优化后将巴沙木作为软夹芯材料进行替换，许用位移为初始位移的 1.2 倍。

2. 联合仿真优化求解平台

利用 MATLAB 编程的灵活性和 ABAQUS 强大的有限元分析能力，建立适用于叶片多相材料宏观拓扑优化的 ABAQUS-MATLAB 联合仿真优化求解平台，如图 4.38 所示，该平台分为 3 个部分：前处理、优化求解和后处理。

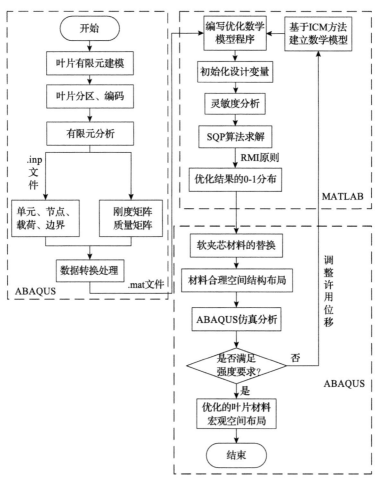

图 4.38　ABAQUS-MATLAB 联合仿真优化求解平台

1）前处理

在 ABAQUS 中完成叶片的有限元建模并进行分区编码，在 Job 模块中提交有限元分析，形成相应的.inp 文件。从.inp 文件中读取区域、单元、节点、边界等信息，并将其进行数据转换处理，形成 MATLAB 可读的.mat 文件；基于 Export MATLAB Matrix（EMM）插件从 ABAQUS 中提取单元质量和刚度矩阵，依据区域、单元、节点等信息在 MATLAB 中组装成设计区域的质量和刚度矩阵，形成.mat 文件。

2）优化求解

在 MATLAB 中编写优化数学模型程序、灵敏度分析程序和 SQP 算法程序。确定设计变量的初始值，进行灵敏度分析，采用 SQP 算法求解。依据 RMI 原则设定阈值，对求解后的连续设计变量进行离散化处理，得到离散的 0/1 最优设计变量，进一步得到材料的 0-1 分布方案。

3）后处理

将材料的 0-1 分布方案导入叶片有限元模型，完成软夹芯材料的替换，获得材料的空间布局。在 Job 模块中提交分析，应用 Visualization 模块，打开相应的.odb 文件，读取所需信息对叶片进行强度校核，若满足强度要求，则输出优化结果，获得优化的叶片材料宏观空间布局；反之，调整许用位移，重新进行求解计算。

3. 优化结果分析

基于联合仿真优化求解平台对优化数学模型进行求解，叶片多相材料宏观拓扑优化迭代历程如图 4.39 所示。叶片的结构总质量（目标函数）到第 15 次迭代后趋于稳定，后续迭代质量的变化量趋于 0，可以认为后续迭代质量不再改变。质量显著减小，符合优化目标要求。

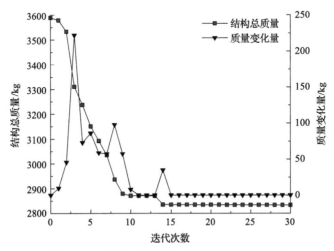

图 4.39　叶片多相材料宏观拓扑优化迭代历程

给定替换阈值 $D=0.5$，依据 RMI 原则将优化后连续变量映射反演回 0/1 的最优离散变量。限于篇幅，仅列出部分区域各层的最优离散设计变量，分别见表 4.7～表 4.9。

表 4.7　fA～fH 区域的最优离散设计变量

层数	fA	fB	fC	fD	fE	fF	fG	fH
第 1 层	1	1	1	1	1	1	1	1
第 2 层	1	1	1	0	0	1	0	0
第 3 层	1	1	1	0	0	0	0	0
第 4 层	1	1	0	0	0	0	0	0
第 5 层	1	1	0	0	0	0	0	1
第 6 层	1	0	0	0	0	1	1	—
第 7 层	0	1	0	0	1	1	—	—
第 8 层	1	1	1	1	—	—	—	—
第 9 层	1	1	1	—	—	—	—	—
第 10 层	1	1	1	—	—	—	—	—
第 11 层	1	1	—	—	—	—	—	—
第 12 层	1	—	—	—	—	—	—	—
第 13 层	1	—	—	—	—	—	—	—

表 4.8　gA～gH 区域的最优离散设计变量

层数	gA	gB	gC	gD	gE	gF	gG	gH
第 1 层	1	1	1	1	1	1	1	1
第 2 层	1	1	1	1	1	1	0	1
第 3 层	1	1	1	0	1	1	0	0
第 4 层	1	1	0	0	0	0	0	1
第 5 层	1	1	0	0	1	0	0	1
第 6 层	1	0	0	0	1	0	1	—
第 7 层	0	1	0	0	1	1	0	—
第 8 层	1	1	1	1	—	—	—	—
第 9 层	1	1	1	1	—	—	—	—
第 10 层	1	1	1	—	—	—	—	—
第 11 层	1	1	—	—	—	—	—	—
第 12 层	1	—	—	—	—	—	—	—
第 13 层	1	—	—	—	—	—	—	—

表 4.9　hA～hH 区域的最优离散设计变量

层数	hA	hB	hC	hD	hE	hF	hG	hH
第 1 层	1	1	1	1	1	1	1	1
第 2 层	1	1	1	1	1	1	0	0
第 3 层	1	1	1	0	0	0	0	0
第 4 层	1	1	0	0	0	0	0	0
第 5 层	1	0	0	0	0	0	0	1
第 6 层	0	0	0	0	1	1	1	—
第 7 层	0	0	0	1	1	1	—	—
第 8 层	0	1	1	1	—	—	—	—
第 9 层	1	1	1	—	—	—	—	—
第 10 层	1	1	1	—	—	—	—	—
第 11 层	1	1	—	—	—	—	—	—
第 12 层	1	—	—	—	—	—	—	—
第 13 层	1	—	—	—	—	—	—	—

优化后，设计变量为 0 的设计区域内相应层材料替换成巴沙木，叶片宏观尺度层面复合纤维布和软夹芯材料的空间布局如图 4.40 所示。可以看出，优化后风电机组叶片的空间布局满足密度变化率约束，软夹芯材料(巴沙木)位于叶片蒙皮中间层，复合纤维布则位于叶片蒙皮内外两侧层，且在厚度方向未出现交替分布的情况，符合工程实际。

依据优化结果所得铺层方案,在 ABAQUS 中可直观地将优化结果展示在叶片模型上，限于篇幅，仅列出 fG、gD、hB 区域的优化结果，如图 4.41 所示。

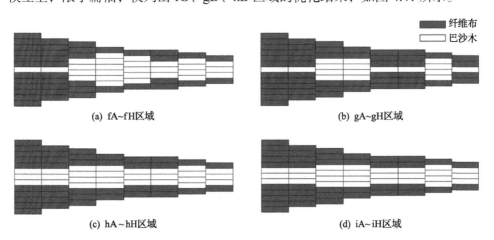

（a）fA~fH区域　　　　　　　　　　　　（b）gA~gH区域

（c）hA~hH区域　　　　　　　　　　　　（d）iA~iH区域

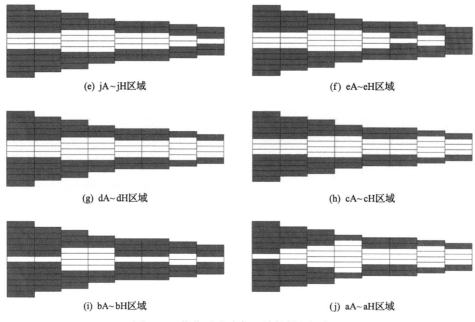

(e) jA~jH区域　　　　　　　　　　　　　(f) eA~eH区域

(g) dA~dH区域　　　　　　　　　　　　　(h) cA~cH区域

(i) bA~bH区域　　　　　　　　　　　　　(j) aA~aH区域

图 4.40　优化后叶片各区域材料空间布局

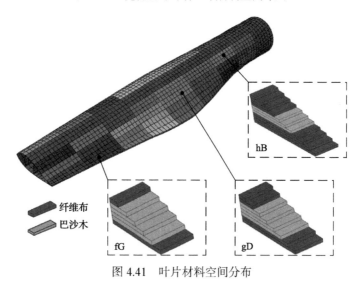

图 4.41　叶片材料空间分布

　　优化前后叶片的最大位移分布如图 4.42 所示。叶片优化前后结构总质量和最大位移对比见表 4.10。

　　优化后，叶片最大位移增加了 34.1mm，在许用要求范围内，其结构总质量由最初的 3588.69kg 减小到 2862.51kg，减小了约 20%。分析表明，叶片最大位移在一定范围内增加的前提下，其结构总质量大幅度减小，满足优化设计对叶片减重的要求。

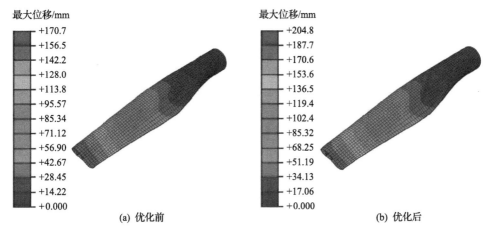

图 4.42　优化前后叶片的最大位移分布

表 4.10　优化前后结构总质量和最大位移对比

性能参数	优化前	优化后
结构总质量/kg	3588.69	2862.51
最大位移/mm	170.7	204.8

4. 优化后叶片的强度校核

以叶片的位移作为约束条件进行拓扑优化后，还需要对优化后的叶片进行强度校核，选用 Tsai-Wu 强度失效准则对优化后的叶片进行强度校核。

优化前后叶片的 Tsai-Wu 失效因子分布如图 4.43 所示。可以看出，Tsai-Wu

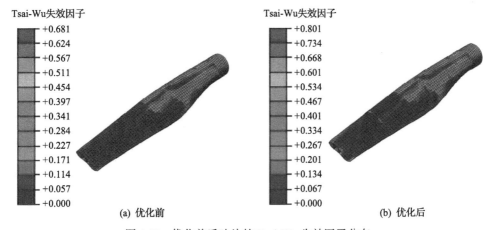

图 4.43　优化前后叶片的 Tsai-Wu 失效因子分布

失效因子由优化前的 0.681 增大到优化后的 0.801，虽有所增大，但仍小于 1。因此，可判定优化后叶片满足强度要求，结构安全，不会发生失效破坏。

4.5　本章小结

本章研究了风电机组叶片两相材料(复合纤维和软夹芯)宏观拓扑优化方法。

(1)介绍了连续体结构拓扑优化方法(均匀化方法、变密度方法、渐进结构优化方法、独立连续映射方法、水平集方法、移动变形组件方法)的基本思想、实现方式、优缺点等。

(2)论述了独立连续映射法中过滤函数的选取、复合材料层合板多相材料拓扑优化的插值函数。针对在 ICM 方法建模中结构位移约束数目过多的问题，采用位移约束集成化策略，选择 KS 包络函数对位移约束进行集成化处理，将多个不等式约束问题转化为一个可微的单约束问题。以单元相对密度为设计变量，引入质量过滤函数和刚度过滤函数，以 KS 包络函数集成化的位移为约束，以结构总质量最小为目标函数，构建了基于 ICM 方法的复合材料层合板结构多相材料宏观拓扑优化数学模型，推导了目标函数和位移约束函数的灵敏度表达式，并进行了数值算例验证。

(3)采用独立连续映射方法分别建立了以强度和刚度为约束的风电机组叶片多相材料宏观拓扑优化数学模型，给出了优化实现流程，并对优化结果进行了分析。结果表明，优化后叶片的质量显著降低，性能提高，实现了叶片减重的目标和复合纤维与软夹芯材料的空间优化布局。

(4)由两相材料构成的复合材料夹芯层合板结构，如果不考虑相应的约束，两种材料分布相对自由，难以保证一种材料位于内层、另一种材料位于两侧外层，甚至两相材料可能沿厚度方向交替出现，不符合制造要求和工程实际。针对这一问题，提出了一种密度变化率约束策略，其核心思想是依据设计区域中某一层的密度来约束其相邻层的密度，在中性层或中性面以上，用上层的密度来约束下层的密度上限；在中性层或中性面以下，用下层的密度来约束上层的密度上限；相邻层的密度上限由一个与相应层相关联的非线性函数决定。以设计区域内每一层的相对密度为设计变量、位移和密度变化率为约束条件、结构总质量最小为目标函数，分别建立了复合材料层合板和风电机组叶片的多相材料宏观拓扑优化数学模型。数值算例和风电机组叶片拓扑优化结果表明，考虑密度变化率约束，软夹芯材料(巴沙木)位于结构中间层，复合纤维布位于结构内外两侧层，且复合纤维布和软夹芯材料在厚度方向未出现交替分布，符合工程实际的要求。

参 考 文 献

[1] Wei P, Wang W W, Yang Y, et al. Level set band method: A combination of density-based and level set methods for the topology optimization of continuums. Frontiers of Mechanical Engineering, 2020, 15(3): 390-405.

[2] 阎杰, 杨永竹, 谢军, 等. 离散体结构拓扑优化综述. 科学技术与工程, 2020, 20(24): 9673-9682.

[3] Cheng K T, Olhoff N. An investigation concerning optimal design of solid elastic plates. International Journal of Solids and Structures, 1981, 17(3): 305-323.

[4] Bendsøe M P, Kikuchi N. Generating optimal topologies in structural design using a homogenization method. Computer Methods in Applied Mechanics and Engineering, 1988, 71(2): 197-224.

[5] 龙凯, 王选, 孙鹏文, 等. 连续体结构拓扑优化方法及应用. 北京: 中国水利水电出版社, 2022.

[6] Bendsøe M P, Kikuchi N. Optimal shape design as a material distribution problem. Structural Optimization, 1989, 1(4): 193-202.

[7] Zhou M, Rozvany G. The COC algorithm, Part Ⅱ: Topological, geometrical and generalized shape optimization. Computer Methods in Applied Mechanics and Engineering, 1991, 89(1-3): 309-336.

[8] Aage N, Andreassen E, Lazarov B S, et al. Giga-voxel computational morphogenesis for structural design. Nature, 2017, 550: 84-86.

[9] Bendsøe M P, Sigmund O. Material interpolation schemes in topology optimization. Archive of Applied Mechanics, 1999, 69(9-10): 635-654.

[10] Xie Y M, Steven G P. A simple evolutionary procedure for structural optimization. Computers & Structures, 1993, 49(5): 885-896.

[11] Huang X D, Xie Y M. Convergent and mesh-independent solutions for the bi-directional evolutionary structural optimisation method. Finite Elements in Analysis and Design, 2007, 43(14): 1039-1049.

[12] Querin O M, Young V, Steven G P, et al. Computational efficiency and validation of bi-directional evolutionary structural optimization. Computer Methods in Applied Mechanics and Engineering, 2000, 189(2): 559-573.

[13] 隋允康, 叶红玲. 连续体结构拓扑优化的 ICM 方法. 北京: 科学出版社, 2013.

[14] 叶红玲, 沈静娴, 隋允康. 过滤函数对应力约束连续体结构拓扑优化的影响分析. 北京工业大学学报, 2013, 39(3): 321-330.

[15] Qian L X, Zhong W X, Sui Y K, et al. Efficient optimum design of structures—Program DDDU.

Computer Methods in Applied Mechanics and Engineering, 1982, 30(2): 209-224.

[16] 刁晓航, 孙鹏文, 马志坤, 等. 基于相变量的风力机叶片宏观拓扑优化设计. 太阳能学报, 2023, 44(3): 198-203.

[17] 叶红玲, 苏鹏飞, 王伟伟, 等. 疲劳寿命约束下的连续体结构拓扑优化. 北京工业大学学报, 2020, 46(3): 236-244.

[18] Osher S, Sethian J A. Fronts propagating with curvature-dependent speed: Algorithms based on Hamilton-jacobi formulations. Journal of Computational Physics, 1988, 79(1): 12-49.

[19] Liu Y, Yang C, Wei P, et al. An ODE-driven level-set density method for topology optimization. Computer Methods in Applied Mechanics and Engineering, 2021, 387: 114159.

[20] Sethian J A, Wiegmann A. Structural boundary design via level set and immersed interface methods. Journal of Computational Physics, 2000, 163(2): 489-528.

[21] Allaire G, Gournay F, Jouve F. Structural optimization using topological and shape sensitivity via a level set method. Control and Cybernetics, 2005, 34(1): 59-81.

[22] Guo X, Zhang W S, Zhong W L. Doing topology optimization explicitly and geometrically—A new moving morphable components based framework. Journal of Applied Mechanics, 2014, 81(8): 081009.

[23] Zhou Y, Zhang W H, Zhu J H, et al. Feature-driven topology optimization method with signed distance function. Computer Methods in Applied Mechanics and Engineering, 2016, 310: 1-32.

[24] Zhang W S, Yuan J, Zhang J, et al. A new topology optimization approach based on moving morphable components(MMC) and the ersatz material model. Structural and Multidisciplinary Optimization, 2016, 53(6): 1243-1260.

[25] Zhang W S, Li D D, Kang P, et al. Explicit topology optimization using IGA-based moving morphable void(MMV) approach. Computer Methods in Applied Mechanics and Engineering, 2020, 360: 112685.

[26] 李佳霖, 赵剑, 孙直, 等. 基于移动可变形组件法(MMC)的运载火箭传力机架结构的轻量化设计. 力学学报, 2022, 54(1): 244-251.

[27] 张啸雨, 刘畅, 施丽铭, 等. 蒙皮点阵一体化支撑结构的移动可变形组件优化设计及空间站应用. 固体力学学报, 2022, 43(5): 551-563.

[28] 尚珍, 隋允康. 结构拓扑优化中过滤函数对优化效率的影响. 机械设计与制造, 2014, (8): 244-246.

[29] Andreassen E, Clausen A, Schevenels M, et al. Efficient topology optimization in MATLAB using 88 lines of code. Structural and Multidisciplinary Optimization, 2011, 43(1): 1-16.

[30] 李兴斯. 解非线性极大极小问题的凝聚函数法. 计算结构力学及其应用, 1991, 8(1): 85-92.

[31] 隋允康, 于新. K-S 函数与模函数法的统一. 大连理工大学学报, 1998, 38(5): 502-505.

[32] 龙凯, 陈卓, 谷春璐, 等. 考虑承载面最大位移约束的结构拓扑优化方法. 航空学报, 2020,

41(7): 192-199.

[33] Niu C, Zhang W, Gao T. Topology optimization of elastic contact problems with friction using efficient adjoint sensitivity analysis with load increment reduction. Computers & Structures, 2020, 238: 1568-1944.

[34] 叶红玲, 隋允康, 杜家政. 位移约束下连续体结构拓扑优化分析. 北京工业大学学报, 2007, 33(9): 908-914.

[35] 尹芳放. 多材料连续体结构拓扑优化方法研究. 北京: 北京工业大学, 2017.

[36] 牛磊. 复合纤维风力机叶片多相材料结构拓扑优化设计与应用. 呼和浩特: 内蒙古工业大学, 2019.

[37] 叶红玲, 尹芳放, 王伟伟, 等. 基于独立连续变量和复合指数函数的位移约束平面连续体结构拓扑优化. 北京工业大学学报, 2016, 42(12): 50-57.

[38] 赵美英, 陶梅贞. 复合材料结构力学与结构设计. 西安: 西北工业大学出版社, 2007.

[39] Sjølund J H, Peeters D, Lund E. Discrete material and thickness optimization of sandwich structures. Composite Structures, 2019, 217: 75-88.

[40] Sørensen S N, Lund E. Topology and thickness optimization of laminated composites including manufacturing constraints. Structural and Multidisciplinary Optimization, 2013, 48(2): 249-265.

第5章 风电机组叶片离散纤维细观铺角
优化方法及应用

5.1 离散材料优化方法

作为一种结构化材料，纤维增强复合材料层合板的铺层参数具有可设计性，为设计者提供了更加自由的设计空间。层合板采用不同的纤维铺层角度、铺层厚度及铺层顺序，可以匹配结构中应力的空间变化，从而更有效地利用纤维的方向特性，提高结构性能[1]。因此，纤维铺角优化方法成为复合材料结构设计的一个研究热点。

已有的研究中，纤维铺角优化方法可归纳为两大类别：直接法和间接法。直接法是以纤维铺角为设计变量；而间接法是以层合参数为设计变量，再将层合参数空间分布转化为纤维铺角分布(具体内容详见第 6 章)。在间接参数化方法中，Tsai 等[2]引入的层合参数得到较多的应用。Setoodeh 等[3]以层合参数为中间变量进行了复合材料变刚度设计，并应用序列二次规划法对优化数学模型进行了求解。随后，Ijsselmuiden 等[4]将 Tsai-Wu 强度失效准则引入层合参数设计空间，提出了一个保守的失效边界，与基于刚度的设计方法相比，该研究提供了一个更容易实现的替代方案——以失效系数为评价指标。为了将层合参数转化为实际的纤维布局，van Campen 等[5,6]提出了一种基于最小性能损失准则的转化算法，并在此基础上，关注了纤维弯曲引起的厚度变化问题，提出了一种基于层合板模糊厚度累积分析的流线仿真确定纤维路径的新方法。另外，Demir 等[7]开发了一种基于经典层合板变形理论的优化算法，考虑纤维转向约束，利用加权残差法将优化后的层合参数分布转化为纤维铺角分布。Serhat 等[8]开发了复合材料双曲板动态分析的建模框架，其中刚度特性用层合参数表征，响应量通过二维谱——切比雪夫法计算，与有限元法相比，该方法可显著减少计算时间。有关层合参数的应用，其他研究[9-12]关注了不同的侧重点，如多载荷工况、夹层结构、屈曲载荷以及自适应分层优化等。基于层合参数的优化方法理论上可以得到结构的最优响应值，但在优化过程中很难处理制造约束，且需要通过后处理生成实际的纤维布局。

关于直接参数化方法，早期的文献中，纤维铺角被直接用作设计变量来优化复合材料结构[13,14]，其主要问题是存在很多局部极小值，难以得到全局最优解。因此，在后续研究中，遗传算法被用来确定复合材料层合板的最佳纤维铺角[15-17]，其特点是允许处理离散变量且能够获得近似的全局最优解。但由于计算成本高，此类方法的优化效率受到质疑。

从多相材料拓扑优化思想得到启发，Duan 等提出了 DMO 方法[18,19]，该方法是两相或三相材料惩罚模型的拓展，将不同铺层角度的纤维视为不同属性的材料，以实现从一组给定的备选纤维铺角中选择某一最优值。引入 SIMP 方法[20]，并与 DMO 方法联合形成了结构拓扑与多相材料优化的统一插值方案[21]。Sørensen 等[22]提出了制造约束下的拓扑与厚度协同优化方法即 DMTO 方法，降低了复合材料层合板的分层失效概率。随后，Lund[23]又将 DMTO 方法推广到基于应力和应变失效准则的复合材料层合板结构优化问题，弥补了密度法在单材料问题的应力约束拓扑优化中的不足。Lund 等的研究为离散纤维铺角优化构建了一个基本框架，为梯度类优化算法在该领域的应用奠定了理论基础。

5.1.1　经典离散材料优化

离散材料优化方法由 Stegmann 和 Lund 于 2005 年提出，其优化思想是基于传统拓扑优化演变而来的，主要区别是：离散材料优化旨在从不同材料之间进行选择，而不是在实心和空心之间进行选择。DMO 方法为结构所有单元从一组预定义的候选材料中找到最佳的材料，使目标函数结构柔顺度最小化，可以通过考虑多相材料和层合结构来扩展应用范围，但仅限于在固定设计域上进行操作，即在优化过程中保持结构形状和厚度不变[19]。

在优化过程中，DMO 方法的参数化在有限元级别操作。单元本构矩阵 G^p 表示为候选材料的本构矩阵加权求和，每个候选材料本构矩阵用 G_j 表征，则单元本构矩阵描述为

$$G^p = \sum_{j=1}^{N^j} \omega_j G_j, \quad 0 \leqslant \omega_j \leqslant 1 \tag{5.1}$$

候选材料数 N^j 即为设计变量数目，假设 N^P 是单元数，则单层板结构的设计变量总数为 $N^j \times N^P$。当 $N^j = 1$，即只有一种候选材料时，单元设计变量数为 1，式(5.1)退化为描述材料有无的经典拓扑优化公式。

式(5.1)中的权重函数 ω_j 必须在 0~1 取值，因为没有材料的贡献能够超过其现实的材料刚度，且负的刚度贡献在物理上是无意义的。权重函数可调节候选材料对单元刚度的贡献度，通过权重函数变化选择合适的候选材料，从而驱动目标函数实现最优化。DMO 方法在很大程度上依赖于优化器将所有权重函数推到极限值 0 或 1 的能力。任何具有中间权重值的单元被视为不明确的定义，因为其材料

本构性质不具有现实的物理意义；同理，任何单元中不允许多于一种的材料权重值超过 1。因此，DMO 方法的优化结果具有真实物理意义的一个必要条件就是每个单元中有且只有一种材料的权重值为 1，其他所有材料的权重值均为 0。权重函数 ω_j 的选择对 DMO 方法的优化性能有直接影响，以下讨论 DMO 方法常用的几种权重函数形式。

权重函数的最简单选择是将经典拓扑优化参数化模型扩展到多个设计变量 x_j：

$$\boldsymbol{G}^p = \sum_{j=1}^{N^J} \underbrace{\left(x_j\right)^\alpha}_{\omega_j} \boldsymbol{G}_j, \quad 0 \leqslant x_j \leqslant 1 \tag{5.2}$$

式中，N^j 为候选材料数。

式(5.2)采用了 SIMP 惩罚方案，通过引入惩罚指数 α 作为对设计变量中间值的惩罚，使得设计变量逼近极限值 0 或 1。在式(5.2)中，每个设计变量仅缩放一种候选材料的本构矩阵，对任何其他材料的本构矩阵没有产生关联影响，将设计变量推向极限值的能力有限。

借鉴三相材料(两种材料相和一种空材料相)拓扑优化，材料插值格式改进为

$$\boldsymbol{G}^p = (x_0)^\alpha \left(\left[1-(x_1)^\alpha\right] \boldsymbol{G}_1 + (x_1)^\alpha \boldsymbol{G}_2 \right), \quad 0 \leqslant x_j \leqslant 1, \ j=0\text{或}1 \tag{5.3}$$

$1-\left(x_j\right)^\alpha$ 项将设计变量与多种材料相的本构矩阵联系起来。式(5.3)的优势在于某种材料的权重增加会自动减小其他材料的权重，从而有利于将权重函数推向极限值 0 或 1。

式(5.3)可以扩展到包括任何数量候选材料的插值格式：

$$\boldsymbol{G}^p = (x_0)^\alpha \sum_{j=1}^{N^J} \underbrace{\left[\prod_{k=1}^{j-1} \left[1-\left(x_{j \neq N^J}\right)^\alpha\right] (x_k)^\alpha \right]}_{\omega_j} \boldsymbol{G}_j, \quad 0 \leqslant x_j \leqslant 1 \tag{5.4}$$

式(5.4)在基于有限元的优化代码中容易实现，且已经证明对于候选材料不超过三相的结构优化非常有效。当相数超过 3 时，式(5.4)容易陷入局部最优解。为了克服这个不足，在权重函数中引入二次惩罚指数 α^{II}，对应的系数多项式变为 $\left[1-\left(x_j\right)^\alpha\right]^{\alpha^{II}}$ 和 $(x_k)^{\alpha\alpha^{II}}$，这种惩罚方案提高了收敛能力，但需要惩罚指数调整合适才能收敛到全局最优解。因此，当候选材料的数量大时，通常不采用式(5.4)中的插值，而是用式(5.5)作为式(5.1)的简单扩展：

$$G^p = \sum_{j=1}^{N^j} \underbrace{\left[\left(x_j \right)^\alpha \prod_{k=1}^{N^j} \left[1 - \left(x_{k \neq j} \right)^\alpha \right] \right]}_{\omega_j} G_j \tag{5.5}$$

式 (5.5) 与式 (5.2) 的区别是存在 $1 - \left(x_{k \neq j} \right)^\alpha$ 项，当设计变量 x_j 增加时，该项自动驱动所有其他材料权重相应减小。这种关联有助于将设计变量推向极限值 0/1，Lund 等的研究工作证明了式 (5.5) 的插值方案对离散材料优化问题是十分有效的[19]。

惩罚指数的存在，使得式 (5.5) 中权重函数的求和约束 $\sum_{j=1}^{N^j} \omega_j = 1$ 只有在优化收敛情况下成立，迭代过程往往不能满足。对于均匀化初始方案，单元的初始刚度贡献比实际情况偏低，但随着设计变量被推向极限值 0 或 1 而缓慢增加，目标函数的收敛过程是单调的。因此，迭代过程中刚度贡献偏低对最终结果没有影响，但会增加优化求解的迭代次数，从而增加计算成本。为避免这种情况，可以使用式 (5.6) 所示的归一化插值格式：

$$G^p = \sum_{j=1}^{N^j} \underbrace{\left[\frac{1}{\sum_{k=1}^{N^j} \omega_k} \left(x_j \right)^\alpha \prod_{k=1}^{N^j} \left[1 - \left(x_{k \neq j} \right)^\alpha \right] \right]}_{\omega_j} G_j \tag{5.6}$$

对于层合板结构，可以在式 (5.5) 的基础上为每个单元引入一个分层变量 m，扩展后的插值方案为

$$G^{mp} = \sum_{j=1}^{N^j} \underbrace{\left[\left(x_j^m \right)^\alpha \prod_{k=1}^{N^j} \left[1 - \left(x_{k \neq j}^m \right)^\alpha \right] \right]}_{\omega_j} G_j \tag{5.7}$$

式中，G^{mp} 为第 m 层第 p 个单元的本构矩阵。

对于多层结构，设计变量总数 N^x 为每层设计变量数 N^{mx} 的累加，即 $N^x = \sum_{m=1}^{N^m} N^{mx}$。对于各层单元划分一致的优化问题，单层设计变量数 N^{mx} 为固定值，结构全局设计变量总数为 $N^m \times N^{mx}$，这意味着设计变量数量巨大，存储和计算成本很高，可引入分区优化策略解决这个问题，详见 3.2 节。

设计变量的初始值 x_{pj} 原则上可以是 $0\sim1$ 的任何值，但一般应该使权重函数均匀分布，即对于任意候选材料编号 $k, j = 1, 2, \cdots, N^j$，有 $\omega_k = \omega_j$ 成立。上述方案提供了最"公平"的初始猜测，初始混合方案中所有候选材料的贡献是均衡的。根据权重函数的表达式，设计变量的差异最终可能会导致优化陷入局部最优解，因此设计变量采用统一的初始值是必要的。

$$x_{pj} = \frac{1}{j} \tag{5.8}$$

离散材料优化数学模型可以用与拓扑优化问题类似的方式表述，如式(5.9)所示，其中质量约束为可选约束：

$$\begin{cases} \min C = \boldsymbol{U}^{\mathrm{T}} \boldsymbol{F} \\ \mathrm{s.t.} \quad \boldsymbol{K}(x)\boldsymbol{U} = \boldsymbol{F} \\ (W \leqslant W_{\mathrm{c}}) \\ 0 \leqslant x_{\min} \leqslant x \leqslant 1 \end{cases} \tag{5.9}$$

式中，W 为结构质量；W_{c} 为容许质量。

当进行单纯的离散纤维角度优化时，质量约束不起作用，可以忽略，因为纤维角度的变化不涉及质量的改变。在进行多相材料优化时，由于各材料相的密度可能不同，此时质量约束是必要的，可以有效地确定最终结构中低密度材料的数量。

5.1.2 离散材料优化方法的拓展

在 DMO 方法基础上，部分学者尝试对材料插值权重函数格式进行创新，以获得更好的优化结果。Bruyneel[24]提出了一种新的离散材料插值方法——SFP 方法，与传统 DMO 方法相比，该方法需要的设计变量数量更少。随后，Duysinx 等[25]和 Gao 等[26]提出了比 SFP 方法更通用的双值编码参数化(bi-value coding parameterization，BCP)插值格式，该方法可以处理更多的候选材料。段尊义[27]采用改进的 Heaviside 函数，建立了改进的离散材料优化(Heaviside penalization of discrete material optimization，HPDMO)方法。Kiyono 等[28]提出了一种新的纤维角度参数优化方法，称为正态分布纤维优化(normal distribution fiber optimization，NDFO)，其中，正态分布函数被用作权重函数，且只需要一个设计变量就可以表征四种或更多的候选材料，该方法的缺点是优化结果对设计变量的初始值比较敏感。

1. DMTO 方法

DMTO 方法是一种基于梯度的复合材料层合板结构拓扑优化方法，通过协同优化材料分布和厚度变化来实现结构响应的最小化[22]。该方法是对 Stegmann 等[19]提出的传统 DMO 方法的直接拓展。

DMTO 方法的基本思想是引入一个密度变量来控制铺层有无材料，从而确定层合板整体的厚度变化。分层密度变量 ρ_{im} 可以在单元水平或具有相同厚度的单元组（分区）上进行定义。

$$\rho_{im} = \begin{cases} 1, & \text{第 } m \text{ 层中第 } i \text{ 个区域存在材料} \\ 0, & \text{其他} \end{cases} \tag{5.10}$$

分层密度变量 ρ_{im} 被视为连续变量，铺层 m 中第 i 个区域的本构性能插值格式为

$$\begin{cases} \boldsymbol{G}_{im} = \displaystyle\sum_{j=1}^{N^j} \omega(x,\rho)\boldsymbol{G}_j \\ \displaystyle\sum_{j=1}^{N^j} x_{imj} = 1, & \forall(i,m) \\ x_{imj} \in [0,1], & \forall(i,m,j) \\ \rho_{im} \in [0,1], & \forall(i,m) \end{cases} \tag{5.11}$$

式中，$\boldsymbol{G}_{im}$ 为铺层 m 中第 i 个区域的本构矩阵；x_{imj} 为候选材料设计变量。

式(5.11)中的权重函数使用广义 SIMP 方法计算：

$$\omega(x,\rho) = \rho_{im}^{\alpha} x_{imj} \tag{5.12}$$

或使用广义 RAMP 方法计算：

$$\omega(x,\rho) = \frac{\rho_{im}}{1+\alpha(1-\rho_{im})} \frac{x_{xmj}}{1+\alpha(1-x_{imj})} \tag{5.13}$$

多相材料设计变量 x_{xmj} 和材料拓扑密度变量 ρ_{xm} 采用相同的惩罚指数 α，由此产生的优化问题模型是非凸的，因此获得的解决方案往往是近似的局部最优解。为了防止层合板结构内部出现孔洞，即出现 0 密度的中间层，需要添加约束，例如，如果基层 $m=1$ 必须具有全密度，则添加一系列形式为 $\rho_{xm} \geqslant \rho_{x(m+1)}$ 的不等式约束，以控制基层外其他铺层的密度范围。

如果所有分层密度变量 ρ_{im} 在优化过程中允许自由变化，则约束条件 $\rho_{xm} \geqslant \rho_{x(m+1)}$ 不足以驱动优化算法产生 0/1 解。该问题可使用移动限制策略或厚度过滤方法规避，Sørensen[22,29]等结合序列线性规划法对移动限制策略进行了阐述。

通常，优化迭代过程中应用以下约束：

$$\rho_{i(m+1)} \leqslant f(\rho_{im}, T), \quad \forall i, \ m = 1, 2, \cdots, N^m - 1 \tag{5.14}$$

式中，$f(\rho_{im}, T)$ 为控制相邻层（上层）密度变量的函数，基于相邻层（下层）的密度变量值和阈值参数 T，一般设置为 0.1。密度变量约束函数通常被定义为

$$f(\rho_{im}, T) = \begin{cases} f_1 = \dfrac{T}{1-T} \rho_{im}, & \rho_{im} < 1 - T \\ f_2 = \dfrac{1-T}{T} \rho_{im} + \dfrac{2T-1}{T}, & \rho_{im} \geqslant 1 - T \end{cases} \tag{5.15}$$

通过式(5.14)和式(5.15)分层密度变量约束条件，可以避免内部空材料优化结果。结构中具有相同厚度需求的设计区域采用相同的厚度变量，消除区域内部网格依赖性，以区域之间允许的厚度变化率的形式添加约束条件。

2. SFP 方法

SFP 方法对传统 DMO 方法进行了改进，主要应用于传统层合板优化，仅针对 0°、–45°、45°和 90°四种候选角度的优化问题。在 SFP 方法中，材料刚度用候选材料性能的加权求和得到，且权重函数基于有限元中的一阶四边形单元形函数，四边形单元每个顶点代表一种候选材料。

当 DMO 方法应用于层合板时，层合板第 m 层第 p 个单元的弹性本构矩阵 $\boldsymbol{G}^{pm}$ 描述为候选材料刚度的加权求和。当使用传统的层合材料时，假设材料 1、2、3、4 分别对应于取向为 0°、45°、90°、–45°的纤维，则材料插值格式描述为

$$\boldsymbol{G}^{pm} = \sum_{j=1}^{N^j} \omega_j^{pm} \boldsymbol{G}_j^{pm} = \omega_1^{pm} \boldsymbol{G}_1^{pm} + \omega_2^{pm} \boldsymbol{G}_2^{pm} + \omega_3^{pm} \boldsymbol{G}_3^{pm} + \omega_4^{pm} \boldsymbol{G}_4^{pm} \tag{5.16}$$

式中，

$$\sum_{j=1}^{N^j} \omega_j^{pm} = \omega_1^{pm} + \omega_2^{pm} + \omega_3^{pm} + \omega_4^{pm} = 1, \quad 0 \leqslant \omega_j^{pm} \leqslant 1 \tag{5.17}$$

根据有限元理论，单元位移通过节点位移与形函数描述。对于四边形一阶有限元单元，存在 4 个节点(四边形的 4 个顶点)，标记为 $q(q=1, 2, 3, 4)$，单元位移

u_p 的近似描述为

$$u_p = \sum_{q=1}^{4} \omega_q u_q \tag{5.18}$$

式中，

$$\begin{cases} \omega_1 = \dfrac{1}{4}(1-\xi)(1-\eta) \\[2mm] \omega_2 = \dfrac{1}{4}(1+\xi)(1-\eta) \\[2mm] \omega_3 = \dfrac{1}{4}(1+\xi)(1+\eta) \\[2mm] \omega_4 = \dfrac{1}{4}(1-\xi)(1+\eta) \end{cases} \tag{5.19}$$

式中，ξ 和 η 为定义参考四边形有限元的形函数所需的两个参数的自然坐标，它们在参考空间中取-1 和$+1$ 之间的值。参考四边形元素的每个顶点都由 ξ 和 η 的特定值表征。

　　基于上述特征，可以将拓扑优化中的候选材料分配给四边形单元的每个顶点，通过两个参数(ξ, η) 表征四种候选材料。采用式(5.20)所述的形函数来定义优化模型中的材料插值权重，只需要两个设计变量 ξ 和 η 就可以从四个候选纤维铺角中优选出一个最佳铺层角度，称为 SF 参数化模型：

$$\omega_j^{\mathrm{SF}} = \frac{1}{4}(1 \pm \xi)(1 \pm \eta) \tag{5.20}$$

　　SF 参数化模型不惩罚设计变量 ξ 和 η 的中间值。式(5.20)所述材料权重在最终解中必须满足，但不需要在迭代过程中严格满足，因此用指数 α 惩罚式(5.20)中的权重，以驱动优化结果仅选择一种最佳的候选材料，从而限制在多材料混合存在的最优解，由此产生 SFP 参数化模型：

$$\omega_j^{\mathrm{SFP}} = \left[\frac{1}{4}(1 \pm \xi)(1 \pm \eta) \right]^{\alpha} \tag{5.21}$$

　　与传统 DMO 方法相比，SFP 方法需要的设计变量更少，因为 DMO 方法中表示候选材料的四个变量在 SFP 方法中被两个设计变量所代替；而且 SFP 方法是以更便捷的方式惩罚设计变量中间值，避免优化结果中存在混合材料。SFP 方法的不足是只能针对四种候选材料的离散材料优化，当候选材料数量超过 4

时，该插值模型不再适用。

3. BCP 方法

BCP 方法不使用 SFP 方法中的形函数为插值权重函数，而是采用双值变量对候选材料进行编码。BCP 方法的基本思想是使用 +1 和 –1 的整数值对每种材料相进行"编码"，使得每种候选材料具有唯一的"编码"，该编码由分配给设计变量的 +1 和 –1 组成。

BCP 方法权重函数的一般表达式为

$$\omega_{ij} = \left[\frac{1}{2^{N^x}} \prod_{k=1}^{N^x} (1 + s_{jk} x_{ik}) \right]^{\alpha}, \quad -1 \leqslant x_{ik} \leqslant 1, \quad k = 1, 2, \cdots, N^x \tag{5.22}$$

式中，i 为分区编号；j 为候选材料编号；N^x 为设计变量数，定义为

$$N^x = \log_2 N^j \tag{5.23}$$

BCP 方法可以使 N^x 个设计变量在 N^j 种候选材料之间插值成为可能，N^j 的取值范围为 $[2^{N^x-1} + 1, \ 2^{N^x}]$，例如，当 N^x=4 时，$9 \leqslant N^j \leqslant 16$。

式 (5.22) 中 s_{jk} 一般通过式 (5.24) 确定：

$$s_{jk} = \begin{cases} 1, & j \in [1, 2^{k-1}] \\ -1, & j \in [2^{k-1}+1, 2^k] \\ s_{\xi k}, & j \in [2^k+1, 2^{N^x}], \quad \xi = 2^{\log_2 j} + 1 - j \end{cases} \tag{5.24}$$

研究表明，与 DMO、SFP 等方法相比，BCP 方法具有明显减少设计变量数目的优势。在大规模优化问题中，候选材料数量多，BCP 方法的优势尤为显著。

4. HPDMO 方法

为解决离散材料优化设计中存在的灰度单元问题，段尊义[27]采用改进的 Heaviside 函数，建立了改进的离散材料优化模型，即 HPDMO 方法。

HPDMO 方法将如下非线性 Heaviside 惩罚函数引入材料插值中：

$$\bar{x} = e^{-\alpha(1-x)} - (1-x)e^{-\alpha} \tag{5.25}$$

式中，x 为候选材料的人工密度；$\bar{x}$ 为经非线性惩罚后的人工密度；α 为惩罚指数。

将式 (5.6) 中的指数惩罚函数改为采用式 (5.25) 所示的非线性 Heaviside 函数惩罚，得到 HPDMO 方法的离散材料插值格式，即

$$G^p = \sum_{j=1}^{N^j} \left[\underbrace{\frac{1}{\sum\limits_{k=1}^{N^j} \omega_k} \left[e^{-\alpha(1-x_j)} - (1-x_j)e^{-\alpha} \right] \prod_{k=1}^{N^j} \left[1 + (1-x_{k\neq j})e^{-\alpha} - e^{-\alpha(1-x_{k\neq j})} \right]}_{\omega_j} \right] G_j$$

$$(5.26)$$

改进的 HPDMO 方法相对传统 DMO 方法可显著提高离散纤维角度的优化收敛率，减少优化结果中的灰度单元，使优化结果在实际工程中具有更好的制造性。

5. NDFO 方法

NDFO 方法与传统 DMO 方法的主要区别在于权重函数 ω_j 的参数化。NDFO 方法的基本思想是仅用一个方向变量与任意多相候选材料建立关联，正态分布函数被用作权重函数进行参数化，正态分布函数为

$$f(\vartheta \,|\, x_{\mathrm{w}}, \sigma) = e^{-\frac{(\vartheta - x_{\mathrm{w}})^2}{2\sigma^2}} \tag{5.27}$$

式中，ϑ 为方向变量；x_{w} 为数学期望；σ^2 为方差。

使用正态分布函数作为材料插值模型中的权重函数，有三个方面的问题需要注意：

(1)权重函数 ω_j 需要满足约束条件 $0 \leqslant \omega_j \leqslant 1$ 和 $\sum\limits_{j=1}^{N^j} \omega_j = 1$，为满足该条件，NDFO 方法采用了以下归一化方法：

$$\omega_j = \frac{\hat{\omega}_j}{\sum\limits_{k=1}^{N^j} \hat{\omega}_k} \tag{5.28}$$

(2)将方向变量与候选材料(或角度)相关联。通过将 ϑ 定义为连续方向变量，并且将 j 作为 ϑ 的整数峰值位置以表示每种候选材料。因此，权重函数可被描述为

$$\hat{\omega}_j = e^{-\frac{(\vartheta - j)^2}{2p_\theta^2}}, \quad j = 1, 2, \cdots, N^j \tag{5.29}$$

(3)为实现纤维收敛，用来控制曲线宽度的惩罚系数 p_θ 代替了式(5.27)中的 σ。对于较大的值，如 $p_\theta = 10$，函数曲线具有较低的曲率，意味着所有的 $\hat{\omega}_j$ 和 ω_j 具有接近的数值，并且有效柔顺度 C_j 是所有候选项的混合。另外，p_θ 的值越小，

ω_j 的值越离散，因此 p_θ 的值对于避免局部极小问题和实现纤维收敛是非常重要的。NDFO 方法在惩罚指数上采用了连续方案，从 $p_\theta = 4$ 开始逐渐减小直到最小值 p_θ^{min}，p_θ^{min} 对优化纤维收敛率影响很大，需要合理选择。

与传统 DMO 方法相比，NDFO 方法的优势是任意数量的候选材料只需要一个方向变量表征，优化收敛性好，且通过过滤技术可确保纤维连续性；不足之处是优化结果对设计变量的初始方案比较敏感。

5.2 序列梯度追赶法

对于离散纤维铺角优化，传统的 DMO 方法采用对中间值惩罚的策略，驱动设计变量逼近 0 或 1，但存在求解不稳定和不能保证全局收敛的问题。DMO 方法为复合材料离散纤维铺角优化构建了一个基本框架，为梯度类优化算法在该领域的应用奠定了理论基础。在 DMO 方法基础上，部分学者尝试对材料权重函数的插值格式进行创新(如 SFP 方法、BCP 方法、HPDMO 方法、NDFO 方法等)，以获得更好的优化结果。离散材料优化方法的发展给纤维铺角优化提供了多样化的模型选择，各自在特定指标上表现出优势，但同时都面临以下几个方面问题：

(1)不能保证全局收敛，优化结果中存在灰度单元，无法给出清晰的全局铺角方案。

(2)大规模约束条件导致优化数学模型的求解工作计算量巨大，求解效率低。

(3)为使设计变量逼近 0 或 1，均采用对设计变量中间值进行惩罚的策略，其结果是寻优空间受到压缩，寻优过程易陷入局部最优解，求解稳定性变差。

为节约计算成本、提高全局收敛率、降低陷入局部最优解的风险，本节提出一种新的离散纤维铺角优化方法——序列梯度追赶(sequential gradient chase，SGC)方法。该方法基于不带惩罚指数的刚度矩阵插值模型，提出了优化域收紧准则和离散方向搜索准则，并将优化数学模型中的约束条件内置于优化算法的求解器中，从而将约束优化问题转化为非约束优化问题进行求解。

5.2.1 SGC 方法的核心思想与实现机制

为便于阐述 SGC 方法的优化思想，首先对所涉及的收敛率概念进行定义。离散纤维铺角优化的关键在于：同一单元中只允许一种候选材料的权重函数 ω_j 被驱动至 1，而其余候选材料的权重必须等于 0，即有且只有一个最佳纤维铺角被选中，复合材料的有效弹性张量等于被选中材料的弹性张量，此为离散纤维铺角优化中"纤维收敛"的定义[26]。离散纤维铺角优化的对象为复合材料纤维铺角 θ_p，一般取工程中常用的 0°、+45°、–45°、90°。

定义 1：局部收敛率，定义为某单元所有候选材料权重函数的欧氏范数，即

$$\varepsilon_p = \sqrt{\omega_{p,1}^2 + \omega_{p,2}^2 + \omega_{p,3}^2 + \omega_{p,4}^2} \tag{5.30}$$

式中，ε_p 为第 p 个单元的局部收敛率；$\omega_{p,j}$ 为第 p 个单元中第 j 种候选材料的权重函数。若某个单元的局部收敛率大于等于 0.95，即认为该单元已收敛，优化结果中该单元的铺层角度选择是明确的。

定义 2：全局收敛率，指已收敛的单元数与全局单元总数之比，即

$$\varepsilon_g = \frac{\sum_{p=1}^{N^p} N^\varepsilon}{N^p}, \quad N^\varepsilon = \begin{cases} 1, & \varepsilon_p \geqslant 0.95 \\ 0, & \varepsilon_p < 0.95 \end{cases} \tag{5.31}$$

式中，ε_g 为全局收敛率；N^p 为全局单元总数；N^ε 为第 p 个单元的收敛统计量，若收敛则赋值 1，否则赋值 0。如果全局收敛率 ε_g 达到 1，说明优化工作可给出清晰的全局铺层方案。

以结构柔顺度 C 最小为优化目标、候选材料人工密度 $x_{p,j}$ 为设计变量、人工密度设计边界 $0 \leqslant x_{p,j} \leqslant 1$ 及其求和约束 $\sum_{j=1}^{N^j} x_{p,j} = 1$ 为约束条件，构建如下优化数学模型：

$$\begin{cases} \text{find} \ \ \boldsymbol{X} = \left\{x_{p,j}\right\}, \quad p = 1, 2, \cdots, N^p, j = 1, 2, \cdots, N^j \\ \min C = \boldsymbol{U}^T \boldsymbol{K} \boldsymbol{U} \\ \text{s.t.} \ \ \ \boldsymbol{K} \boldsymbol{U} = \boldsymbol{F} \\ \quad\quad \boldsymbol{K} = \sum_{p=1}^{N^p} \boldsymbol{K}_p \\ \quad\quad 0 \leqslant x_{p,j} \leqslant 1 \\ \quad\quad \sum_{j=1}^{N^j} x_{p,j} = 1 \end{cases} \tag{5.32}$$

式中，N^j 为候选材料总数；N^p 为单元总数；$\boldsymbol{F}$ 为外载荷向量；$\boldsymbol{U}$ 为位移向量；$\boldsymbol{K}$ 为整体刚度矩阵；$\boldsymbol{K}_p$ 为第 p 个单元的刚度矩阵，由该单元所有候选材料的刚度矩阵加权求和得到：

$$\boldsymbol{K}_p = \sum_{j=1}^{N^j} x_{p,j} \boldsymbol{K}_{p,j} \tag{5.33}$$

式中，$\boldsymbol{K}_{p,j}$ 为第 p 个单元第 j 种候选材料的刚度矩阵。

SGC 方法与传统 DMO 方法的区别在于：

(1)取消了惩罚指数，利用材料本身性能差异驱动寻优，保证了求解过程的稳定性。

(2)采用了刚度矩阵插值，避免了迭代过程中对本构矩阵插值带来的积分运算。

为解决低灵敏度单元的收敛问题，提出优化准则 1(优化域收紧准则)：如果某个单元被标记为收敛单元，则该单元的所有设计变量不再参与后续的迭代更新，随着全局收敛率从 0 逐步逼近于 1，已收敛单元的设计变量逐步退出优化空间，优化域逐步收紧，直到全局收敛率为1，迭代过程终止。优化域逐步收紧原理如图 5.1 所示。

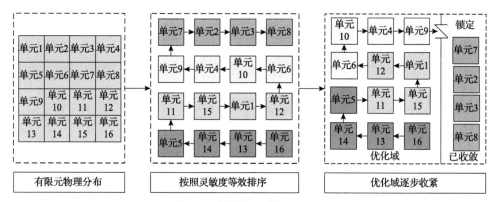

图 5.1　优化域逐步收紧原理

优化准则 1 的优势在于随着优化域的逐步收紧，低灵敏度单元在优化空间中对结构刚度的相对贡献度逐渐凸显，且允许低灵敏度单元的设计变量扩大搜索步长，而不会导致已收敛单元的设计变量溢出设计边界。

在纤维铺角优化过程中，高灵敏度单元纤维铺角对相邻单元的应力应变影响较大，低灵敏度单元纤维铺角的影响则相对较小。因此，在每次迭代过程中，必须追踪当前未收敛单元中的最大灵敏度，并优先驱动对应单元实现收敛，按照单元灵敏度从大到小的顺序，依次驱动各单元的设计变量逼近 0 或 1，故命名为序列梯度追赶法。

对于离散纤维铺角优化，如果不考虑设计变量的边界条件，理论上希望所有的人工密度都尽可能增大，以便获得最小的结构柔顺度。然而，离散纤维铺角优化的本质是从几种离散角度中找到一个最佳铺角，才能使优化结果具有真实的物理意义，如式(5.34)所示。

$$
\begin{cases}
x_{p,j\text{opt}} = 1 \\
x_{p,j \ne j\text{opt}} = 0
\end{cases}
\tag{5.34}
$$

式中，$x_{p,j\text{opt}}$ 为优化后第 p 个单元选中材料的人工密度。

结构的局部应力方向可能处于两种备选纤维铺角的对称中心附近，结构柔顺度对两种备选角度的灵敏度较为接近，此时找到单一的最佳纤维铺角是困难的。考虑离散优化结果对最佳纤维铺角的唯一性需求，本节提出了优化准则 2(离散方向搜索准则)：将不同备选纤维铺角视为寻优过程中几个离散的搜索方向，每次迭代有且只有一种备选角度的人工密度沿着增大的方向更新；同时，该单元的其余设计变量均沿反方向更新，以满足单元设计变量的求和约束。设计变量的更新遵守

$$
\begin{cases}
\Delta x_{p,j\max} > 0 \\
\Delta x_{p,j \ne j\max} \leqslant 0
\end{cases}
\tag{5.35}
$$

式中，$\Delta x_{p,j\max}$ 为第 p 个单元中具有最大灵敏度的设计变量的迭代改变量。

离散方向搜索原理如图 5.2 所示。

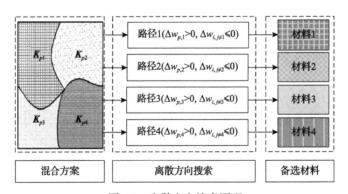

图 5.2　离散方向搜索原理

5.2.2　优化流程与算法实现

1. 优化流程

SGC 方法的优化流程如图 5.3 所示，包括如下步骤：

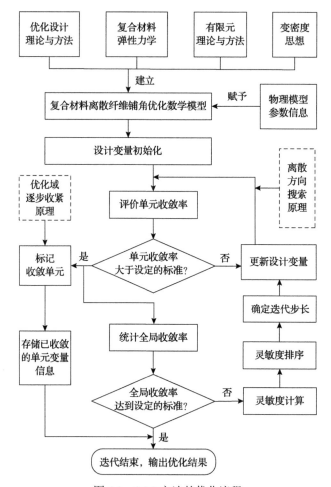

图 5.3　SGC 方法的优化流程

（1）以候选材料的人工密度为设计变量、密度边界为约束条件、结构柔顺度为目标函数，建立基于刚度矩阵插值的复合材料离散纤维铺角优化数学模型。

（2）建立复合材料结构有限元分析模型，生成并保存详细的单元、节点、载荷、边界、刚度矩阵等模型信息。

（3）将具体物理模型参数信息赋给步骤（1）所述优化数学模型，初始化设计变量。

（4）计算目标函数对设计变量的灵敏度，确定寻优搜索方向，将灵敏度信息从高到低进行排序，确保高灵敏度单元优先完成纤维铺角的最优化选择。

（5）按照离散方向搜索原理更新设计变量，更新规则应确保设计变量在迭代过程中自动满足权重函数的求和约束，且不能溢出设计边界。

（6）根据局部收敛准则判断单元收敛性，按照优化域逐步收紧原理，将已收敛单元的设计变量锁定并退出当前优化空间。

(7) 评价优化域全局收敛性，若全局收敛率 $\varepsilon_g < 1$，则转步骤(4)继续循环，若 $\varepsilon_g = 1$，则停止迭代，输出优化结果。

2. 算法实现

SGC 方法的实现需要用到一阶灵敏度信息，推导如下。

首先对式(5.32)中的目标函数两端微分，可得

$$\frac{\partial C}{\partial x_{p,j}} = \frac{\partial U^{\mathrm{T}}}{\partial x_{p,j}} KU + U^{\mathrm{T}} \left(\frac{\partial K}{\partial x_{p,j}} U + K \frac{\partial U}{\partial x_{p,j}} \right) \tag{5.36}$$

对结构静力学平衡方程 $KU=F$ 两端微分，可得

$$\frac{\partial K}{\partial x_{p,j}} U + K \frac{\partial U}{\partial x_{p,j}} = \frac{\partial F}{\partial x_{p,j}} \tag{5.37}$$

由于施加载荷为恒定载荷，即 $\dfrac{\partial F}{\partial x_{p,j}} = 0$，则式(5.37)可以简化为

$$\frac{\partial K}{\partial x_{p,j}} U + K \frac{\partial U}{\partial x_{p,j}} = 0 \tag{5.38}$$

整理可得

$$\frac{\partial U}{\partial x_{p,j}} = -K^{-1} \frac{\partial K}{\partial x_{p,j}} U \tag{5.39}$$

进而得到

$$\frac{\partial U^{\mathrm{T}}}{\partial x_{p,j}} = -U^{\mathrm{T}} \frac{\partial K}{\partial x_{p,j}} K^{-1} \tag{5.40}$$

将式(5.40)、式(5.38)代入式(5.36)，可得

$$\frac{\partial C}{\partial x_{p,j}} = -U^{\mathrm{T}} \frac{\partial K}{\partial x_{p,j}} K^{-1} KU = -U^{\mathrm{T}} \frac{\partial K}{\partial x_{p,j}} U \tag{5.41}$$

由于 $\dfrac{\partial K}{\partial x_{p,j}} = \sum \dfrac{\partial K_p}{\partial x_{p,j}} = K_{p,j}$，最终得到目标函数对设计变量的灵敏度显式表达，即

$$\frac{\partial C}{\partial x_{p,j}} = -U^{\mathrm{T}} K_{p,j} U \tag{5.42}$$

假设在第 k 次迭代中，利用式(5.43)追踪到未收敛单元设计变量中的最大灵敏度，则标记 $df_{\max}$ 所对应的单元编号为 k_p，对应的单元候选材料编号为 k_j，以设计变量 x_{k_p,k_j} 为对象，以 $-df_{\max}$ 为搜索方向，以式(5.44)为搜索边界，确定迭代步长 λ。

$$df_{\max} = \max\left(\left|\frac{\partial C}{\partial x_{p,j}}\right|\right) \tag{5.43}$$

$$\begin{cases} h_{\mathrm{q}} = x_{k_p,k_j} - \lambda \dfrac{\partial C}{\partial x_{k_p,k_j}} \\ 0 \leqslant h_{\mathrm{q}} \leqslant 1 \end{cases} \tag{5.44}$$

式中，h_{q} 为变量更新的价值函数。将满足式(5.44)搜索边界的最优解 λ_k 作为第 k 次迭代的有效步长。

在优化准则 1 和式(5.44)的联合作用下，可以保证 $x_{p,j}$ 不会溢出设计边界，算法求解过程能够自动满足优化数学模型式(5.32)的不等式约束。

为保证优化准则 2 的搜索速度，有限的设计变量变化空间应优先保证具有最大灵敏度的设计变量沿着其负梯度方向进行搜索，以利用相同的 Δx 为代价获得最大的目标函数下降量 ΔC。假设在第 p 个单元的所有设计变量中，第 l 个变量的灵敏度最大，则变量 $x_{p,j\neq l}$ 沿着其负梯度方向 $-\dfrac{\partial C}{\partial x_{p,l}}$ 进行搜索，该单元的其余设计变量均沿反方向进行更新，且必须满足如下更新规则：

$$\sum_{\substack{j=1 \\ j\neq l}}^{N^j} \Delta x_{p,j} = -\Delta x_{p,l} \tag{5.45}$$

根据优化准则 2 更新设计变量，步骤如下：

(1)在第 p 个单元的所有设计变量中搜索灵敏度最大的变量，标记为 $x_{p,l}$，按照式(5.46)对 $x_{p,l}$ 进行更新。

$$x_{p,l}^{(k+1)} = x_{p,l}^{(k)} - \lambda_k \frac{\partial C}{\partial x_{p,l}} \tag{5.46}$$

(2)第 p 个单元的其余变量 $x_{p,j\neq l}$ 反向搜索，为保证更新后的变量值不溢出设计边界，将 $-\Delta x_{p,l}$ 按比例分配给非最大灵敏度设计变量 $x_{p,j\neq l}$，具体按照式(5.47)计算。

$$\rho_{p,j\neq l} = \frac{x_{p,j\neq l}^{(k)}}{\displaystyle\sum_{j=1}^{N^j} x_{p,j\neq l}^{(k)}} \tag{5.47}$$

式中，$\rho_{p,j\neq l}$ 为补偿量的分配系数。

(3)对第 p 个单元中非最大灵敏度的设计变量均按照式(5.48)进行更新。

$$x_{p,j\neq l}^{(k+1)} = x_{p,j\neq l}^{(k)} + \rho_{p,j\neq l}\lambda_k \frac{\partial C}{\partial x_{p,l}} \tag{5.48}$$

在严格遵守优化准则 2 的条件下，只要设计变量的初始值能够满足式(5.32)的约束条件，在式(5.46)～式(5.48)的联合作用下，优化器在求解过程中就能自动满足人工密度的求和约束条件。随着迭代次数的增加，越来越多具有高灵敏度的单元达到收敛标准并退出优化空间，优化空间中低灵敏度单元对结构刚度的相对贡献度逐步凸显，目标函数在同一数量级的比较中实现了低灵敏度单元中纤维铺角的清晰选择，全局收敛率从 0 逐渐逼近于 1，直至等于1。因此，在优化域逐步收紧的框架下，SGC 方法总能实现离散纤维铺角优化的全局收敛。

5.2.3　SGC 方法的可行性测试

为测试 SGC 方法的可行性及其对初始值的依赖性，通过一个单轴拉伸模型进行测试，主要利用该模型应力分布直观、结果可预测的特点。如图 5.4 所示，单

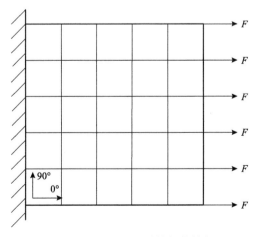

图 5.4　可行性测试单轴拉伸算例

层板水平放置，几何尺寸为 50mm×50mm×1mm，划分为 25 个单元，左端各节点受到完全固定约束，右端各节点上施加恒定载荷 F=10N，方向为水平向右。

本算例中单层板的内部应力以如图 5.4 所示 0°方向的均匀拉应力为主。根据复合材料弹性力学理论，纤维增强复合材料沿纤维的轴向承载能力最强，假设 SGC 方法对离散纤维铺角优化问题有效，则利用该方法优化后给出的铺层方案应该是各单元的初始铺角均为 0°，才能最大程度匹配结构内部的应力分布。

采用 5 种不同的初始方案(表 5.1)，以测试优化结果对初始方案的依赖性。

表 5.1 可行性测试单轴拉伸算例初始方案

初始方案	$\omega_{p,1}^{(0)}$	$\omega_{p,2}^{(0)}$	$\omega_{p,3}^{(0)}$	$\omega_{p,4}^{(0)}$
1	0.01	0.02	0.90	0.07
2	0.10	0.20	0.30	0.40
3	0.25	0.25	0.25	0.25
4	0.70	0.10	0.10	0.10
5	0.90	0.05	0.03	0.02

注：$\omega_{p,j}^{(0)}$ 表示第 p 个单元第 j 种材料的初始权重。

利用 SGC 方法对上述问题进行优化，目标函数和全局收敛率迭代历程如图 5.5 所示，优化的铺层方案如图 5.6 所示。

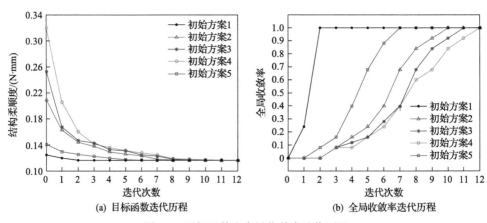

图 5.5 目标函数和全局收敛率迭代历程

对可行性测试单轴拉伸模型算例的优化结果进行分析：

(1)优化后所有单元的纤维铺角都为 0°，与各单元所承受的主应力方向相匹配，优化得到的铺层方案与理论分析的预期结果完全一致，说明该方法能够给出正确的优化结果。

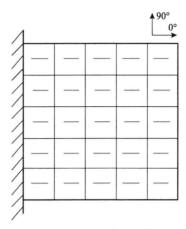

图 5.6　优化的铺层方案

（2）优化后得到的结构柔顺度均为 0.1166N·mm，说明该方法具有可靠的寻优能力，而不依赖于特定的初始方案。

（3）优化后全局收敛率指标均可达到 1，优化结果中无灰度单元，说明该方法具有稳定的收敛能力，能够给出清晰的全局铺角方案。

单轴拉伸模型测试结果证明，利用 SGC 方法对复合材料离散纤维铺角分布进行优化是可行的、有效的，能够得到明确、清晰的最优解。

5.2.4　数值算例

为测试 SGC 方法在复合材料离散纤维铺角优化问题中的普遍适应性，在面内应力应变、平板弯曲、壳体扭转三种不同的模型中进行应用。每个算例均采用传统 DMO 方法、SIMP 方法、SFP 方法以及 SGC 方法进行优化，以对比 SGC 方法与已有方法的优劣性。

对本节涉及的材料、方法等进行如下统一定义：

（1）数值算例中用到的玻璃钢材料属性见表 5.2。

表 5.2　玻璃钢材料属性

量符号	单位	数值
ρ	kg/m³	1.93×10^3
E_1	GPa	33.19
E_2	GPa	11.12
E_3	GPa	10.12
G_{12}	GPa	3.69
G_{23}	GPa	3.00
G_{13}	GPa	3.00

续表

符号	单位	数值
ν_{12}	—	0.23
ν_{23}	—	0.11
ν_{13}	—	0.11

(2)为避免不同初始值对优化结果的影响，设计变量初始值均取 $x_{p,j}^{(0)}=0.25$，即初始铺层方案中 4 种纤维铺角的复合材料在层合板内均匀分布。

(3)除 SGC 方法外，其他三种优化方法均采用惩罚模型，惩罚指数均取 3。

(4)带有惩罚的插值模型会导致材料计算刚度小于实际贡献度，从而使目标函数结构柔顺度计算值偏大，为保证结构柔顺度迭代历程的对比效果，绘图时纵坐标取值控制在特定区间。

(5)收敛时间指优化过程中求解精度达到 0.001，且全局收敛率指标连续 5 次迭代保持不变(或达到)所消耗的计算时间，以分钟为单位进行统计与评价。

(6)优化的纤维布局方案中，已收敛单元内用黑色线条表示该单元的纤维铺角，未收敛单元框格为空，其单元材料为多种铺角纤维的混合体。

1. 面内应力应变

采用经典悬臂梁结构模型，如图 5.7 所示，尺寸规格为 200mm×100mm×1mm 的矩形薄板，左端完全固定，右上角受到竖直向下载荷 F=40N，划分为 200 个单元进行面内应力应变有限元分析。

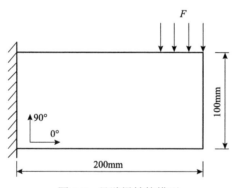

图 5.7 悬臂梁结构模型

采用不同的方法优化，悬臂梁结构柔顺度及全局收敛率迭代历程如图 5.8 所示。得益于式(5.5)中设计变量的关联作用，DMO 方法在迭代初期的收敛速度比 SIMP 方法快，但最终的全局收敛率区别并不大，分别存在 6% 和 7% 的灰度单元，而且这些方法求解的时间成本明显高于本节提出的 SGC 方法。通过优化域的逐步收紧，SGC 方法的全局收敛率达到 1.0，优化结果清晰明确，实现了算法的预期目标。SFP 方法在本算例中表现较差，全局收敛率只有 0.46，超过半数的单元铺层方案不清晰，导致制造困难。悬臂梁结构优化结果对比见表 5.3。

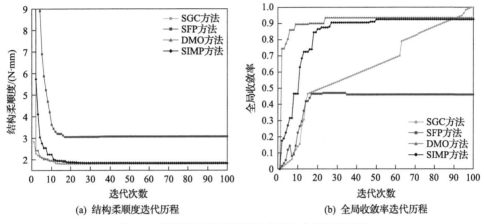

(a) 结构柔顺度迭代历程　　　　　　　(b) 全局收敛率迭代历程

图 5.8　悬臂梁结构柔顺度及全局收敛率迭代历程

表 5.3　悬臂梁结构优化结果对比

方法	SGC 方法	SFP 方法	DMO 方法	SIMP 方法
结构柔顺度/(N·mm)	1.8133	2.1308	1.8286	1.8149
全局收敛率	1.0	0.46	0.94	0.93
收敛时间/s	2.44	2.73	26.9	137

本算例中，悬臂梁右上角承受竖直方向载荷，其上部边界附近以拉应力为主，下部边界附近以压应力为主，中部区域则以剪切应力为主。优化的悬臂梁纤维布局方案如图 5.9 所示。在悬臂梁的上下边界附近，图 5.9 中(a)、(c)、(d)所示的方案都给出以 0°为主的纤维铺角分布，可以最大限度地承受水平方向的拉压应力作用，中部区域的单元以±45°纤维分布为主，以承受剪切应力的作用，右上角区域的单元则以 90°纤维分布为主，以匹配该区域竖直方向的压应力分布。可见，SGC、SIMP、DMO 方法给出的优化结果总体上满足结构的应力分布需求。如图 5.9(b)所示，SFP 方法未能给出清晰的全局纤维铺放方案，优化结果不能被接受。

2. 平板弯曲

平板弯曲模型为尺寸规格为 200mm×200mm×1mm 的正方形薄板，如图 5.10 所示，四边均受到铰接约束，在对称中心施加垂直于平板的作用力 F=10N，划分为 400 个单元进行平板弯曲有限元分析。

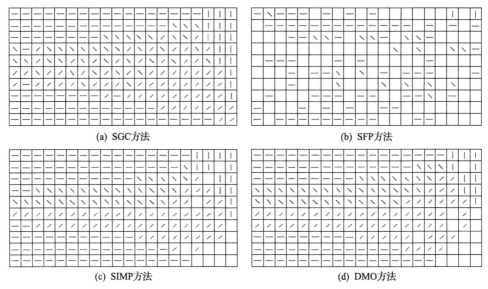

(a) SGC方法　　　　　　　　　　　　　　(b) SFP方法

(c) SIMP方法　　　　　　　　　　　　　(d) DMO方法

图 5.9　优化的悬臂梁纤维布局方案

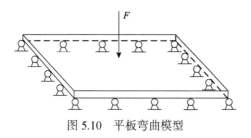

图 5.10　平板弯曲模型

平板结构柔顺度及全局收敛率迭代历程如图 5.11 所示，平板结构优化结果对比见表 5.4。最终的结构柔顺度差别很大，特别是 SFP 方法的优化解比最优解高出约 37.5%，说明该方法很容易陷入局部极小值，尽管其目标函数通过迭代可收敛于某个稳定值。DMO 和 SIMP 方法的优化解均非常接近最优解，但优化后的纤维布局方案分别包含 7% 和 14% 的混合区域，并非清晰的离散优化结果。采用所提出的 SGC 方法的全局收敛率达到了 1.0，且结构柔顺度是所有方案中的最优解，再次证明该方法具有稳定的全局收敛能力。

本算例中，平板中心受到垂直方向的集中载荷，应力沿径向传递到平板边缘，等压线呈圆环分布。优化的平板纤维布局方案如图 5.12 所示，中心区域的纤维呈环状排列，外围区域的纤维呈放射状排列。SGC 方法给出的解决方案实现了全局收敛，布局清晰且有规律性。尽管 DMO 和 SIMP 方法给出的解决方案与 SGC 方法结果很相似，但仍然存在局部纤维铺角选择不明确的问题，如四个边角区域。对于 SFP 方法给出的解决方案，很多单元的纤维铺角是错误的或处于未收敛状态，优化结果不能被接受。

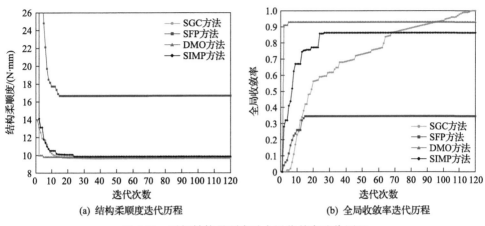

(a) 结构柔顺度迭代历程　　　　　　　　(b) 全局收敛率迭代历程

图 5.11　平板结构柔顺度及全局收敛率迭代历程

表 5.4　平板结构优化结果对比

方法	SGC 方法	SFP 方法	DMO 方法	SIMP 方法
结构柔顺度/(N·mm)	9.6680	13.2936	9.7163	9.7251
全局收敛率	1.0	0.35	0.93	0.86
收敛时间/s	13.9	11.8	128	415

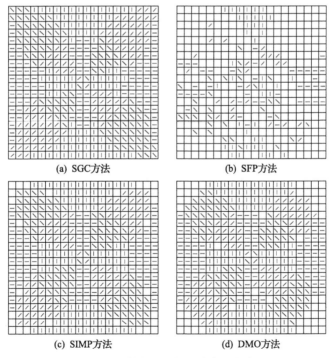

(a) SGC方法　　　　　　　　　　(b) SFP方法

(c) SIMP方法　　　　　　　　　　(d) DMO方法

图 5.12　优化的平板纤维布局方案

3. 壳体扭转

壳体扭转模型为半圆柱薄壁壳结构，如图 5.13 所示。壳体左端受到固支约束，右端 10 个节点上均施加绕 z 轴的弯矩载荷 $M=10\mathrm{N\cdot m}$，壳结构整体形成扭转变形，模型轴向尺寸 L=200mm，半径 R=31.83mm，划分为 200 个单元进行壳体扭转有限元分析。

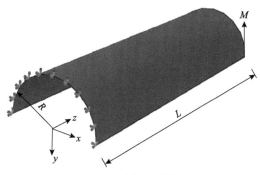

图 5.13　壳体扭转模型

壳体结构柔顺度及全局收敛率迭代历程如图 5.14 所示。壳体结构优化结果对比见表 5.5。可以看出，SFP 方法的优化结果是一个局部最优解，结构柔顺度是表现最差的，且只有大约 34%的单元满足收敛标准。DMO 和 SIMP 方法的全局收敛率很接近，均有约 80%的单元实现收敛，这两种方法的最终结构柔顺度分别为 1.3125N·mm 和 1.3182N·mm。SGC 方法获得了更好的优化解，相比 SFP、SIMP 和 DMO 方法，其结构柔顺度分别降低约 22.1%、0.7%和 1.1%，说明该方法具有更好的全局寻优能力。另外，SGC 方法的求解效率同样具有优势，特别是

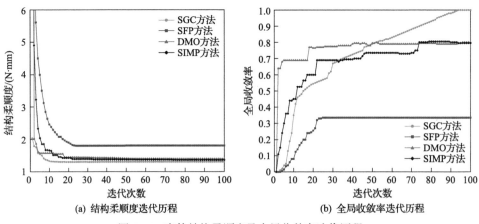

(a) 结构柔顺度迭代历程　　　　　　　　(b) 全局收敛率迭代历程

图 5.14　壳体结构柔顺度及全局收敛率迭代历程

表 5.5　壳体结构优化结果对比

方法	SGC 方法	SFP 方法	DMO 方法	SIMP 方法
结构柔顺度/(N·mm)	1.3037	1.6736	1.3125	1.3182
全局收敛率	1.0	0.34	0.8	0.8
收敛时间/s	2.82	3.19	11.7	65

相对于传统 DMO 方法，实现了求解时间数量级的降低，这对复杂优化问题具有重要意义。

本算例中，半圆柱壳体弧顶区域对扭转变形的抵御能力较强，壳体右端边界附近单元主要承受周向剪切作用，属于高应力区域。优化的壳体纤维布局方案如图 5.15 所示。从图 5.15(a)、(c)、(d) 可以看出，壳体底端边界附近区域均以 0°纤维分布为主，有利于承受该区域的拉压应力；壳体右端边界附近区域以 90°纤维分布为主，可以最大限度地抵御周向剪切应力作用下的扭转变形。可见，SGC、SIMP、DMO 方法给出的纤维布局方案总体上满足结构的应力分布需求，但是后两种方法无法对壳体弧顶区域给出清晰、最优的纤维铺角选择，主要原因是该区域应力较小，目标函数对纤维铺角的变化不敏感。从图 5.15(b) 可以看出，SFP 的优化结果中约有 2/3 区域为灰度单元，优化器对设计变量的离散化驱动能力不足。

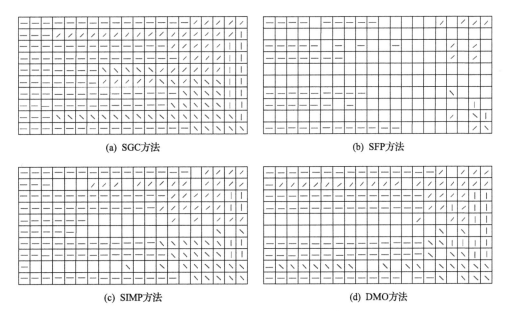

(a) SGC方法　　　　　　　　　　　　　　(b) SFP方法

(c) SIMP方法　　　　　　　　　　　　　　(d) DMO方法

图 5.15　优化的壳体纤维布局方案

5.3　二分插值优化法

5.3.1　核心思想和实现机制

受三相材料拓扑优化方法的启发[30]，利用一个设计变量可以从两个候选材料中选择出一种合适的材料。单元刚度矩阵可表达为

$$K_p = (1 - x_1)K_p^1 + x_1 K_p^2 \qquad (5.49)$$

式中，K_p 为单元刚度矩阵。当设计变量 x_1 为 0 或 1 时，表示将选择刚度矩阵为 K_p^1 或 K_p^2 的材料。

整理式(5.49)得

$$K_p = K_p^1 + x_1 \left(K_p^2 - K_p^1 \right) \qquad (5.50)$$

类似地，当候选材料的刚度矩阵为 K_p^3 和 K_p^4 时，有

$$K_p = K_p^3 + x_2 \left(K_p^4 - K_p^3 \right) \qquad (5.51)$$

通过优化求解设计变量 x_1，可以从刚度矩阵为 K_p^1 和 K_p^2 的候选材料中选择一种合适的材料，通过优化求解设计变量 x_2，可以从刚度矩阵为 K_p^3 和 K_p^4 的候选材料中选择一种合适的材料。在此基础上，将式(5.50)和式(5.51)看成不同的材料运用相同的方法进行选择，可得

$$K_p = \underbrace{K_p^1 + x_1 \left(K_p^2 - K_p^1 \right)}_{K_p^{12}} + x_3 \left[\underbrace{K_p^3 + x_2 \left(K_p^4 - K_p^3 \right)}_{K_p^{34}} - \underbrace{\left[K_p^1 + x_1 \left(K_p^2 - K_p^1 \right) \right]}_{K_p^{12}} \right] \qquad (5.52)$$

式中，K_p^{12} 为 K_p^1 和 K_p^2 的混合方案；K_p^{34} 为 K_p^3 和 K_p^4 的混合方案；x_3 的作用是选择 K_p^{12} 或 K_p^{34}，当 $x_3 = 0$ 时，意味着 K_p^{12} 被选中，当 $x_3 = 1$ 时，意味着 K_p^{34} 被选中。通过优化求解设计变量 x_1、x_2、x_3，可以从刚度矩阵为 K_p^1、K_p^2、K_p^3、K_p^4 的四种候选材料选择出一种合适的材料。调整并进一步改进式(5.52)中设计变量的下标，可得

$$\boldsymbol{K}_p = \underbrace{\boldsymbol{K}_p^1 + x_2\left(\boldsymbol{K}_p^2 - \boldsymbol{K}_p^1\right)}_{\boldsymbol{K}_p^{12}} + x_1\left[\underbrace{\boldsymbol{K}_p^3 + x_2\left(\boldsymbol{K}_p^4 - \boldsymbol{K}_p^3\right)}_{\boldsymbol{K}_p^{34}} - \underbrace{\left(\boldsymbol{K}_p^1 + x_2\left(\boldsymbol{K}_p^2 - \boldsymbol{K}_p^1\right)\right)}_{\boldsymbol{K}_p^{12}}\right] \quad (5.53)$$

即

$$\boldsymbol{K}_p = (1-x_1)(1-x_2)\boldsymbol{K}_p^1 + (1-x_1)x_2\boldsymbol{K}_p^2 + x_1(1-x_2)\boldsymbol{K}_p^3 + x_1 x_2 \boldsymbol{K}_p^4 \quad (5.54)$$

通过优化求解设计变量 x_1 和 x_2，可以从刚度矩阵为 $\boldsymbol{K}_p^1$、$\boldsymbol{K}_p^2$、$\boldsymbol{K}_p^3$、$\boldsymbol{K}_p^4$ 的四种候选材料中选择出一种合适的材料，且任一候选材料的选择与否由 x_1 和 x_2 共同决定。

四种候选材料选择过程如图 5.16 所示。候选材料的初始方案为均匀混合状态，当 x_1 趋近于 0 时，刚度矩阵为 $\boldsymbol{K}_p^1$ 和 $\boldsymbol{K}_p^2$ 的候选材料权重就会增加，此时当 x_2 趋近于 0 时，刚度矩阵为 $\boldsymbol{K}_p^1$ 的候选材料权重就会增加；当 x_2 趋近于 1 时，刚度矩阵为 $\boldsymbol{K}_p^2$ 的候选材料权重就会增加。

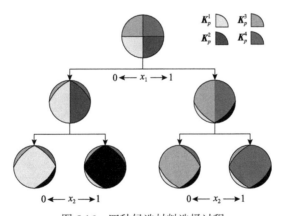

图 5.16　四种候选材料选择过程

当 x_1 趋近于 1 时，刚度矩阵为 $\boldsymbol{K}_p^3$ 和 $\boldsymbol{K}_p^4$ 的候选材料权重就会增加，此时当 x_2 趋近于 0 时，刚度矩阵为 $\boldsymbol{K}_p^3$ 的候选材料权重就会增加；当 x_2 趋近于 1 时，刚度矩阵为 $\boldsymbol{K}_p^4$ 的候选材料权重就会增加。

当设计变量达到收敛时，四种候选材料最终选择结果（x_1, x_2）见表 5.6。

表 5.6　四种候选材料最终选择结果

(x_1, x_2)	(0,0)	(0,1)	(1,0)	(1,1)
选择结果	材料 1	材料 2	材料 3	材料 4

由式(5.54)可得，四种候选材料的权重函数表示为

$$
\begin{cases}
\omega_1 = (1-x_1)(1-x_2) \\
\omega_2 = (1-x_1)x_2 \\
\omega_3 = x_1(1-x_2) \\
\omega_4 = x_1 x_2
\end{cases}
, \quad 0 \leqslant x_1, x_2 \leqslant 1 \tag{5.55}
$$

类似地，若将式(5.53)进行拓展，当候选材料的数量为 8 时，可利用三个设计变量来解决最佳候选材料的选择问题，其公式表示为

$$
K_p = \underbrace{K_p^1 + x_3\left(K_p^2 - K_p^1\right) + x_2\left[K_p^3 + x_3\left(K_p^4 - K_p^3\right) - K_p^1 - x_3\left(K_p^2 - K_p^1\right)\right]}_{K_p^{1234}}
$$

$$
+ x_1\left(\underbrace{\left\{K_p^5 + x_3\left(K_p^6 - K_p^5\right) + x_2\left[K_p^7 + x_3\left(K_p^8 - K_p^7\right) - K_p^5 - x_3\left(K_p^6 - K_p^5\right)\right]\right\}}_{K_p^{5678}}\right.
$$

$$
\left.-\underbrace{\left\{K_p^1 + x_3\left(K_p^2 - K_p^1\right) + x_2\left[K_p^3 + x_3\left(K_p^4 - K_p^3\right) - K_p^1 - x_3\left(K_p^2 - K_p^1\right)\right]\right\}}_{K_p^{1234}}\right)
$$

$$\tag{5.56}$$

八种候选材料选择过程如图 5.17 所示。

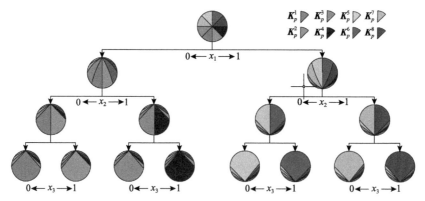

图 5.17　八种候选材料选择过程

当设计变量达到收敛时，八种候选材料最终选择结果(x_1, x_2, x_3)见表 5.7。

表 5.7　八种候选材料最终选择结果

(x_1,x_2,x_3)	(0,0,0)	(0,0,1)	(0,1,0)	(0,1,1)	(1,0,0)	(1,0,1)	(1,1,0)	(1,1,1)
选择结果	材料 1	材料 2	材料 3	材料 4	材料 5	材料 6	材料 7	材料 8

同样，八种候选材料的权重函数可表示为

$$\begin{cases} \omega_1 = (1-x_1)(1-x_2)(1-x_3) \\ \omega_2 = (1-x_1)(1-x_2)x_3 \\ \omega_3 = (1-x_1)x_2(1-x_3) \\ \omega_4 = (1-x_1)x_2x_3 \\ \omega_5 = x_1(1-x_2)(1-x_3) \\ \omega_6 = x_1(1-x_2)x_3 \\ \omega_7 = x_1x_2(1-x_3) \\ \omega_8 = x_1x_2x_3 \end{cases}, \quad 0 \leqslant x_1, x_2, x_3 \leqslant 1 \qquad (5.57)$$

从式(5.55)和式(5.57)可以看出，候选材料的权重是通过$(1-x_i)$乘以不同的x_i得到的，因此可以推导出权重函数的一般公式为

$$\begin{aligned} \omega_s &= \prod_{i=1}^{n}(x_i \text{ 或 }(1-x_i)), \quad 0 \leqslant x_i \leqslant 1 \\ &= [x_1 \text{ 或 }(1-x_1)][x_2 \text{ 或 }(1-x_2)]\cdots[x_n \text{ 或 }(1-x_n)] \end{aligned} \qquad (5.58)$$

式中，n 为设计变量数。

从式(5.58)可知，n 个设计变量可以用来表征 2^n 种候选材料。2^n 种候选材料选择过程如图 5.18 所示。初始均匀混合状态的 2^n 种候选材料由一个取 0/1 的设计变量分为两部分，每次优化中排除的候选材料数量为之前优化的 1/2，直到选出最佳候选材料。

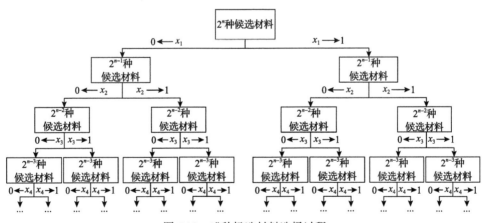

图 5.18　2^n 种候选材料选择过程

由于选择候选材料的过程类似于二分法原理，将权重函数创新并作为插值方案，因此所提出的方法称为二分插值优化(binary interprolation optimization,

BIO)方法。该方法的优点是只需要 n 个设计变量就能表征 2^n 种候选材料，节省了计算资源和存储空间，而且受益于权重函数的形式，求和约束自动满足 $\sum_{i=1}^{2^n} \omega_i = 1$，在优化过程中不需要额外处理。

在纤维铺角优化问题中，灰度问题经常出现在低应力区域，如图 5.19 所示，设计变量无法达到完全收敛状态，即无法在候选材料中明确选择出一种材料，导致后续的设计和制造更加复杂。

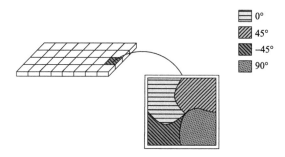

图 5.19　低应力区域存在的灰度问题

为此，给出 BIO 方法的惩罚模型，即

$$\omega_s = \left[\prod_{i=1}^{n} (x_i \text{ 或 } (1-x_i)) \right]^\alpha, \quad 0 \leqslant x_i \leqslant 1 \tag{5.59}$$

在四种候选材料的情况下，当惩罚指数 $\alpha=1$，即候选材料权重的中间值不受惩罚时，候选材料的权重分布如图 5.20 所示。从图中可以看出，当 x_1 和 x_2 达到收敛，即值为 0 或 1 时，只有一种候选材料的权重为 1，而其他三种候选材料的权重为 0，说明只选择了一种材料。每种候选材料都由一个唯一的顶点表示。

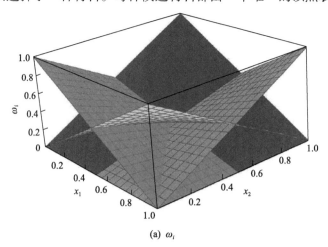

(a) ω_i

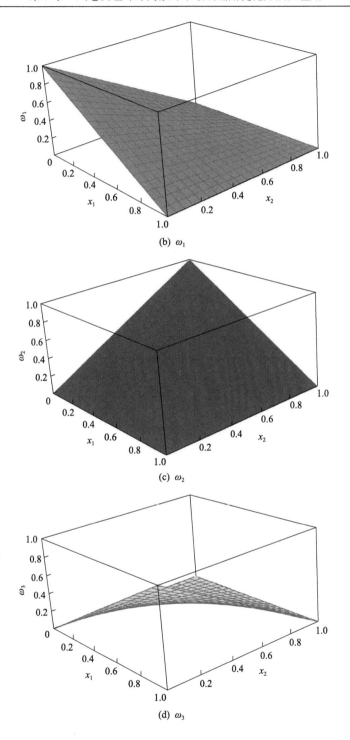

(b) ω_1

(c) ω_2

(d) ω_3

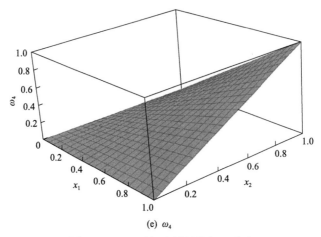

(e) ω_4

图 5.20　$\alpha=1$ 时候选材料的权重分布

$\alpha=3$ 时候选材料的权重分布如图 5.21 所示。对比图 5.20 和图 5.21 可以看出，

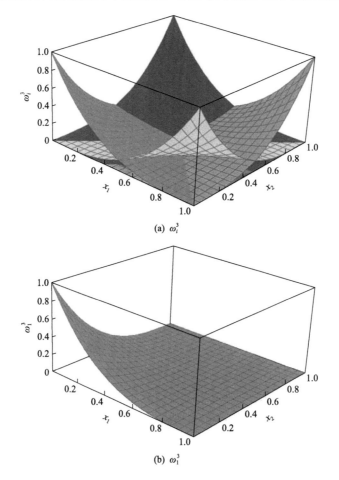

(a) ω_i^3

(b) ω_1^3

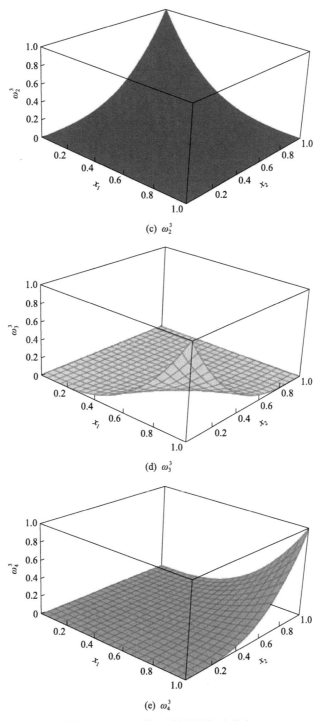

(c) ω_2^3

(d) ω_3^3

(e) ω_4^3

图 5.21　$\alpha=3$ 时候选材料的权重分布

当设计变量在相同范围内变化时，惩罚后的权重更趋于 0 或 1。因此，提高惩罚指数是保证设计变量收敛性的一种有效方法，也是梯度类算法中常用的一种策略。

5.3.2　灵敏度分析

Ghiasi 等[31]在离散纤维层合板的优化设计中提出了"Patch（分区）"的概念。基于单元的优化设计不利于实际制造，因此引入了分区策略，将模型划分为不同的区域，同一区域内所有单元的纤维铺角保持一致。以结构柔顺度最小为优化目标建立优化问题的数学模型，即

$$\begin{cases} \text{find } \boldsymbol{X} = \{x_{i,n}\}, \quad i=1,2,\cdots,N^i, n=1,2,\cdots,N^x \\ \min C = \boldsymbol{U}^{\mathrm{T}} \boldsymbol{K} \boldsymbol{U} = \boldsymbol{F}^{\mathrm{T}} \boldsymbol{U} \\ \text{s.t.} \quad \boldsymbol{K} \boldsymbol{U} = \boldsymbol{F} \\ \boldsymbol{K} = \sum_{i=1}^{N^i} \boldsymbol{K}_i = \sum_{i=1}^{N^i} \sum_{j=1}^{N^j} \boldsymbol{K}_{i,j} \omega_{i,j} \\ 0 \leqslant x_{i,j} \leqslant 1 \end{cases} \tag{5.60}$$

式中，$\boldsymbol{X}$ 为设计变量向量；$x_{i,n}$ 为第 i 个区域第 n 个设计变量；N^i 为优化区域数；N^x 为设计变量数；$\boldsymbol{F}$ 为外载荷向量；$\boldsymbol{U}$ 为位移向量；$\boldsymbol{K} \boldsymbol{U} = \boldsymbol{F}$ 为静力学平衡方程；$\boldsymbol{K}$ 为整体刚度矩阵，第 i 个区域的刚度矩阵 $\boldsymbol{K}_i$ 可以通过其中所有单元的刚度矩阵加权求和得到：

$$\boldsymbol{K}_i = \sum_{j=1}^{N^j} \boldsymbol{K}_{i,j} \omega_{i,j} \tag{5.61}$$

式中，$\boldsymbol{K}_{i,j}$ 为第 i 个区域第 j 种候选材料的刚度矩阵；$\omega_{i,j}$ 为第 i 个区域第 j 种候选材料的权重函数；N^j 为候选材料数。

该方法采用刚度矩阵插值方法，避免了本构矩阵在迭代过程中的积分运算，刚度矩阵直接从 ABAQUS 软件中提取，便于二次开发。

在算法实现的过程中，需要一阶灵敏度信息以构建算法求解所需的拉格朗日函数梯度，从而确定优化搜索方向。灵敏度公式为[32]

$$\frac{\partial C}{\partial x_{i,n}} = -\boldsymbol{U}^{\mathrm{T}} \frac{\partial \boldsymbol{K}}{\partial x_{i,n}} \boldsymbol{U} = \sum -\boldsymbol{U}^{\mathrm{T}} \frac{\partial \boldsymbol{K}_i}{\partial x_{i,n}} \boldsymbol{U} = \sum \sum -\boldsymbol{U}^{\mathrm{T}} \boldsymbol{K}_{i,j} \frac{\partial \omega_{i,j}}{\partial x_{i,n}} \boldsymbol{U} \tag{5.62}$$

式中，$\dfrac{\partial \omega_{i,j}}{\partial x_{i,n}}$ 为候选材料权重对设计变量的灵敏度。不同插值方法权重函数的灵敏

度表达式也有所不同，式(5.58)两边对 x 进行求导，可得

$$\frac{\partial \omega_s}{\partial x_i} = \pm \prod_{\substack{n=1 \\ n \neq i}}^{N^x} (x_n \text{ 或 } (1-x_n)) \tag{5.63}$$

当候选材料数为 4 时，本章提出的 BIO 方法的候选材料权重函数表达式为

$$\begin{cases} \omega_{i,1} = (1-x_{i,1})(1-x_{i,2}) \\ \omega_{i,2} = (1-x_{i,1})x_{i,2} \\ \omega_{i,3} = x_{i,1}(1-x_{i,2}) \\ \omega_{i,4} = x_{i,1}x_{i,2}, \quad 0 \leqslant x_{i,1}, x_{i,2} \leqslant 1 \end{cases} \tag{5.64}$$

式中，$\omega_{i,1}$ 为第 i 个区域中第 1 种材料的权重函数表达式；$x_{i,1}$ 为第 i 个区域中第 1 个设计变量。

四种候选材料权重函数对设计变量的灵敏性表达式为

$$\begin{cases} \dfrac{\partial \omega_{i,1}}{\partial x_{i,1}} = -(1-x_{i,2}), \quad \dfrac{\partial \omega_{i,2}}{\partial x_{i,1}} = -x_{i,2}, \quad \dfrac{\partial \omega_{i,3}}{\partial x_{i,1}} = 1-x_{i,2}, \quad \dfrac{\partial \omega_{i,4}}{\partial x_{i,1}} = x_{i,2} \\ \dfrac{\partial \omega_{i,1}}{\partial x_{i,2}} = -(1-x_{i,1}), \quad \dfrac{\partial \omega_{i,2}}{\partial x_{i,2}} = 1-x_{i,1}, \quad \dfrac{\partial \omega_{i,3}}{\partial x_{i,2}} = -x_{i,1}, \quad \dfrac{\partial \omega_{i,4}}{\partial x_{i,2}} = x_{i,1} \end{cases} \tag{5.65}$$

类似地，当候选材料数为 8 时，权重函数对设计变量的灵敏度表达式为

$$\begin{cases} \dfrac{\partial \omega_{i,1}}{\partial x_{i,1}} = -(1-x_{i,2})(1-x_{i,3}), \quad \dfrac{\partial \omega_{i,2}}{\partial x_{i,1}} = -(1-x_{i,2})x_{i,3}, \quad \dfrac{\partial \omega_{i,3}}{\partial x_{i,1}} = -x_{i,2}(1-x_{i,3}) \\ \dfrac{\partial \omega_{i,4}}{\partial x_{i,1}} = -x_{i,2}x_{i,3}, \quad \dfrac{\partial \omega_{i,5}}{\partial x_{i,1}} = (1-x_{i,2})(1-x_{i,3}), \quad \dfrac{\partial \omega_{i,6}}{\partial x_{i,1}} = (1-x_{i,2})x_{i,3} \\ \dfrac{\partial \omega_{i,7}}{\partial x_{i,1}} = x_{i,2}(1-x_{i,3}), \quad \dfrac{\partial \omega_{i,8}}{\partial x_{i,1}} = x_{i,2}x_{i,3} \end{cases} \tag{5.66a}$$

$$\begin{cases} \dfrac{\partial \omega_{i,1}}{\partial x_{i,2}} = -(1-x_{i,1})(1-x_{i,3}), \quad \dfrac{\partial \omega_{i,2}}{\partial x_{i,2}} = -(1-x_{i,1})x_{i,3}, \quad \dfrac{\partial \omega_{i,3}}{\partial x_{i,2}} = (1-x_{i,1})(1-x_{i,3}) \\ \dfrac{\partial \omega_{i,4}}{\partial x_{i,2}} = (1-x_{i,1})x_{i,3}, \quad \dfrac{\partial \omega_{i,5}}{\partial x_{i,2}} = -x_{i,1}(1-x_{i,3}), \quad \dfrac{\partial \omega_{i,6}}{\partial x_{i,2}} = -x_{i,1}x_{i,3} \\ \dfrac{\partial \omega_{i,7}}{\partial x_{i,2}} = x_{i,1}(1-x_{i,3}), \quad \dfrac{\partial \omega_{i,8}}{\partial x_{i,2}} = x_{i,1}x_{i,3} \end{cases} \tag{5.66b}$$

$$
\begin{cases}
\dfrac{\partial \omega_{i,1}}{\partial x_{i,3}} = -(1-x_{i,1})(1-x_{i,2}), & \dfrac{\partial \omega_{i,2}}{\partial x_{i,3}} = (1-x_{i,1})(1-x_{i,2}), & \dfrac{\partial \omega_{i,3}}{\partial x_{i,3}} = -(1-x_{i,1})x_{i,2} \\[3mm]
\dfrac{\partial \omega_{i,4}}{\partial x_{i,3}} = (1-x_{i,1})x_{i,2}, & \dfrac{\partial \omega_{i,5}}{\partial x_{i,3}} = -x_{i,1}(1-x_{i,2}), & \dfrac{\partial \omega_{i,6}}{\partial x_{i,3}} = x_{i,1}(1-x_{i,2}) \\[3mm]
\dfrac{\partial \omega_{i,7}}{\partial x_{i,3}} = -x_{i,1}x_{i,2}, & \dfrac{\partial \omega_{i,8}}{\partial x_{i,3}} = x_{i,1}x_{i,2}
\end{cases} \tag{5.66c}
$$

结合式 (5.65)、式 (5.66) 和式 (5.62)，可得结构柔顺度 C 对设计变量的灵敏度，并将相应的子程序嵌入 SQP 算法中，实现优化[33]。

5.3.3　数值算例

1. 平面应力

对平面应力结构进行优化，旨在验证 BIO 方法的可行性和高效性。从工程学中常用的 0°、45°、–45°、90° 中选择候选角度。平面应力模型如图 5.22 所示，其规格尺寸为 80mm×20mm×1mm，上表面中部受集中载荷 $F=400\text{N}$，左、右下角固定，采用四节点曲壳单元 S4R，将模型划分为 1600 个单元和 1701 个节点。以 2×2 单元为一个区域，模型共划分为 400 个优化区域。

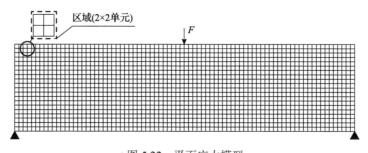

图 5.22　平面应力模型

根据复合材料弹性理论，纤维增强复合材料的轴向承载能力最强。平面应力模型应力分布如图 5.23 所示。根据图 5.23，预测纤维铺角的优化结果为左右两侧主要由 ±45° 复合纤维组成。

运用 BIO、SFP、SIMP 方法对模型进行优化求解，平面应力模型结构柔顺度迭代历程如图 5.24 所示，优化结果对比见表 5.8。由图 5.24 可知，BIO 方法与 SIMP 方法的迭代历程相似，在每个迭代步中都要优于 SFP 方法，说明 BIO 方法能够较好地控制设计变量的搜索方向与下降步长。

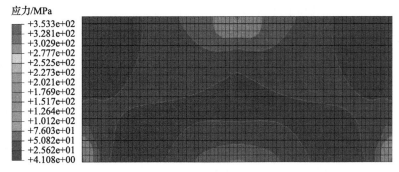

图 5.23　平面应力模型应力分布

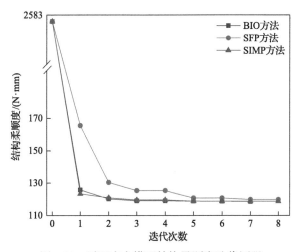

图 5.24　平面应力模型结构柔顺度迭代历程

表 5.8　平面应力模型优化结果对比

方法	BIO 方法	SFP 方法	SIMP 方法
迭代次数	7	8	8
结构柔顺度/(N·mm)	118.61	119.29	118.78

　　优化的平面应力模型纤维布局方案如图 5.25 所示。可以看出，±45°纤维在模型中占主导地位，这与预测结果一致。在三种方法得到的布局方案中，大部分设计区域选择相同的角度，只有少数区域的角度选择不一致。这表明 BIO 方法是可行的，并且可以得到与现有方法相同或相似的优化结果。

　　优化过程中每个迭代步的时间成本如图 5.26 所示。从图中可以看出，BIO 方法的优化时间为 907s，远远低于 SFP 和 SIMP 方法的 1648s 和 2953s，分别降低约 45%和 69%。具体原因分析如下：

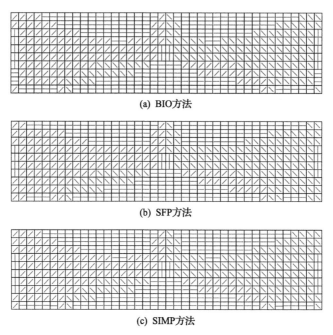

(a) BIO方法

(b) SFP方法

(c) SIMP方法

图 5.25　优化的平面应力模型纤维布局方案

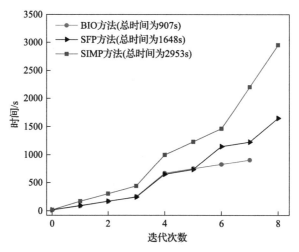

图 5.26　优化过程中每个迭代步的时间成本

（1）BIO 方法的设计变量为 800 个，而 SIMP 方法的设计变量为 1600 个，BIO 仅为 SIMP 方法的一半，且 BIO 方法不需要对求和约束进行额外处理。

（2）SFP 方法各迭代步的结构柔顺度均高于 BIO 方法，因此 BIO 方法具有更好的下降方向和收敛性。此外，SFP 方法仅适用于 4 个候选对象的选择优化问题，而 BIO 方法将候选对象的数量扩展到 2^n 个。

2. 平板弯曲

平板弯曲模型为尺寸规格为 40mm×40mm×1mm 的正方形板结构，如图 5.27 所示，水平放置，四个顶点完全固定，在对称中心施加垂直于平板的作用力 F=100N，划分为 1600 个单元和 1681 个节点。

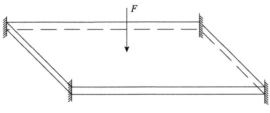

图 5.27　平板弯曲模型

图 5.28 为平板弯曲模型的最大平面应力方向分布。纤维的方向应与最大应力的方向保持一致。由图 5.28 可以预测，纤维铺角的优化结果为沿平板中心呈圆形

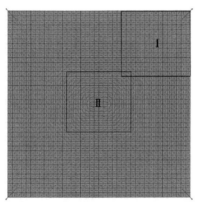

(a) 应力方向分布

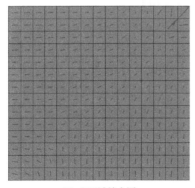

(b) Ⅰ 区域放大图

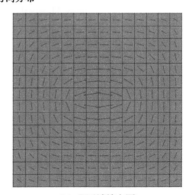

(c) Ⅱ 区域放大图

图 5.28　平板弯曲模型的最大平面应力方向分布

分布，向四个顶点呈径向分布。

8种候选材料和16种候选材料优化的纤维布局方案如图5.29所示。可以看出，纤维铺角围绕模型中心循环分布，围绕四个顶点径向分布，与理论预测结果一致，表明 BIO 方法在 8 种和 16 种候选材料优化问题中是可行和有效的。

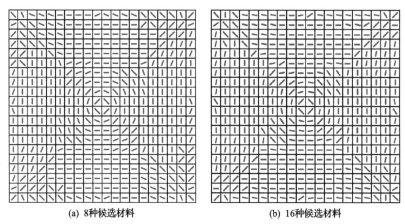

(a) 8种候选材料　　　　　　　　　　(b) 16种候选材料

图 5.29　优化的平板弯曲模型纤维布局方案

(a) [0°, ±22.5°, ±45°, ±67.5°, 90°], 结构柔顺度 232.9080N·mm

(b) [0°, ±11.25°, ±22.5°, ±33.75°, ±45°, ±56.25°, ±67.5°, ±78.75°, 90°], 结构柔顺度 231.6629N·mm

从图 5.29 还可以看出，随着材料数量的增加，优化设计拥有了更广泛的选择空间，得到了更好的优化结果。但是，结构柔顺度的下降范围很小，因此考虑到优化的计算成本，不需要进一步增加候选对象的数量。一般来说，8 个候选角度就足以在工程中获得一个可接受的优化方案。

3. 壳体扭转

壳体扭转模型为圆柱形壳体结构，如图5.30 所示。纤维角度选取[0°, ±22.5°, ±45°, ±67.5°, 90°]，壳体的左端完全固定，在右端两个对称节点上施加大小相同、方向相反的集中力 $F=100N$ 来代替弯矩荷载，模型的轴向尺寸 $L=400mm$，半径 $R=63.66mm$。该模型被分为 1600 个单元和 1640 个节点。

圆柱壳模型结构柔顺度的迭代历程如图 5.31 所示。可以看出，经过 13 步迭代，设计变量达到收敛状态。优化的圆柱壳模型纤维布局方案如图 5.32 所示。

圆柱壳模型的 Tsai-Wu 失效因子和最大位移分布如图 5.33 和图 5.34 所示。可以看出，优化布局方案的 Tsai-Wu 失效因子小于 1，结构安全。与单一的 0°、45° 和 ±45° 双轴铺层方案相比，最大位移分别降低约 33.9%、51.8% 和 52%。结果表明，该方法在三维结构上的优化结果是可行的和有效的。

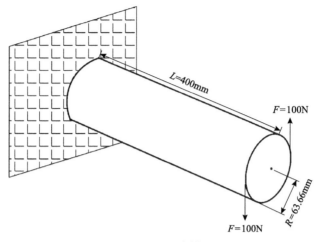

图 5.30　圆柱壳模型

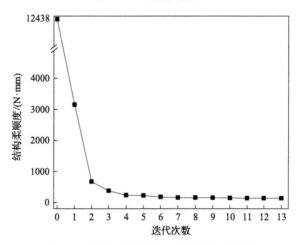

图 5.31　圆柱壳模型结构柔顺度迭代历程

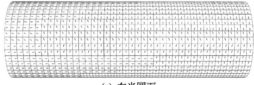

(a) 左半圆面

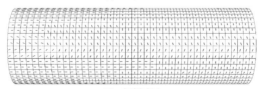

(b) 右半圆面

图 5.32　优化的圆柱壳模型纤维布局方案

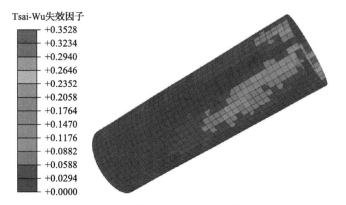

图 5.33　圆柱壳模型的 Tsai-Wu 失效因子分布

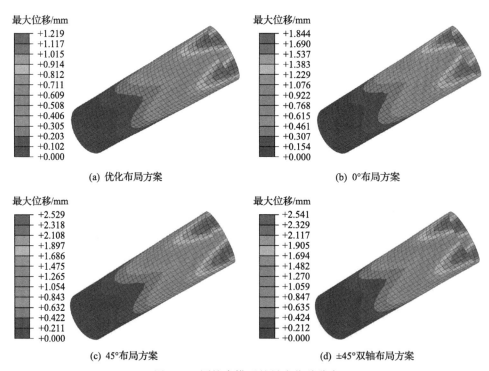

(a) 优化布局方案

(b) 0°布局方案

(c) 45°布局方案

(d) ±45°双轴布局方案

图 5.34　圆柱壳模型的最大位移分布

　　本节采用 BIO 方法求解了平面应力、平板弯曲和壳体扭转三个不同的优化问题，证明了 BIO 方法对多角度优化问题和三维壳优化问题的适应性和有效性，为复合材料结构的纤维铺角优化提供了一种新的替代技术手段。

5.4　风电机组叶片离散纤维细观铺角优化

铺层角度对叶片性能的影响较大，若从细观角度确定每一层的铺层角度，则铺层厚度和铺层顺序也相应确定。纤维铺角通常采用 0°、45°、–45°、90°，由于复合材料的各向异性，角度不同的纤维可看成不同的材料。将角度视为一种相变量，纤维角度优化就转换为离散多相材料的分布优化。鉴于叶片铺层参数设计不再是单值优化，具有更大的设计空间，因此能够获得更优异的性能[34]。

5.4.1　叶片分区细观纤维铺角拓扑优化数学模型和灵敏度分析

1）叶片分区细观纤维铺角拓扑优化数学模型

基于离散材料优化理论和方法，以单元铺层角度为设计变量、结构柔顺度最小为目标函数、应力最小为约束条件，构建风电机组叶片离散多相材料分区细观纤维铺角拓扑优化数学模型[35]，即

$$\begin{cases} \text{find } \boldsymbol{X} = \left\{ x_{i,j,m} \right\}, \quad i = 1, 2, \cdots, N^i, j = 1, 2, \cdots, N^j, m = 1, 2, \cdots, N^m \\ \min C = \boldsymbol{U}^{\mathrm{T}} \boldsymbol{K} \boldsymbol{U} \\ \text{s.t.} \quad \boldsymbol{K}(x_{i,j,m}) \boldsymbol{U} = \boldsymbol{F} \\ \qquad \boldsymbol{K}(x_{i,j,m}) = \bigcup (\boldsymbol{K}_{\text{optimized}}, \boldsymbol{K}_{\text{other}}) \\ \qquad 0 \leqslant x_{i,j,m} \leqslant 1 \\ \qquad \sum_{j=1}^{N^j} x_{i,j,m} = 1 \end{cases} \tag{5.67}$$

式中，$\boldsymbol{X}$ 为叶片的设计变量向量；$x_{i,j,m}$ 为第 i 个区域第 m 层第 j 种候选材料的设计变量；C 为叶片的结构柔顺度；$\boldsymbol{K}(x_{i,j,m}) \boldsymbol{U} = \boldsymbol{F}$ 为叶片的结构静力学平衡方程；$\boldsymbol{U}$ 为叶片的节点位移向量；$\boldsymbol{K}$ 为叶片总体刚度矩阵；$\boldsymbol{F}$ 为外载荷列阵；$0 \leqslant x_{i,j,m} \leqslant 1$ 为设计变量的取值界限；$\sum_{j=1}^{N^j} x_{i,j,m} = 1$ 为设计变量的求和约束；$\boldsymbol{K}(x_{i,j,m}) = \bigcup (\boldsymbol{K}_{\text{optimized}}, \boldsymbol{K}_{\text{other}})$ 为叶片总刚度矩阵的组装（图 5.35）；$\boldsymbol{K}_{\text{other}}$ 为叶片非优化区域刚度矩阵，是叶片主梁、叶根、腹板刚度矩阵的集合；$\boldsymbol{K}_{\text{optimized}} = \bigcup_{m=1}^{N^m} \bigcup_{i=1}^{N^i} \left[\sum_{j=1}^{N^j} (x_{i,j,m})^{\alpha} \boldsymbol{K}_{i,j,m} \right]$ 为叶片优化区域刚度矩阵，$\bigcup$ 表示刚度矩阵组装，$\boldsymbol{K}_{i,j,m}$ 为第 i 个区域第 m 层第 j 种候选材料的刚度矩阵；N^i 为分区数；N^j 为候选材料数；N^m 为层数。

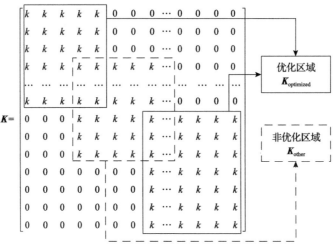

图 5.35 结构刚度矩阵组装示意图

由于 $x_{i,j,m}$ 是一个三维变量，难以进行优化，在算法实现中将其转换为二维列向量，并与区域编码方法相结合，可以实现每个区域和层的精确匹配和优化，如图 5.36 所示。

图 5.36 设计变量的降维

2) 灵敏度分析

根据优化求解中是否需要梯度信息，将优化求解算法分为非梯度算法和梯度算法两类。梯度数学规划方法包括最速下降法、梯度投影法、移动渐近线法、序列线性规划 (SLP) 方法、二次序列规划 (SQP) 方法等[36-38]。

由于 SQP 方法比 SLP 方法更适用于高非线性的结构优化问题，且具有成熟的算法，虽然计算消耗略大于 SLP 方法，但可以减少整个优化过程的迭代次数，故采用 SQP 方法求解优化问题。

由于 SQP 方法中的黑塞矩阵需要二阶导数信息，计算成本较大，Han[39]提出了一种构造对称正定矩阵的 SQP 方法，作为使用牛顿-拉格朗日方法构造黑塞矩阵的替代方案。随后，Powell[40]修改了 Han 的方法，称为 Wilson-Han-Powell 方法，只需要一次计算一阶灵敏度，从而避免了求解一阶灵敏度修正黑塞矩阵的大计算量。本节也采用这种方法，这一特定理论的可行性已在相关出版物中得到证明[41]。

SQP 方法依赖于灵敏度信息来构建拉格朗日函数梯度向量，在整个求解过程中，需要将优化搜索方向识别为基于梯度的优化算法的一部分。采用直接微分法确定目标函数对设计变量的灵敏度。

对式(5.67)的目标函数两侧求导，可得

$$\frac{\partial C}{\partial x_{i,j,m}} = \frac{\partial U^{\mathrm{T}}}{\partial x_{i,j,m}} KU + U^{\mathrm{T}} \left(\frac{\partial K}{\partial x_{i,j,m}} U + K \frac{\partial U}{\partial x_{i,j,m}} \right) \tag{5.68}$$

对 $\boldsymbol{K}(x_{i,j,m}) = \bigcup_{m=1}^{N^m} \bigcup_{i=1}^{N^i} \left[\sum_{j=1}^{N^j} (x_{i,j,m})^{\alpha} \boldsymbol{K}_{i,j,m} \right]$ 两侧求导，可得

$$\frac{\partial \boldsymbol{K}_{i,j,m}}{\partial x_{i,j,m}} = \alpha (x_{i,j,m})^{\alpha-1} \boldsymbol{K}_{i,j,m} \tag{5.69}$$

由结构静力学平衡方程 $\boldsymbol{KU} = \boldsymbol{F}$，可得

$$\frac{\partial \boldsymbol{K}}{\partial x_{i,j,m}} U + K \frac{\partial \boldsymbol{U}}{\partial x_{i,j,m}} = \frac{\partial \boldsymbol{F}}{\partial x_{i,j,m}} \tag{5.70}$$

当载荷为常数时，有

$$\frac{\partial \boldsymbol{F}}{\partial x_{i,j,m}} = 0 \tag{5.71}$$

式(5.70)简化为

$$\frac{\partial \boldsymbol{K}}{\partial x_{i,j,m}} U + K \frac{\partial \boldsymbol{U}}{\partial x_{i,j,m}} = 0 \tag{5.72}$$

最终得到的目标函数对设计变量的灵敏度显式表达式为

$$\frac{\partial C}{\partial x_{i,j,m}} = -U^{\mathrm{T}} \frac{\partial \boldsymbol{K}}{\partial x_{i,j,m}} U = -U_i^{\mathrm{T}} \frac{\partial \boldsymbol{K}_{i,j,m}}{\partial x_{i,j,m}} U_i = -U_i^{\mathrm{T}} \left[\alpha (x_{i,j,m})^{\alpha-1} \boldsymbol{K}_{i,j,m} \right] U_i \tag{5.73}$$

5.4.2　优化流程和收敛准则

1) 优化流程

叶片离散纤维细观铺角优化流程如图 5.37 所示，具体优化步骤如下：

(1) 在 ABAQUS 软件中建立叶片有限元模型，叶片分区编码。

(2)获取有限元模型信息(节点、分区)、提取每一种候选材料的单元刚度矩阵，并将这些信息转换为可以被 MATLAB 调用的.mat 格式。

(3)建立叶片分区离散材料优化数学模型，初始化设计变量。

(4)MATLAB 编程实现材料插值和总刚度矩阵组装。

(5)叶片位移分析。

(6)优化数学模型的灵敏度分析计算。

(7)运行 SQP 求解算法程序，更新设计变量。

(8)计算目标函数。

(9)收敛性判别，若不收敛，则更新设计变量，返回步骤(4)；否则，终止迭代，输出优化结果。

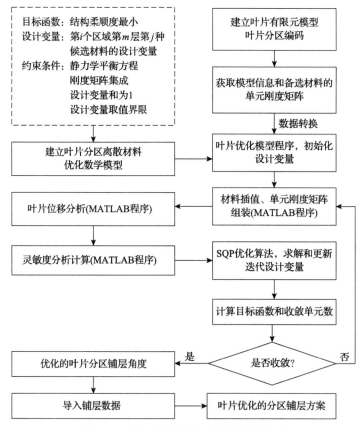

图 5.37 叶片离散纤维细观铺角优化流程

2)收敛准则

在离散材料的优化过程中，为了确保所有优化的单元和分区都具有实际物理意义，所有候选材料对应的设计变量之和必须等于 1。因此，在优化之后，每个单元或分区对应唯一确定的材料。

优化收敛准则表示为

$$\frac{N_S}{N_Q} \geqslant \varepsilon \tag{5.74}$$

式中，N_S 为收敛分区的数量；N_Q 为优化区域的数量；ε 为收敛精度，取 0.99。

5.4.3　距叶根三分之一段叶片的优化结果及分析

依据 5.4.1 节和 5.4.2 节的叶片优化数学模型建立方法和优化流程，对某 1.5MW 风电机组叶片距叶根三分之一段进行离散纤维细观铺角拓扑优化，优化求解得到叶片各区域的铺层方案。迭代历程如图 5.38 所示，可以看出，结构柔顺度（目标函数）到第 6 次迭代后趋于稳定，优化趋于收敛。结构柔顺度的数量级在 10^9，数值波动影响仅为 10^{-5}，优化结果完全可以接受。

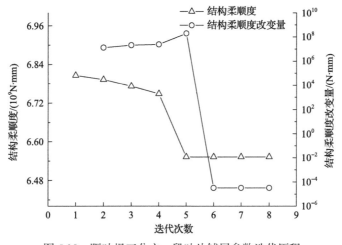

图 5.38　距叶根三分之一段叶片铺层参数迭代历程

优化后各区域的设计变量值见表 5.9，限于篇幅，仅列出部分数据。表中，1～80 为第 1 层的设计变量，81～160 为第 2 层的设计变量，161～240 为第 3 层的设计变量，241～290 为第 4 层的设计变量，291～310 为第 5 层的设计变量，311～320 为第 6 层的设计变量，设计变量加粗标注的数值表示对应单元选择的材料。转换为叶片环向各区域的细观铺层方案，见表 5.10～表 5.19。

依照优化所得的铺层方案，在 ABAQUS 软件中直观地将优化结果展现在叶片模型上，分别绘制叶片铺层结果示意图和叶片第 1 层的细观铺层（每个网格中均包含有向线段，线段方向表示单元的纤维铺角），如图 5.39 和图 5.40 所示。

表 5.9 叶片距叶根三分之一段优化后各区域的设计变量值

序号	0°	45°	90°	-45°	序号	0°	45°	90°	-45°
1	-2.0×10^{-2}	1.0	2.6×10^{-2}	-2.0×10^{-2}	23	1.0	-2.7×10^{-2}	2.2×10^{-2}	-2.6×10^{-2}
2	1.0	-2.0×10^{-2}	-2.1×10^{-2}	2.6×10^{-2}	24	-3.3×10^{-2}	1.0	4.9×10^{-2}	-3.5×10^{-2}
3	1.0	-2.9×10^{-2}	2.7×10^{-2}	-3.1×10^{-2}	25	1.0	-3.2×10^{-2}	-3.3×10^{-2}	6.0×10^{-2}
4	2.6×10^{-2}	-2.8×10^{-2}	1.0	-2.8×10^{-2}	26	1.0	-3.8×10^{-2}	-4.3×10^{-2}	6.8×10^{-2}
5	1.0	-2.2×10^{-2}	2.7×10^{-2}	-2.3×10^{-2}	27	-4.4×10^{-2}	7.0×10^{-2}	1.0	-3.5×10^{-2}
6	1.0	2.5×10^{-2}	-2.2×10^{-2}	-2.2×10^{-2}	28	-3.3×10^{-2}	-2.8×10^{-2}	2.8×10^{-2}	1.0
7	1.0	2.6×10^{-2}	-2.2×10^{-2}	-2.2×10^{-2}	29	-3.2×10^{-2}	-2.9×10^{-2}	2.7×10^{-2}	1.0
8	1.0	2.4×10^{-2}	-2.3×10^{-2}	-2.3×10^{-2}	30	1.0	-3.2×10^{-2}	2.2×10^{-2}	-2.4×10^{-2}
9	1.0	-2.8×10^{-2}	-2.8×10^{-2}	2.3×10^{-2}	31	1.0	-3.7×10^{-2}	2.9×10^{-2}	-2.0×10^{-2}
10	1.0	-2.9×10^{-2}	2.7×10^{-2}	-2.5×10^{-2}	32	7.2×10^{-2}	-4.1×10^{-2}	1.0	-3.8×10^{-2}
11	1.0	-2.9×10^{-2}	2.7×10^{-2}	-3.2×10^{-2}	33	1.0	3.3×10^{-2}	-2.3×10^{-2}	-2.4×10^{-2}
12	1.0	2.5×10^{-2}	-2.2×10^{-2}	-2.3×10^{-2}	34	1.0	-1.3×10^{-2}	2.2×10^{-2}	-2.1×10^{-2}
13	1.0	-1.8×10^{-2}	2.6×10^{-2}	-1.8×10^{-2}	35	1.0	-1.8×10^{-2}	2.6×10^{-2}	-1.9×10^{-2}
14	1.0	2.4×10^{-2}	-1.9×10^{-2}	-2.0×10^{-2}	36	1.0	-2.7×10^{-2}	-2.4×10^{-2}	2.8×10^{-2}
15	1.0	2.2×10^{-2}	-2.5×10^{-2}	-2.6×10^{-2}	37	1.0	-3.2×10^{-2}	-3.2×10^{-2}	3.2×10^{-2}
16	1.0	2.6×10^{-2}	-2.9×10^{-2}	-2.7×10^{-2}	38	1.0	-3.3×10^{-2}	-3.4×10^{-2}	3.3×10^{-2}
17	1.0	7.7×10^{-2}	-4.4×10^{-2}	-3.9×10^{-2}	39	2.5×10^{-2}	-3.4×10^{-2}	1.0	-2.2×10^{-2}
18	4.8×10^{-2}	-2.9×10^{-2}	1.0	-4.1×10^{-2}	40	-3.4×10^{-2}	-2.9×10^{-2}	3.7×10^{-2}	1.0
19	2.4×10^{-2}	1.0	-2.6×10^{-2}	-3.1×10^{-2}	41	1.0	2.8×10^{-2}	-3.0×10^{-2}	-2.5×10^{-2}
20	-2.6×10^{-2}	2.4×10^{-2}	1.0	-2.5×10^{-2}	42	1.0	3.0×10^{-2}	-3.0×10^{-2}	-2.9×10^{-2}
21	1.0	-2.5×10^{-2}	2.2×10^{-2}	-2.4×10^{-2}	43	1.0	-2.8×10^{-2}	2.5×10^{-2}	-1.9×10^{-2}
22	1.0	-2.2×10^{-2}	-2.2×10^{-2}	2.6×10^{-2}	44	1.0	-2.3×10^{-2}	-2.8×10^{-2}	2.5×10^{-2}

续表

序号	0°	45°	90°	-45°	序号	0°	45°	90°	-45°
45	1.0	2.9×10⁻²	-3.3×10⁻²	-3.0×10⁻²	298	1.0	-3.8×10⁻²	-4.3×10⁻²	6.8×10⁻²
⋮	⋮	⋮	⋮	⋮	299	1.0	3.3×10⁻²	-2.3×10⁻²	-2.4×10⁻²
277	1.0	-2.4×10⁻²	2.0×10⁻²	-2.8×10⁻²	300	1.0	-1.3×10⁻²	2.2×10⁻²	-2.1×10⁻²
278	1.0	-2.8×10⁻²	2.2×10⁻²	-2.8×10⁻²	301	1.0	2.8×10⁻²	-3.0×10⁻²	-2.5×10⁻²
279	1.0	-2.9×10⁻²	2.4×10⁻²	-2.6×10⁻²	302	1.0	3.0×10⁻²	-3.0×10⁻²	-2.9×10⁻²
280	1.0	-2.3×10⁻²	-2.3×10⁻²	2.7×10⁻²	303	3.0×10⁻²	1.0	-3.0×10⁻²	-3.0×10⁻²
281	1.0	-2.1×10⁻²	2.4×10⁻²	-2.1×10⁻²	304	1.0	1.9×10⁻²	-2.7×10⁻²	-2.6×10⁻²
282	1.0	2.4×10⁻²	-2.4×10⁻²	-2.5×10⁻²	305	3.6×10⁻²	-3.4×10⁻²	-3.2×10⁻²	1.0
283	1.0	2.1×10⁻²	-2.6×10⁻²	-2.7×10⁻²	306	1.0	-2.4×10⁻²	2.0×10⁻²	-2.8×10⁻²
284	1.0	-2.3×10⁻²	2.5×10⁻²	-2.2×10⁻²	307	1.0	-2.1×10⁻²	2.4×10⁻²	-2.1×10⁻²
285	1.0	-2.1×10⁻²	-2.0×10⁻²	2.7×10⁻²	308	1.0	2.4×10⁻²	-2.4×10⁻²	-2.5×10⁻²
286	1.0	-1.8×10⁻²	-1.8×10⁻²	2.5×10⁻²	309	1.0	-1.8×10⁻²	-1.8×10⁻²	2.5×10⁻²
287	1.0	2.7×10⁻²	-1.8×10⁻²	-1.8×10⁻²	310	1.0	2.7×10⁻²	-1.8×10⁻²	-1.8×10⁻²
288	1.0	-2.2×10⁻²	2.6×10⁻²	-2.3×10⁻²	311	-2.0×10⁻²	1.0	2.6×10⁻²	-2.0×10⁻²
289	1.0	-2.9×10⁻²	-2.5×10⁻²	2.7×10⁻²	312	1.0	-2.8×10⁻²	-2.8×10⁻²	2.3×10⁻²
290	1.0	-1.9×10⁻²	-1.9×10⁻²	2.8×10⁻²	313	1.0	7.7×10⁻²	-4.4×10⁻²	-3.9×10⁻²
291	-2.0×10⁻²	1.0	2.6×10⁻²	-2.0×10⁻²	314	1.0	-3.2×10⁻²	-3.3×10⁻²	6.0×10⁻²
292	1.0	-2.0×10⁻²	-2.1×10⁻²	2.6×10⁻²	315	1.0	3.3×10⁻²	-2.3×10⁻²	-2.4×10⁻²
293	1.0	-2.8×10⁻²	-2.8×10⁻²	2.3×10⁻²	316	1.0	2.8×10⁻²	-3.0×10⁻²	-2.5×10⁻²
294	1.0	-2.9×10⁻²	2.7×10⁻²	-2.5×10⁻²	317	3.0×10⁻²	1.0	-3.0×10⁻²	-3.0×10⁻²
295	1.0	7.7×10⁻²	-4.4×10⁻²	-3.9×10⁻²	318	3.6×10⁻²	-3.4×10⁻²	-3.2×10⁻²	1.0
296	4.8×10⁻²	-2.9×10⁻²	1.0	-4.1×10⁻²	319	1.0	-2.1×10⁻²	2.4×10⁻²	-2.1×10⁻²
297	1.0	-3.2×10⁻²	-3.3×10⁻²	6.0×10⁻²	320	1.0	-1.8×10⁻²	-1.8×10⁻²	2.5×10⁻²

表 5.10　a 区铺层方案

层数	A	B	C	D	E	F	G	H
第 1 层	45°	0°	0°	90°	0°	0°	0°	0°
第 2 层	45°	0°	0°	90°	0°	0°	0°	0°
第 3 层	45°	0°	0°	90°	0°	0°	0°	0°
第 4 层	45°	0°	0°	90°	0°	—	—	—
第 5 层	45°	0°	—	—	—	—	—	—
第 6 层	45°	—	—	—	—	—	—	—

表 5.11　b 区铺层方案

层数	A	B	C	D	E	F	G	H
第 1 层	0°	0°	0°	0°	0°	0°	0°	0°
第 2 层	0°	0°	0°	0°	0°	0°	0°	0°
第 3 层	0°	0°	0°	0°	0°	0°	0°	0°
第 4 层	0°	0°	0°	0°	0°	—	—	—
第 5 层	0°	0°	—	—	—	—	—	—
第 6 层	0°	—	—	—	—	—	—	—

表 5.12　c 区铺层方案

层数	A	B	C	D	E	F	G	H
第 1 层	0°	90°	45°	90°	0°	0°	0°	45°
第 2 层	0°	90°	45°	90°	0°	0°	0°	45°
第 3 层	0°	90°	45°	90°	0°	0°	0°	45°
第 4 层	0°	90°	45°	90°	0°	—	—	—
第 5 层	0°	90°	—	—	—	—	—	—
第 6 层	0°	—	—	—	—	—	—	—

表 5.13　d 区铺层方案

层数	A	B	C	D	E	F	G	H
第 1 层	0°	0°	90°	−45°	−45°	0°	0°	90°
第 2 层	0°	0°	90°	−45°	−45°	0°	0°	90°
第 3 层	0°	0°	90°	−45°	−45°	0°	0°	90°
第 4 层	0°	0°	90°	−45°	−45°	—	—	—
第 5 层	0°	0°	—	—	—	—	—	—
第 6 层	0°	—	—	—	—	—	—	—

表 5.14　e 区铺层方案

层数	A	B	C	D	E	F	G	H
第 1 层	0°	0°	0°	0°	0°	0°	90°	−45°
第 2 层	0°	0°	0°	0°	0°	0°	90°	−45°
第 3 层	0°	0°	0°	0°	0°	0°	90°	−45°
第 4 层	0°	0°	0°	0°	0°	—	—	—
第 5 层	0°	0°	—	—	—	—	—	—
第 6 层	0°	—	—	—	—	—	—	—

表 5.15　f 区铺层方案

层数	A	B	C	D	E	F	G	H
第 1 层	0°	0°	0°	0°	0°	0°	90°	90°
第 2 层	0°	0°	0°	0°	0°	0°	90°	90°
第 3 层	0°	0°	0°	0°	0°	0°	90°	90°
第 4 层	0°	0°	0°	0°	0°	—	—	—
第 5 层	0°	0°	—	—	—	—	—	—
第 6 层	0°	—	—	—	—	—	—	—

表 5.16　g 区铺层方案

层数	A	B	C	D	E	F	G	H
第 1 层	45°	0°	0°	0°	0°	45°	90°	90°
第 2 层	45°	0°	0°	0°	0°	45°	90°	90°
第 3 层	45°	0°	0°	0°	0°	45°	90°	90°
第 4 层	45°	0°	0°	0°	0°	—	—	—
第 5 层	45°	0°	—	—	—	—	—	—
第 6 层	45°	—	—	—	—	—	—	—

表 5.17　h 区铺层方案

层数	A	B	C	D	E	F	G	H
第 1 层	−45°	0°	0°	0°	0°	−45°	90°	0°
第 2 层	−45°	0°	0°	0°	0°	−45°	90°	0°
第 3 层	−45°	0°	0°	0°	0°	−45°	90°	0°
第 4 层	−45°	0°	0°	0°	0°	—	—	—
第 5 层	−45°	0°	—	—	—	—	—	—
第 6 层	−45°	—	—	—	—	—	—	—

表 5.18 i 区铺层方案

层数	A	B	C	D	E	F	G	H
第1层	0°	0°	0°	0°	0°	0°	0°	0°
第2层	0°	0°	0°	0°	0°	0°	0°	0°
第3层	0°	0°	0°	0°	0°	0°	0°	0°
第4层	0°	0°	0°	0°	0°	—	—	—
第5层	0°	0°	—	—	—	—	—	—
第6层	0°	—	—	—	—	—	—	—

表 5.19 j 区铺层方案

层数	A	B	C	D	E	F	G	H
第1层	0°	0°	0°	0°	0°	−45°	0°	0°
第2层	0°	0°	0°	0°	0°	−45°	0°	0°
第3层	0°	0°	0°	0°	0°	−45°	0°	0°
第4层	0°	0°	0°	0°	0°	—	—	—
第5层	0°	0°	—	—	—	—	—	—
第6层	0°	—	—	—	—	—	—	—

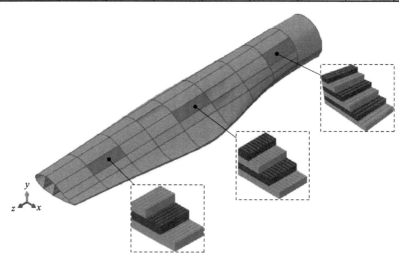

图 5.39 距叶根三分之一段叶片铺层结果示意图

叶片距叶根三分之一段第 1 层细观铺层结果的两种表达形式如图 5.41 所示，两者在区域上完全对应。(a)部分为优化得到的叶片细观铺层结果，同一区域内单元的铺放纤维角度完全一致。(b)部分为优化铺层方案，用于更加直观地展示不同区域的铺层角度。从铺层方案可以看出，靠近根端0°纤维占比较高，这与重力载荷、离心载荷在根部较大的实际情况是相符合的。

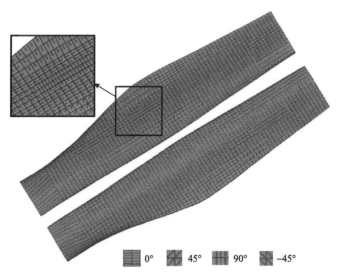

图 5.40　距叶根三分之一段叶片第 1 层细观铺层结果

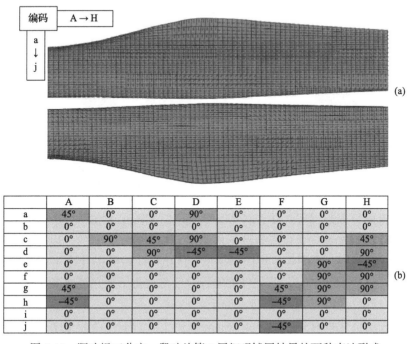

	A	B	C	D	E	F	G	H
a	45°	0°	0°	90°	0°	0°	0°	0°
b	0°	0°	0°	0°	0°	0°	0°	0°
c	0°	90°	45°	90°	0°	0°	0°	45°
d	0°	0°	90°	−45°	−45°	0°	0°	90°
e	0°	0°	0°	0°	0°	0°	90°	−45°
f	0°	0°	0°	0°	0°	0°	90°	90°
g	45°	0°	0°	0°	0°	45°	90°	90°
h	−45°	0°	0°	0°	−45°	0°	90°	0°
i	0°	0°	0°	0°	0°	0°	0°	0°
j	0°	0°	0°	0°	0°	−45°	0°	0°

图 5.41　距叶根三分之一段叶片第 1 层细观铺层结果的两种表达形式

将细观铺层优化设计得到的铺层方案与同等条件下采用[0°/±45°]$_{NT}$、[90°/±45°]$_{NT}$、[±45°]$_{NT}$、[±45°/0°/±45°]$_{NT}$、[±45°/90°/±45°]$_{NT}$的铺层方案在 ABAQUS 软件中进行结构分析，结果见表 5.20。部分方案最大位移分析结果对比如图 5.42 所示。

表 5.20　距叶根三分之一段叶片细观铺层方案与其他铺层方案的分析结果

铺层方案	最大位移/mm
优化的铺层方案	118.0
[0°/±45°]$_{NT}$	132.8
[90°/±45°]$_{NT}$	138.7
[±45°]$_{NT}$	138.6
[±45°/0°/±45°]$_{NT}$	128.1
[±45°/90°/±45°]$_{NT}$	137.8

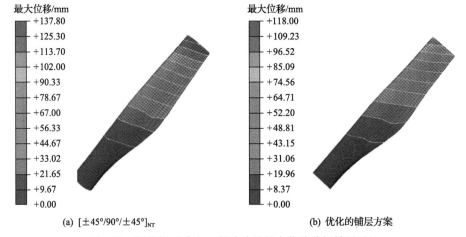

(a) [±45°/90°/±45°]$_{NT}$　　　　　(b) 优化的铺层方案

图 5.42　距叶根三分之一段叶片的最大位移分析结果对比

可以看出，细观铺层优化设计得到的铺层方案的最大位移最小，叶片的刚度最大，说明以刚度为优化目标得到的优化结果是有效、正确的。以位移为衡量刚度指标，在同等材料、同等厚度的情况下，优化性能最低提升约 4.1%，最高提升约 17.5%。需要说明的是，此处性能的提升仅是蒙皮铺层角度改变带来的，蒙皮的单元仅占叶片全部单元的约 53.28%。

细观铺层优化设计得到的 Tsai-Wu 失效因子分布如图 5.43 所示，Tsai-Wu 失效因子均小于 1，结构安全。

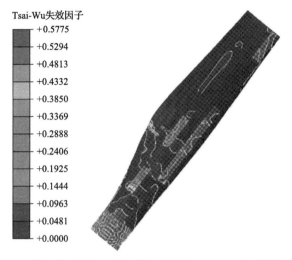

图 5.43 距叶根三分之一段叶片优化后的 Tsai-Wu 失效因子分布

5.4.4 全尺寸叶片的优化结果及分析

对某 1.5MW 风电机组全尺寸叶片采用 SGC 方法进行离散纤维细观铺角拓扑优化，优化后叶片结构柔顺度从 $1.094×10^5$ N·m 下降至 $6.219×10^4$ N·m，叶片纤维布局得到优化。由于叶片尺寸较大，整体叶片纤维铺角分布的展示不清晰，只给出叶片部分区域的纤维铺角分布，如图 5.44 所示。

纤维增强复合材料具有各向异性的特点，通过优化纤维铺角，变刚度叶片更能适应结构应力的空间分布。在不增加材料的前提下，叶片的最大应力从 33.17MPa 减小到 31.96MPa，最大线位移从 1.928m 减小到 1.304m，最大角位移从 0.1378rad 减小到 0.0928rad，Tsai-Wu 失效因子从 0.4437 下降到 0.1036，叶片的刚度和强度均得到有效提高。离散纤维铺角优化后，叶片的应力和位移分布如图 5.45～图 5.47 所示。

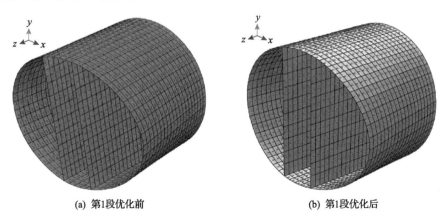

(a) 第1段优化前　　　　　　　　　　　　(b) 第1段优化后

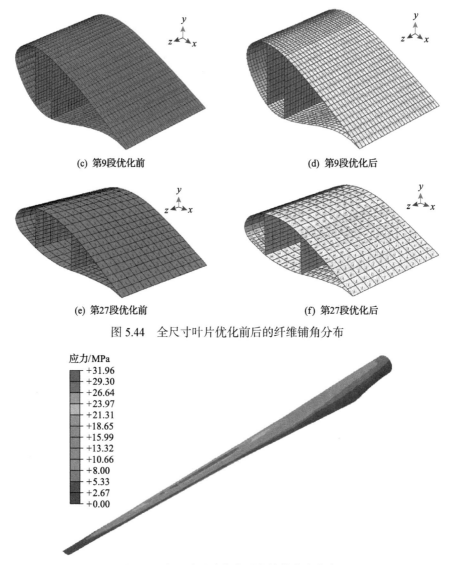

(c) 第9段优化前　　　　　　　　　　(d) 第9段优化后

(e) 第27段优化前　　　　　　　　　　(f) 第27段优化后

图 5.44　全尺寸叶片优化前后的纤维铺角分布

图 5.45　全尺寸叶片优化后的结构应力分布

叶片一端(叶根)固定约束后形成悬臂梁结构，根据伯努利-欧拉理论，悬臂梁叶片在外部载荷作用下发生弯曲，上表面以展向拉应变为主，下表面以展向压应变为主。叶片主梁纤维以 0° 铺放为主，能较好地抵抗上下表面的拉压应变，降低叶片弯曲挠度。叶片最大结构应力并未出现在叶根处，而是分布于叶片展向 $r/R \approx 0.6$ 的主梁位置。这主要是因为叶根附近翼型相对厚度接近 100%，对结构弯矩的承载能力足够；随着叶片展向尺寸增大，翼型相对厚度减小，承载能力的下降速度超过了结构弯矩的下降速度。

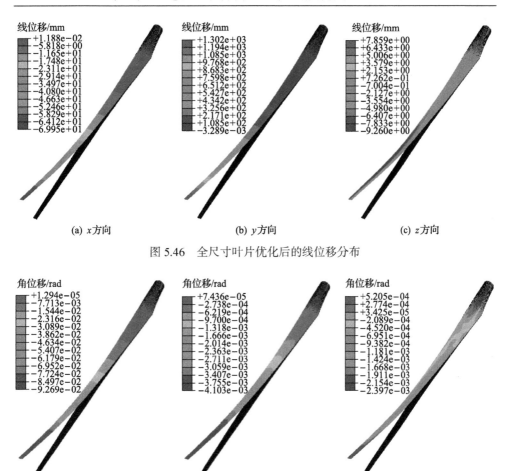

(a) x方向　　　　　(b) y方向　　　　　(c) z方向

图 5.46　全尺寸叶片优化后的线位移分布

(a) x方向　　　　　(b) y方向　　　　　(c) z方向

图 5.47　全尺寸叶片优化后的角位移分布

5.5　本　章　小　结

本章研究了风电机组叶片离散多相材料细观纤维铺角优化方法。

（1）介绍了经典的离散材料优化和扩展的离散材料优化方法（DMO 方法、DMTO 方法、SFP 方法、BCP 方法、HPDMO 方法和 NDFO 方法）的基本思想、实现方式、适用场合、优缺点等。

（2）针对现有离散材料优化方法收敛率低、求解稳定性差、易陷入局部最优解的不足，创新性地提出了一种新的复合材料离散纤维铺角优化方法——SGC 方法。该方法基于不带惩罚的刚度矩阵插值模型，主要面向纤维增强复合材料的离散铺角优化问题，采用优化域收紧准则和离散方向搜索准则，解决了离散铺角优化中存在的收敛困难问题。此外，SGC方法将约束条件内置于求解器中，从而将大规模约束优化问题转化为无约束优化问题，降低了求解过程的计算成本。现就几个关键技术讨论如下：

①采用SGC方法获得全局收敛的过程中，优化域收紧准则发挥了关键作用。在纤维铺角优化问题中，不同区域设计变量的灵敏度差异性很大，低灵敏度单元对结构刚度的相对贡献度较低，离散优化进程缓慢。随着迭代次数增加，越来越多的高灵敏度单元达到收敛标准，所属设计变量逐步退出优化空间，低灵敏度单元对结构刚度的相对贡献度逐渐突显，目标函数在同一数量级的比较中实现了备选纤维铺角的清晰选择。

②优化域收紧准则面临的潜在挑战是局部最优解问题，基于梯度追赶思想给出了解决方案。单元灵敏度按照从大到小排序，每次迭代都优先驱动当前优化空间中具有最大灵敏度的单元逼近收敛，使得低灵敏度单元的优化工作总是建立在高灵敏度单元优化完成的基础上，有效降低了局部最优解的风险。

③局部应力方向可能处于两种备选纤维角度的对称中心附近，结构柔顺度对两种备选纤维角度的灵敏度较为接近，此时给出单一最佳铺角的选择是困难的。考虑离散优化结果对最佳铺角的唯一性需求，构建了离散方向搜索准则，同一单元所属的 N^j 个设计变量中，每次迭代有且只有一种备选角度的人工密度沿着增大的方向更新，保证了优化结果中纤维铺角选择的唯一性、确定性。

④以候选材料人工密度为设计变量的优化数学模型中，设计变量必须满足人工密度的边界约束与求和约束。本章巧妙设计了优化迭代中的变量更新规则，确保同一单元各设计变量在迭代时满足 $\sum_{j=1}^{N^j} \Delta x_{p,j} = 0$，只要设计变量初始值满足约束条件，求解器能够在优化过程中自动满足设计变量的约束条件，从而将约束优化问题转化为无约束优化问题，降低了求解难度，提高了优化效率。

（3）针对复合材料细观纤维铺角优化设计变量规模大、约束条件多、求解效率低的问题，提出了一种复合材料离散纤维铺角优化新方法，即BIO方法。通过构建二分插值优化模型的权重函数形式，候选材料权重为设计变量的函数，利用 n 个设计变量来表征 2^n 种候选材料。该方法的优点是：①减少了纤维铺角优化中设计变量的数量，降低了优化数学模型的维度，提高了优化求解效率；②在设计域 $[0,1]$ 内，对于任意的设计变量取值，其候选材料权重和始终为 1，权重函数自动满足求和约束，不需要对求和约束进行额外处理，避免了大规模约束条件带来的计算量，提高了优化效率；③以刚度矩阵材料插值代替传统方法的本构矩阵材料插值，刚度矩阵直接从有限元分析软件中提取，避免了本构矩阵材料插值带来的积分运算；④通过惩罚指数 α 对设计变量的中间值进行惩罚，驱动设计变量向 0/1 逼近，保证了设计变量的收敛，能够有效解决纤维铺角的选择优化问题；⑤适用于多角度优化问题和三维壳体优化问题。

(4)建立了叶片分区细观纤维铺角拓扑优化数学模型，进行了灵敏度分析，给出了优化流程和收敛准则，得出了距叶根三分之一段叶片和全尺寸叶片优化的全局细观纤维铺角。结果表明，优化后叶片的性能显著提升，验证了方法的可行性和有效性。

参 考 文 献

[1] Zhang L T, Guo L F, Rong Q. Single parameter sensitivity analysis of ply parameters on structural performance of wind turbine blade. Energy Engineering, 2020, 117(4): 195-207.

[2] Tsai S W, Hahn H T. Introduction to Composite Materials. Lancaster: Technomic Publishing Co., 1980.

[3] Setoodeh S, Abdalla M M, Gürdal Z. Design of variable-stiffness laminates using lamination parameters. Composites Part B: Engineering, 2006, 37(4-5): 301-309.

[4] Ijsselmuiden S T, Abdalla M M, Gürdal Z. Implementation of strength-based failure criteria in the lamination parameter design space. AIAA Journal, 2008, 46(7): 1826-1834.

[5] van Campen J, Kassapoglou C, Gürdal Z. Design of fiber-steered variable-stiffness laminates based on a given lamination parameters distribution//52nd AIAA/ASME/ASCE/AHS/ASC Structures, Structural Dynamics and Materials Conference, Denver, 2011.

[6] van Campen J, Kassapoglou C, Gürdal Z. Generating realistic laminate fiber angle distributions for optimal variable stiffness laminates. Composites Part B: Engineering, 2012, 43(2): 354-360.

[7] Demir E, Yousefi-Louyeh P, Yildiz M. Design of variable stiffness composite structures using lamination parameters with fiber steering constraint. Composites Part B: Engineering, 2019, 165: 733-746.

[8] Serhat G, Anamagh M R, Bediz B, et al. Dynamic analysis of doubly curved composite panels using lamination parameters and spectral-Tchebychev method. Computers & Structures, 2020, 239: 106294.

[9] de Faria A R. Optimization of composite structures under multiple load cases using a discrete approach based on lamination parameters. International Journal for Numerical Methods in Engineering, 2015, 104(9): 827-843.

[10] Silva G H C, Meddaikar Y. Lamination parameters for sandwich and hybrid material composites. AIAA Journal, 2020, 58(10): 4604-4611.

[11] Liu X Y, Featherston C A, Kennedy D. Buckling optimization of blended composite structures using lamination parameters. Thin-Walled Structures, 2020, 154: 106861.

[12] Zeng J N, Huang Z D, Fan K, et al. An adaptive hierarchical optimization approach for the minimum compliance design of variable stiffness laminates using lamination parameters. Thin-Walled Structures, 2020, 157: 107068.

[13] Soeiro A V, Conceicao A C A, Marques A T. Multilevel optimization of laminated composite structures. Structural and Multidisciplinary Optimization, 1994, 7(1): 55-60.

[14] Soares C M, Soares C A, Mateus H C. A model for the optimum design of thin laminated plate-shell structures for static, dynamic and buckling behaviour. Composite Structures, 1995, 32(1-4): 69-79.

[15] Ramirez G. Design and optimization of laminated composite materials. Journal of Structural Engineering, 1999, 125(9): 1082.

[16] Legrand X, Kelly D, Crosky A, et al. Optimisation of fibre steering in composite laminates using a genetic algorithm. Composite Structures, 2006, 75(1-4): 524-531.

[17] Keller D. Optimization of ply angles in laminated composite structures by a hybrid, asynchronous, parallel evolutionary algorithm. Composite Structures, 2010, 92(11): 2781-2790.

[18] Duan Z Y, Yan J, Lee I, et al. Discrete material selection and structural topology optimization of composite frames for maximum fundamental frequency with manufacturing constraints. Structural and Multidisciplinary Optimization, 2019, 60(5): 1741-1758.

[19] Stegmann J, Lund E. Discrete material optimization of general composite shell structures. International Journal for Numerical Methods in Engineering, 2005, 62(14): 2009-2027.

[20] Bendsøe M P, Sigmund O. Topology Optimization: Theory, Method and Applications. Berlin: Springer, 2003.

[21] Hvejsel C F, Lund E. Material interpolation schemes for unified topology and multi-material optimization. Structural and Multidisciplinary Optimization, 2011, 43(6): 811-825.

[22] Sørensen S N, Sørensen R, Lund E. DMTO—A method for discrete material and thickness optimization of laminated composite structures. Structural and Multidisciplinary Optimization, 2014, 50(1): 25-47.

[23] Lund E. Discrete material and thickness optimization of laminated composite structures including failure criteria. Structural and Multidisciplinary Optimization, 2018, 57(6): 2357-2375.

[24] Bruyneel M. SFP—A new parameterization based on shape functions for optimal material selection: Application to conventional composite plies. Structural and Multidisciplinary Optimization, 2011, 43(1): 17-27.

[25] Duysinx P, Gao T, Zhang W H, et al. New developments for an efficient solution of the discrete material topology optimization of composite structures//32nd Riso International Symposium on Material Science, Roskilde, 2011: 255-262.

[26] Gao T, Zhang W H, Duysinx P. A bi-value coding parameterization scheme for the discrete

optimal orientation design of the composite laminate. International Journal for Numerical Methods in Engineering, 2012, 91 (1): 98-114.

[27] 段尊义. 纤维增强复合材料框架结构拓扑与纤维铺角一体化优化设计. 大连: 大连理工大学, 2016.

[28] Kiyono C Y, Silva E C N, Reddy J N. A novel fiber optimization method based on normal distribution function with continuously varying fiber path. Composite Structures, 2017, 160: 503-515.

[29] Sørensen S N, Lund E. Topology and thickness optimization of laminated composites including manufacturing constraints. Structural and Multidisciplinary Optimization, 2013, 48 (2): 249-265.

[30] Sigmund O, Torquato S. Design of materials with extreme thermal expansion using a three-phase topology optimization method. Journal of the Mechanics and Physics of Solids, 1997, 45 (6): 1037-1067.

[31] Ghiasi H, Fayazbakhsh K, Pasini D, et al. Optimum stacking sequence design of composite materials part II: Variable stiffness design. Composite Structures, 2010, 93 (1): 1-13.

[32] Yan J S, Sun P W, Zhang L T, et al. SGC—A novel optimization method for the discrete fiber orientation of composites. Structural and Multidisciplinary Optimization, 2022, 65 (4): 124.

[33] Long K, Gu C L, Wang X, et al. A novel minimum weight formulation of topology optimization implemented with reanalysis approach. International Journal for Numerical Methods in Engineering, 2019, 120 (5): 567-579.

[34] 马志坤, 孙鹏文, 张兰挺, 等. 基于 DMO 的风力机叶片细观纤维铺角优化设计. 太阳能学报, 2022, 43 (4): 440-445.

[35] Yan J S, Sun P W, Wu P H, et al. A patch discrete material optimisation method for ply layout of wind turbine blades based on stiffness matrix material interpolation. International Journal of Materials and Product Technology, 2023, 67 (1): 82-105.

[36] Li M Y, Bai G X, Wang Z Q. Time-variant reliability-based design optimization using sequential Kriging modeling. Structural and Multidisciplinary Optimization, 2018, 58 (3): 1051-1065.

[37] Yang M D, Zhang D Q, Cheng C, et al. Reliability-based design optimization for RV reducer with experimental constraint. Structural and Multidisciplinary Optimization, 2021, 63 (4): 2047-2064.

[38] Long K, Saeed A, Zhang J H, et al. An overview of sequential approximation in topology optimization of continuum structure. Computer Modeling in Engineering & Sciences, 2024, 139 (1): 43-67.

[39] Han S P. A globally convergent method for nonlinear programming. Journal of Optimization Theory and Applications, 1977, 22 (3): 297-309.

[40] Powell M J D. A Fast Algorithm for Nonlinearly Constrained Optimization Calculations. Berlin: Springer, 1978.

[41] Sun W Y, Yuan Y X. Optimization Theory and Methods: Nonlinear Programming. Boston: Springer, 2006.

第6章 风电机组叶片连续纤维铺角变刚度优化设计方法及应用

6.1 复合材料层合板变刚度优化设计

复合材料层合板的结构设计有常刚度设计和变刚度设计两类[1,2]，如图6.1所示。

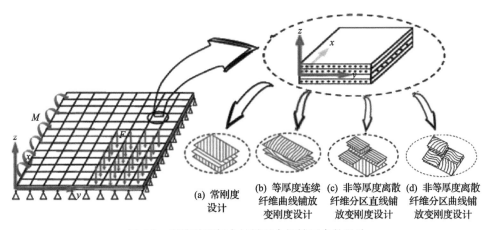

(a) 常刚度
设计

(b) 等厚度连续
纤维曲线铺放
变刚度设计

(c) 非等厚度离散
纤维分区直线铺
放变刚度设计

(d) 非等厚度离散
纤维分区曲线铺
放变刚度设计

图 6.1 纤维增强复合材料层合板铺层参数设计

(1)常刚度设计：各单层板中采用均一的纤维铺层角度，且铺层厚度(层数)不变，层合板刚度恒定。该方式采用直线铺放，因而不能充分发挥复合纤维的方向特性，限制了单层板内铺层参数的变化和设计自由度，如图 6.1(a)所示。

(2)变刚度设计：单层板内纤维铺层角度不同，且层合板厚度(层数)可变，不同位置的刚度各不相同。根据层合板厚度是否相同和单层板内纤维是否连续，变刚度设计又分为以下 3 种。

①等厚度连续纤维曲线铺放变刚度设计：层合板厚度(层数)相同，不断变化的纤维铺角使单层板的刚度在不同位置各不相同，该方式不适合非等厚度复合材料层合板结构，如图 6.1(b)所示。

②非等厚度离散纤维分区直线铺放变刚度设计：将层合板分成不同的区域，各区域厚度可不同；单层板在同一区域纤维铺角相同，不同区域纤维铺角可不同；层合板同一区域刚度相同，不同区域刚度不同。同一层的纤维在同一区域是连续的，在不同区域是离散的。出于制造考虑，纤维铺角一般为[0°，+45°，−45°，90°]

等给定的有限个离散量。该方式同样由于直线铺放，限制了设计自由度，不能充分发挥复合纤维的方向特性，如图 6.1(c) 所示。

③非等厚度离散纤维分区曲线铺放变刚度设计：各区域厚度可不同，每一区域各单层板均为曲线铺放，层合板刚度在同一区域的不同位置亦不相同；同一铺层纤维在同一区域是连续的，在不同区域是离散的，如图 6.1(d) 所示。

变刚度设计具有极强的可设计性，可以通过变化纤维铺角和厚度改变结构刚度，进一步扩大了铺层设计的空间，从而更有效地利用纤维的方向特性，布置结构传力路径，优化应力分布，提高结构的强度、刚度、疲劳寿命和稳定性等性能，减轻结构质量，为最大限度挖掘材料与结构的潜力提供了广阔的设计空间。Xu 等[3]对复合材料层合板常刚度和变刚度优化问题进行了综述，分析了各自的特点和应用场景。Punera 等[4]综述了变刚度复合材料在制造、力学分析和优化设计方面的最新进展。叶辉等[5]通过对比直线纤维层合板与变刚度层合板的不同应力分布和临界失效载荷，得到了应力分布与纤维铺角、纤维铺放密度之间的关系，分析了纤维变角度铺放结构的性能。Gupta 等[6]采用高阶理论对复合材料变刚度层合板的线性和非线性静力学问题进行了分析，获得了考虑纤维路径铺角影响的变刚度层合板挠度和应力结果。Hao 等[7,8]基于等几何分析方法，采用线性变化函数和流场函数开展了连续纤维变刚度屈曲优化设计。Zeng 等[9]采用层合参数对变刚度层合板进行了自适应分层优化设计，以使结构获得最小的结构柔顺度。Mitrofanov 等[10]对变刚度复合材料层合板夹层结构的屈曲性能进行了分析，并给出了计算变刚度夹层结构平面应力的表达式。Zheng 等[11]研究了变刚度复合材料圆柱壳结构在不同载荷工况下的强度最大化问题，并用多目标优化方法对其进行了优化。Sohouli 等[12]采用 DMTO 方法优化了非等厚度夹芯复合材料结构在位移和线性屈曲约束下的离散铺角分布，并以变厚度圆柱体和叶片主梁为例进行了验证。Sjølund 等[13]基于变刚度复合材料结构在设计阶段的可靠性，提出了一种风电机组叶片成本分析的设计框架；根据成本效益值，设计了某 10MW 叶片，利用 DDMO 方法最大化了梁帽和腹板的刚度。

总体来看，变刚度优化设计主要集中在等厚度层合板或回转壳体，探究非等厚度变刚度设计方面的研究还较少。如何设计和优化叶片的结构和铺层参数，提高强度、刚度和可靠性等服役性能，目前的理论和方法仍无法满足叶片的高性能设计要求。为此，本章提出一种基于层合参数的风电机组叶片变刚度优化设计方法。

6.2　复合材料层合参数

针对不同纤维铺角的复合材料层合板变刚度优化，可以直接以纤维铺角为设计变量，也可以间接以层合参数为设计变量，再将层合参数空间分布转化为纤维铺角分布。层合板刚度矩阵与纤维铺角之间表现为三角函数关系，直接优化纤维铺角面临局部最优的非凸性问题。此外，由于层合板刚度性能与所有组成层的纤维铺角均有关联，随着铺层数量的增加，优化模型中设计变量维度成倍增加，这对优化设计求解效率带来巨大挑战。引入层合参数作为联系层合板力学性能与纤维铺角的中间变量，这样变刚度优化问题就转化为寻找优化层合参数问题。

6.2.1　层合参数

Miki[14]首先提出层合参数这一概念，用来描述铺层方式，将层合板的弹性性能表示为单层材料与铺层参数的乘积形式，为优化层合板提供了新的思路。以层合参数表示刚度特性，层合板刚度不是定义在每一单层而是定义在整个铺层上，因此设计变量与层数无关，计算效率显著提高[15,16]。基于层合参数，通过预先假定层合参数对应真实铺层参数，获得离散纤维铺角，可实现连续性纤维设计及最小结构柔顺度问题的设计；运用 B 样条函数可以描述正交各向异性层合板面内和面外层合参数的可行域[17-19]。

在经典层合板理论中，复合材料层合板的力学性能可以用 12 个层合参数表示，如图 6.2 所示，且表征复合材料层合板宏观性能的刚度矩阵与层合参数之间呈线性关系，层合板的各刚度属性是层合参数的凸函数。

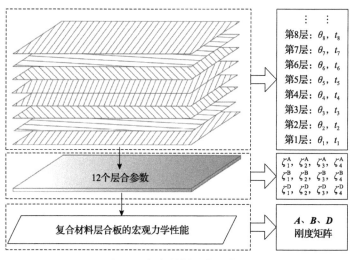

图 6.2　复合材料层合示意图

层合参数本质上并不是层合板的成型工艺参数，而是一组可以描述层合板宏观力学性能的中间变量。以层合参数作为设计变量优化层合板结构，可以避免直接优化纤维铺角带来的模型非凸性问题。复合材料层合板的铺设层数无论如何变化，只需要 12 个层合参数即可完全定义层合板的整体力学性能，而无需单独定义每个铺层的铺层厚度、铺层角度以及铺层顺序，有利于控制层合板优化的设计变量数量，提高优化设计效率。

对于不考虑耦合影响的平衡对称层合板，以层合参数作为设计变量，一般来说，无论层合板层数如何改变，只需 4 个层合参数即可定义其力学性能，且层合板的刚度矩阵与层合参数呈线性关系。从优化角度考虑，根据层合参数设计层合板结构，设计变量少，结构柔顺度与层合参数呈线性关系，层合参数在其对应的可行域内以连续方式变化，设计空间是凸的。同时，以结构柔顺度最小为优化准则的局部设计是凸优化问题，不仅可以使优化后得到的结构性能最佳，还可以提高计算效率，避免陷入局部最优解，比直接采用纤维铺角设计更具优越性[20,21]。基于上述优点，本章以层合参数作为设计变量，对风电机组叶片进行优化设计，以提高优化结果的准确性。

6.2.2　基于纤维铺角的层合板刚度性能表征

层合板面内刚度矩阵 A、耦合刚度矩阵 B 和弯曲刚度矩阵 D 中组成元素 A_{ij}、B_{ij}、D_{ij} 的计算公式见式(1.40)，单层板材料主方向坐标系与层合板全局参考坐标系不一致，假设偏轴角度(即铺层角度)为 θ，则单层板偏轴刚度矩阵 $\bar{Q}$ 可通过式(6.1)计算：

$$\bar{Q} = \begin{bmatrix} \bar{Q}_{11} & \bar{Q}_{12} & \bar{Q}_{16} \\ \bar{Q}_{21} & \bar{Q}_{22} & \bar{Q}_{26} \\ \bar{Q}_{61} & \bar{Q}_{62} & \bar{Q}_{66} \end{bmatrix} = R \begin{bmatrix} Q_{11} & Q_{12} & 0 \\ Q_{21} & Q_{22} & 0 \\ 0 & 0 & Q_{66} \end{bmatrix} R^{T} \tag{6.1}$$

式中，R 为单层板的偏轴转换矩阵，它是偏轴角度 θ 的函数，具体表达形式为

$$R = \begin{bmatrix} \cos^2\theta & \sin^2\theta & -2\sin\theta\cos\theta \\ \sin^2\theta & \cos^2\theta & 2\sin\theta\cos\theta \\ \sin\theta\cos\theta & -\sin\theta\cos\theta & \cos^2\theta - \sin^2\theta \end{bmatrix} \tag{6.2}$$

联合式(1.40)、式(6.1)和式(6.2)可获得基于纤维铺角的层合板刚度性能表征。

6.2.3　基于层合参数的层合板刚度性能表征

如图 6.2 所示，设置中间变量建立层合板刚度性能与纤维铺角之间的联系，即层合板刚度矩阵 A、B、D 不再直接使用纤维铺角计算，而是借助 12 个层合参数进行统一描述。

层合板的刚度矩阵可由层合不变量和层合参数矩阵相乘的形式表示，其中刚度矩阵元素 A_{ij}、B_{ij}、$D_{ij}(i,j=1,2,6)$ 的具体表达式为[22]

$$\begin{Bmatrix} A_{11} \\ A_{22} \\ A_{12} \\ A_{66} \\ A_{16} \\ A_{26} \end{Bmatrix} = h \begin{bmatrix} 1 & \zeta_1^{\mathrm{A}} & \zeta_3^{\mathrm{A}} & 0 & 0 \\ 1 & -\zeta_1^{\mathrm{A}} & \zeta_3^{\mathrm{A}} & 0 & 0 \\ 0 & 0 & -\zeta_3^{\mathrm{A}} & 1 & 0 \\ 0 & 0 & -\zeta_3^{\mathrm{A}} & 0 & 1 \\ 0 & \zeta_2^{\mathrm{A}}/2 & \zeta_4^{\mathrm{A}} & 0 & 0 \\ 0 & \zeta_2^{\mathrm{A}}/2 & \zeta_4^{\mathrm{A}} & 0 & 0 \end{bmatrix} \begin{Bmatrix} U_1 \\ U_2 \\ U_3 \\ U_4 \\ U_5 \end{Bmatrix} \tag{6.3}$$

$$\begin{Bmatrix} B_{11} \\ B_{22} \\ B_{12} \\ B_{66} \\ B_{16} \\ B_{26} \end{Bmatrix} = \frac{h^2}{4} \begin{bmatrix} 0 & \zeta_1^{\mathrm{B}} & \zeta_3^{\mathrm{B}} & 0 & 0 \\ 0 & -\zeta_1^{\mathrm{B}} & \zeta_3^{\mathrm{B}} & 0 & 0 \\ 0 & 0 & -\zeta_3^{\mathrm{B}} & 0 & 0 \\ 0 & 0 & -\zeta_3^{\mathrm{B}} & 0 & 0 \\ 0 & \zeta_2^{\mathrm{B}}/2 & \zeta_4^{\mathrm{B}} & 0 & 0 \\ 0 & \zeta_2^{\mathrm{B}}/2 & \zeta_4^{\mathrm{B}} & 0 & 0 \end{bmatrix} \begin{Bmatrix} U_1 \\ U_2 \\ U_3 \\ U_4 \\ U_5 \end{Bmatrix} \tag{6.4}$$

$$\begin{Bmatrix} D_{11} \\ D_{22} \\ D_{12} \\ D_{66} \\ D_{16} \\ D_{26} \end{Bmatrix} = \frac{h^3}{12} \begin{bmatrix} 1 & \zeta_1^{\mathrm{D}} & \zeta_3^{\mathrm{D}} & 0 & 0 \\ 1 & -\zeta_1^{\mathrm{D}} & \zeta_3^{\mathrm{D}} & 0 & 0 \\ 0 & 0 & -\zeta_3^{\mathrm{D}} & 1 & 0 \\ 0 & 0 & -\zeta_3^{\mathrm{D}} & 0 & 1 \\ 0 & \zeta_2^{\mathrm{D}}/2 & \zeta_4^{\mathrm{D}} & 0 & 0 \\ 0 & \zeta_2^{\mathrm{D}}/2 & \zeta_4^{\mathrm{D}} & 0 & 0 \end{bmatrix} \begin{Bmatrix} U_1 \\ U_2 \\ U_3 \\ U_4 \\ U_5 \end{Bmatrix} \tag{6.5}$$

式中，h 为层合板的厚度；ζ_j^{A}、ζ_j^{B}、$\zeta_j^{\mathrm{D}}(j=1,2,3,4)$ 分别为面内层合参数、耦合层合参数和弯曲层合参数；$U_i(i=1,2,3,4,5)$ 为复合材料层合板的层合不变量，只与层合板材料的固有属性有关，通过式(6.6)计算得到。

$$\begin{Bmatrix} U_1 \\ U_2 \\ U_3 \\ U_4 \\ U_5 \end{Bmatrix} = \frac{1}{8} \begin{bmatrix} 3 & 3 & 2 & 4 \\ 4 & -4 & 0 & 0 \\ 1 & 1 & -2 & -4 \\ 1 & 1 & 6 & -4 \\ 1 & 1 & -2 & 4 \end{bmatrix} \begin{Bmatrix} Q_{11} \\ Q_{12} \\ Q_{22} \\ Q_{66} \end{Bmatrix} \tag{6.6}$$

式中，Q_{ij} 为复合材料面内刚度系数，根据复合材料工程常数确定，如式 (6.7) 所示。

$$\begin{Bmatrix} Q_{11} \\ Q_{12} \\ Q_{22} \\ Q_{66} \end{Bmatrix} = \begin{Bmatrix} E_1 / (1 - \nu_{12}\nu_{21}) \\ E_2 / (1 - \nu_{12}\nu_{21}) \\ \nu_{21}E_1 / (1 - \nu_{12}\nu_{21}) \\ G_{12} \end{Bmatrix} \tag{6.7}$$

式中，ν_{12} 为沿纤维方向的正应力引起的垂直于纤维方向的泊松比；ν_{21} 为沿垂直于纤维方向的正应力引起的沿纤维方向的泊松比；G_{12} 为面内剪切模量；E_1 为沿纤维方向的弹性模量；E_2 为垂直于纤维方向的弹性模量。

利用层合不变量 $U_i(i=1,2,3,4,5)$ 构建矩阵 $\boldsymbol{\Gamma}_0$、$\boldsymbol{\Gamma}_1$、$\boldsymbol{\Gamma}_2$、$\boldsymbol{\Gamma}_3$、$\boldsymbol{\Gamma}_4$，如式 (6.8) 所示。由于层合不变量只与层合板材料的固有属性有关，$\boldsymbol{\Gamma}_0$、$\boldsymbol{\Gamma}_1$、$\boldsymbol{\Gamma}_2$、$\boldsymbol{\Gamma}_3$、$\boldsymbol{\Gamma}_4$ 为 5 个层合不变系数矩阵 (常数量矩阵)。

$$\begin{cases} \boldsymbol{\Gamma}_0 = \begin{bmatrix} U_1 & U_4 & 0 \\ U_4 & U_1 & 0 \\ 0 & 0 & U_5 \end{bmatrix} \\ \boldsymbol{\Gamma}_1 = \begin{bmatrix} U_2 & 0 & 0 \\ 0 & -U_2 & 0 \\ 0 & 0 & 0 \end{bmatrix} \\ \boldsymbol{\Gamma}_2 = \begin{bmatrix} 0 & 0 & U_2/2 \\ 0 & 0 & U_2/2 \\ U_2/2 & U_2/2 & 0 \end{bmatrix} \\ \boldsymbol{\Gamma}_3 = \begin{bmatrix} U_3 & -U_3 & 0 \\ -U_3 & U_3 & 0 \\ 0 & 0 & -U_3 \end{bmatrix} \\ \boldsymbol{\Gamma}_4 = \begin{bmatrix} 0 & 0 & U_3 \\ 0 & 0 & -U_3 \\ U_3 & -U_3 & 0 \end{bmatrix} \end{cases} \tag{6.8}$$

层合参数是纤维铺角在层合板本构矩阵的数值表现，复合材料层合板本构矩阵包含面内刚度矩阵 $\boldsymbol{A}$、耦合刚度矩阵 $\boldsymbol{B}$、弯曲刚度矩阵 $\boldsymbol{D}$。为了便于梯度类算法的灵敏度分析，在材料属性确定的前提下，利用层合不变矩阵概念，层合板刚度矩阵 $\boldsymbol{A}$、$\boldsymbol{B}$、$\boldsymbol{D}$ 均可表示为层合不变矩阵与层合参数的线性组合，即

$$\begin{cases} \boldsymbol{A} = h(\boldsymbol{\Gamma}_0 + \zeta_1^{\mathrm{A}}\boldsymbol{\Gamma}_1 + \zeta_2^{\mathrm{A}}\boldsymbol{\Gamma}_2 + \zeta_3^{\mathrm{A}}\boldsymbol{\Gamma}_3 + \zeta_4^{\mathrm{A}}\boldsymbol{\Gamma}_4) \\[2mm] \boldsymbol{B} = \dfrac{h^2}{4}(\zeta_1^{\mathrm{B}}\boldsymbol{\Gamma}_1 + \zeta_2^{\mathrm{B}}\boldsymbol{\Gamma}_2 + \zeta_3^{\mathrm{B}}\boldsymbol{\Gamma}_3 + \zeta_4^{\mathrm{B}}\boldsymbol{\Gamma}_4) \\[2mm] \boldsymbol{D} = \dfrac{h^3}{12}(\boldsymbol{\Gamma}_0 + \zeta_1^{\mathrm{D}}\boldsymbol{\Gamma}_1 + \zeta_2^{\mathrm{D}}\boldsymbol{\Gamma}_2 + \zeta_3^{\mathrm{D}}\boldsymbol{\Gamma}_3 + \zeta_4^{\mathrm{D}}\boldsymbol{\Gamma}_4) \end{cases} \quad (6.9)$$

作为层合板宏观刚度性能与细观铺层方案的联系纽带，层合参数一般描述为沿层合板厚度方向对纤维铺角的积分形式，因此 12 个层合参数 $\zeta_{[1,2,3,4]}^{\mathrm{A}}$、$\zeta_{[1,2,3,4]}^{\mathrm{B}}$、$\zeta_{[1,2,3,4]}^{\mathrm{D}}$ 可通过式(6.10)计算得到：

$$\begin{cases} \zeta_{[1,2,3,4]}^{\mathrm{A}} = \displaystyle\int_{-\frac{1}{2}}^{\frac{1}{2}} [\cos 2\theta(\bar{z}), \sin 2\theta(\bar{z}), \cos 4\theta(\bar{z}), \sin 4\theta(\bar{z})]\mathrm{d}\bar{z} \\[3mm] \zeta_{[1,2,3,4]}^{\mathrm{B}} = 4\displaystyle\int_{-\frac{1}{2}}^{\frac{1}{2}} [\cos 2\theta(\bar{z}), \sin 2\theta(\bar{z}), \cos 4\theta(\bar{z}), \sin 4\theta(\bar{z})]\bar{z}\mathrm{d}\bar{z} \\[3mm] \zeta_{[1,2,3,4]}^{\mathrm{D}} = 12\displaystyle\int_{-\frac{1}{2}}^{\frac{1}{2}} [\cos 2\theta(\bar{z}), \sin 2\theta(\bar{z}), \cos 4\theta(\bar{z}), \sin 4\theta(\bar{z})]\bar{z}^2\mathrm{d}\bar{z} \end{cases} \quad (6.10)$$

式中，$\bar{z} = \dfrac{z}{h}$ 为层合板沿厚度方向归一化处理后的坐标，层合板实际厚度的变化范围为 $-\dfrac{h}{2} \leqslant z \leqslant \dfrac{h}{2}$，归一化处理后的厚度变化范围为 $-\dfrac{1}{2} \leqslant \bar{z} \leqslant \dfrac{1}{2}$；$\theta(\bar{z})$ 为层合板厚度方向 $\bar{z}$ 位置处的纤维铺角。

分析式(6.9)和式(6.10)，前者描述层合板刚度与层合参数之间的数学关系，后者描述层合参数与纤维铺角之间的数学关系，即层合参数作为中间变量建立了层合板宏观刚度性能与纤维铺角之间的联系。式(6.9)说明层合板刚度矩阵与层合参数之间呈线性关系，利用这一特点，使用层合参数作为层合板铺层优化的设计变量，能够避免直接优化纤维铺角带来的大规模三角函数积分运算，且能确保优化数学问题的凸性。

由式(6.9)可知，12 个层合参数定义了面内刚度矩阵 $\boldsymbol{A}$、耦合刚度矩阵 $\boldsymbol{B}$、弯曲刚度矩阵 $\boldsymbol{D}$。为了探究层合参数是如何影响结构刚度矩阵的，以面内刚度矩阵为例，讨论层合参数对面内刚度矩阵的影响。

矩阵 $\boldsymbol{\Gamma}_0$ 等同于准各向同性层合板的面内刚度矩阵除以其厚度，因此当面内层合参数 $\zeta_i^A = 0$ 时，只有 $\boldsymbol{\Gamma}_0$ 对层合板面内刚度有贡献，层合板面内刚度矩阵对应于准各向同性层合板的面内刚度矩阵。层合参数可以认为是改变准各向同性层合板面内刚度矩阵而引入的正交异性术语。

矩阵 $\boldsymbol{\Gamma}_1$ 改变了刚度矩阵式(1.41)中的轴向拉应力刚度系数 A_{11} 和横向拉应力刚度系数 A_{22}，从而影响了轴向刚度的方向。换句话说，随着 $\zeta_1^A \to 1$，A_{11} 增大、A_{22} 减小，这意味着更多的纤维铺角与层合板材料轴线对齐，层合板中纤维铺角 0°层的比例增大。同样，当 $\zeta_1^A \to -1$ 时，A_{11} 减小、A_{22} 增大，层合板中纤维铺角 90°层的比例增大。

矩阵 $\boldsymbol{\Gamma}_2$ 和 $\boldsymbol{\Gamma}_4$ 改变了刚度矩阵式(1.41)中的拉伸-剪切刚度系数 A_{16} 和 A_{26}，从而影响了层合板中存在的拉伸-剪切耦合量。当 $\zeta_2^A = \zeta_4^A = 0$ 时，层合板处于平衡状态，不发生拉剪耦合。

矩阵 $\boldsymbol{\Gamma}_3$ 对面内刚度矩阵的影响稍微复杂一些，因为它影响式(1.41)中轴向拉应力刚度系数 A_{11}、横向压应力刚度系数 A_{12}、横向拉应力刚度系数 A_{22}、切应力刚度系数 A_{66}。当 $\zeta_3^A \to 1$ 时，A_{11} 和 A_{22} 同时增大，A_{12} 和 A_{66} 同时减小，这意味着轴向和横向拉伸刚度增加；而与 $\boldsymbol{\Gamma}_0$ 定义的准各向同性层合板相比，剪切刚度降低，这意味着层合板中纤维铺角为 0°与 90°层的比例增大，而 45°层的比例减小。相反，当 $\zeta_3^A \to -1$ 时，A_{12}、A_{66} 同时增大，A_{11}、A_{22} 同时减小，这意味着与 $\boldsymbol{\Gamma}_0$ 定义的准各向同性层合板相比，横向和轴向拉伸刚度减小，而面内剪切刚度增加。

6.2.4　层合参数可行域

对于普通层合板，各个组成层的纤维铺角任意选取、铺层顺序不受限制，层合板的力学性能不平衡、不均匀，层合板在面内外应变的耦合作用下易发生翘曲变形。

工程实践中，为了避免层合板在受力状态下的耦合变形效应，复合材料往往使用平衡对称铺层方案。在平衡对称层合板中，层合板的拉弯耦合系数 $B_{ij} = 0$ $(i, j = 1, 2, 6)$，拉剪耦合系数 $A_{16} = A_{26} = 0$，弯扭耦合系数 $D_{16} = D_{26} = 0$，则式(1.41)可以简化为

$$\begin{cases} \begin{Bmatrix} N_x \\ N_y \\ N_{xy} \end{Bmatrix} = \begin{bmatrix} A_{11} & A_{12} & 0 \\ A_{12} & A_{22} & 0 \\ 0 & 0 & A_{66} \end{bmatrix} \begin{Bmatrix} \varepsilon_x^0 \\ \varepsilon_y^0 \\ \gamma_{xy}^0 \end{Bmatrix} \\ \begin{Bmatrix} M_x \\ M_y \\ M_{xy} \end{Bmatrix} = \begin{bmatrix} D_{11} & D_{12} & 0 \\ D_{12} & D_{22} & 0 \\ 0 & 0 & D_{66} \end{bmatrix} \begin{Bmatrix} k_x \\ k_y \\ k_{xy} \end{Bmatrix} \end{cases} \tag{6.11}$$

要使式(6.11)成立, 式(6.9)中的层合参数 ζ_2^A、ζ_4^A、ζ_1^B、ζ_2^B、ζ_3^B、ζ_4^B、ζ_2^D、ζ_4^D 必须均为 0, 此时影响层合板刚度性能的层合参数只剩下 ζ_1^A、ζ_3^A、ζ_1^D、ζ_3^D 4 个, 即对于平衡对称层合板, 只需要 4 个层合参数就可完全表征层合板的刚度性能。

复合材料层合板变刚度设计要求设计空间内的纤维铺角是变化的, 以匹配层合板结构的应力传递需求。基于有限元思想, 将层合板的设计空间划分为若干离散的单元, 每个层合板单元分配一组独立的层合参数, 即视为单元内部具有恒定刚度特性。根据结构应力分布, 不同单元选取不同的层合参数组合, 层合板在不同位置表现出不同的刚度性能, 如图 6.3 所示。

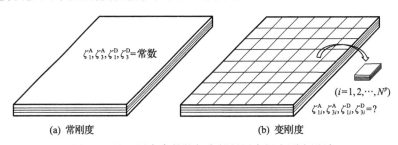

图 6.3　基于层合参数的复合材料层合板变刚度设计

根据经典层合板理论, 层合板的各刚度属性之间存在一定的关系, 式(6.10)中的层合参数为纤维铺角的三角函数, 各层合参数之间也相互关联, 即层合参数之间具有耦合关系, 其值不能任意选择。从优化设计角度出发, 同一组层合参数的取值并不是完全自由的, 为了确保层合参数优化解与真实的物理铺层方案相对应, 需要确定层合参数的可行域, 层合参数的最优设计应在可行域内寻找, 从而得到具有物理意义的刚度矩阵。因此, 层合参数可行域的确定是实现以层合参数为设计变量进行优化的一个关键环节。

根据层合参数的积分形式, 所有 12 个层合参数均必须满足式(6.12)的约束要求。

$$-1 \leqslant \zeta_{[1,2,3,4]}^{A,B,D} \leqslant 1 \tag{6.12}$$

式中，$\zeta_{[1,2,3,4]}^{A,B,D}$ 为层合板的 12 个面内、耦合和弯曲层合参数。

针对平面应力问题和弯曲问题，Hammer 等[23]提出了一组解析式分别定义了面内和面外层合参数之间的约束关系，即面内层合参数或弯曲层合参数的可行域定义为

$$\begin{cases} 2(\zeta_1^{A(D)})^2(1-\zeta_3^{A(D)}) + 2(\zeta_2^{A(D)})^2(1-\zeta_3^{A(D)}) + (\zeta_3^{A(D)})^2(\zeta_4^{A(D)})^2 - 4\zeta_1^{A(D)}\zeta_2^{A(D)}\zeta_4^{A(D)} \leqslant 1 \\ (\zeta_1^{A(D)})^2 + (\zeta_2^{A(D)})^2 \leqslant 1 \end{cases}$$

(6.13)

式(6.13)并没有考虑面内层合参数和弯曲层合参数之间的耦合关系，因此在针对复杂模型的求解时优化结果并不理想。

针对工程中常用的平衡对称层合板，即没有面内-面外耦合（$B_{ij} = 0, i, j = 1, 2, 6$）、拉伸-剪切耦合（$A_{16} = A_{26} = 0$）和弯曲-扭转耦合（$D_{16} = D_{26} = 0$）的层合板的面内应力问题，层合板只涉及 ζ_1^A、ζ_3^A 两个层合参数，其可行域通过式(6.14)进行约束。

$$\begin{cases} 2(\zeta_1^A)^2(1-\zeta_3^A) + (\zeta_3^A)^2 \leqslant 1 \\ -1 \leqslant \zeta_1^A, \zeta_3^A \leqslant 1 \end{cases}$$

(6.14)

针对平衡对称层合板的面外弯曲问题，层合板只涉及 ζ_1^D、ζ_3^D 两个层合参数，其可行域通过式(6.15)进行约束。

$$\begin{cases} 2(\zeta_1^D)^2(1-\zeta_3^D) + (\zeta_3^D)^2 \leqslant 1 \\ -1 \leqslant \zeta_1^D, \zeta_3^D \leqslant 1 \end{cases}$$

(6.15)

针对平衡对称层合板的板壳问题，Wu 等[24]提出了一组显式表达式精确定义了两个面内层合参数（ζ_1^A、ζ_3^A）和两个面外层合参数（ζ_1^D、ζ_3^D）之间的约束关系，即由面内层合参数与弯曲层合参数组合而成的对称平衡层合壳结构涉及 ζ_1^A、ζ_3^A、ζ_1^D、ζ_3^D 等 4 个层合参数，其可行域通过式(6.16)进行约束。

$$\begin{cases} 5(\zeta_1^A - \zeta_1^D)^2 - 2(1 + \zeta_3^A - 2(\zeta_1^A)^2) \leqslant 0 \\ (\zeta_3^A - 4t\zeta_1^A + 1 + 2t^2)^3 - 4(1 + 2|t| + t^2)^2(\zeta_3^D - 4t\zeta_1^D + 1 + 2t^2) \leqslant 0 \\ (4t\zeta_1^A - \zeta_3^A + 1 + 4|t|)^3 - 4(1 + 2|t| + t^2)^2(4t\zeta_1^D - \zeta_3^D + 1 + 4|t|) \leqslant 0 \\ -1 < \zeta_1^A, \zeta_3^A, \zeta_1^D, \zeta_3^D < 1 \\ -1 \leqslant t \leqslant 1 \end{cases}$$

(6.16)

式中，t 为区间 $[-1,1]$ 的常数。

6.3　基于层合参数的复合材料层合板连续纤维铺角变刚度优化设计

6.3.1　复合材料层合参数变刚度优化设计方法

1. 复合材料层合参数变刚度优化数学模型

复合材料层合板层合参数优化问题描述为：在给定载荷工况下，寻求满足层合参数可行域的最优层合参数分布，使该工况下结构的性能最佳。

以单元层合参数为设计变量、层合参数的设计可行域为约束条件、复合材料层合板结构柔顺度最小为目标函数，构建基于层合参数的复合材料层合板变刚度优化数学模型：

$$
\begin{cases}
\text{find } \boldsymbol{\zeta} = \left\{ \zeta_{1p}^{A}, \zeta_{3p}^{A}, \zeta_{1p}^{D}, \zeta_{3p}^{D} \right\}, \quad p = 1, 2, \cdots, N^{p} \\
\min \quad C = \boldsymbol{U}^{T} \boldsymbol{F} = \boldsymbol{U}^{T} \boldsymbol{K} \boldsymbol{U} \\
\text{s.t.} \quad \boldsymbol{K} \boldsymbol{U} = \boldsymbol{F} \\
\qquad \boldsymbol{K} = \sum_{p=1}^{N^{p}} \boldsymbol{K}_{p} \\
\qquad \zeta_{1p}^{A}, \zeta_{3p}^{A}, \zeta_{1p}^{D}, \zeta_{3p}^{D} \in \Omega
\end{cases}
\tag{6.17}
$$

式中，$\boldsymbol{\zeta}$ 为设计变量向量；C 为结构柔顺度；$\boldsymbol{F}$ 为载荷向量；$\boldsymbol{U}$ 为节点位移向量；$\boldsymbol{K}$ 为结构的整体刚度矩阵；$\boldsymbol{K}_{p}$ 为第 p 个单元的刚度矩阵；N^{p} 为单元数；Ω 为式 (6.16) 表示的层合参数可行域。

单元刚度矩阵 $\boldsymbol{K}_{p}$ 是单元设计变量 ζ_{1p}^{A}、ζ_{3p}^{A}、ζ_{1p}^{D}、ζ_{3p}^{D} 的函数，即

$$
\begin{aligned}
&\boldsymbol{K}_{p}(\zeta_{1p}^{A}, \zeta_{3p}^{A}, \zeta_{1p}^{D}, \zeta_{3p}^{D}) \\
&= \int_{\Omega} \left[h \bar{\boldsymbol{B}}_{m}^{T} (\boldsymbol{\Gamma}_{0} + \zeta_{1p}^{A} \boldsymbol{\Gamma}_{1} + \zeta_{3p}^{A} \boldsymbol{\Gamma}_{3}) \bar{\boldsymbol{B}}_{m} + \frac{h^{3}}{12} \bar{\boldsymbol{B}}_{b}^{T} (\boldsymbol{\Gamma}_{0} + \zeta_{1p}^{D} \boldsymbol{\Gamma}_{1} + \zeta_{3p}^{D} \boldsymbol{\Gamma}_{3}) \bar{\boldsymbol{B}}_{b} \right] \mathrm{d}\Omega
\end{aligned}
\tag{6.18}
$$

式中，$\bar{\boldsymbol{B}}_{m}$ 为平面应变矩阵；$\bar{\boldsymbol{B}}_{b}$ 为弯曲应变矩阵。

针对平衡对称层合板面内应力问题优化，层合参数可行域按照式 (6.14) 进行约束，连续纤维铺角变刚度优化数学模型退化为

$$
\begin{cases}
\text{find } \boldsymbol{\zeta} = \left\{ \zeta_{1p}^{\text{A}}, \zeta_{3p}^{\text{A}} \right\}, \quad p = 1, 2, \cdots, N^p \\
\text{min } \ C = \boldsymbol{U}^{\text{T}} \boldsymbol{F} = \boldsymbol{U}^{\text{T}} \boldsymbol{K} \boldsymbol{U} \\
\text{s.t. } \ \boldsymbol{K} \boldsymbol{U} = \boldsymbol{F} \\
\qquad \boldsymbol{K} = \sum_{p=1}^{N^p} \boldsymbol{K}_p \\
\qquad \zeta_{1p}^{\text{A}}, \zeta_{3p}^{\text{A}} \in \Omega
\end{cases}
\tag{6.19}
$$

式中，单元刚度矩阵 $\boldsymbol{K}_p$ 为单元设计变量 ζ_{1p}^{A}、ζ_{3p}^{A} 的函数，即

$$
\boldsymbol{K}_p(\zeta_{1p}^{\text{A}}, \zeta_{3p}^{\text{A}}) = \int_\Omega h \overline{\boldsymbol{B}}_{\text{m}}^{\text{T}} (\boldsymbol{\varGamma}_0 + \zeta_{1p}^{\text{A}} \boldsymbol{\varGamma}_1 + \zeta_{3p}^{\text{A}} \boldsymbol{\varGamma}_3) \overline{\boldsymbol{B}}_{\text{m}} \mathrm{d}\Omega
\tag{6.20}
$$

针对平衡对称层合板面外弯曲应力问题优化，层合参数可行域按照式 (6.15) 进行约束，连续纤维铺角变刚度优化数学模型退化为

$$
\begin{cases}
\text{find } \boldsymbol{\zeta} = \left\{ \zeta_{1p}^{\text{D}}, \zeta_{3p}^{\text{D}} \right\}, \quad p = 1, 2, \cdots, N^p \\
\text{min } \ C = \boldsymbol{U}^{\text{T}} \boldsymbol{F} = \boldsymbol{U}^{\text{T}} \boldsymbol{K} \boldsymbol{U} \\
\text{s.t. } \ \boldsymbol{K} \boldsymbol{U} = \boldsymbol{F} \\
\qquad \boldsymbol{K} = \sum_{p=1}^{N^p} \boldsymbol{K}_p \\
\qquad \zeta_{1p}^{\text{D}}, \zeta_{3p}^{\text{D}} \in \Omega
\end{cases}
\tag{6.21}
$$

式中，单元刚度矩阵 $\boldsymbol{K}_p$ 为单元设计变量 ζ_{1p}^{D}、ζ_{3p}^{D} 的函数，即

$$
\boldsymbol{K}_p(\zeta_{1p}^{\text{D}}, \zeta_{3p}^{\text{D}}) = \int_\Omega \frac{h^3}{12} \overline{\boldsymbol{B}}_{\text{b}}^{\text{T}} (\boldsymbol{\varGamma}_0 + \zeta_{1p}^{\text{D}} \boldsymbol{\varGamma}_1 + \zeta_{3p}^{\text{D}} \boldsymbol{\varGamma}_3) \overline{\boldsymbol{B}}_{\text{b}} \mathrm{d}\Omega
\tag{6.22}
$$

2. 复合材料层合参数变刚度优化数学模型的灵敏度分析

在运用梯度类优化算法进行求解时，需要使用目标函数对设计变量的灵敏度信息，以确定优化过程中设计变量的更新方向与迭代步长。

对式 (6.17) 中目标函数表达式 $C = \boldsymbol{U}^{\text{T}} \boldsymbol{F}$ 两端微分，得

$$
\frac{\partial C}{\partial \zeta_{1p}^{\text{A}}} = \frac{\partial \boldsymbol{U}^{\text{T}}}{\partial \zeta_{1p}^{\text{A}}} \boldsymbol{K} \boldsymbol{U} + \boldsymbol{U}^{\text{T}} \left(\frac{\partial \boldsymbol{K}}{\partial \zeta_{1p}^{\text{A}}} \boldsymbol{U} + \boldsymbol{K} \frac{\partial \boldsymbol{U}}{\partial \zeta_{1p}^{\text{A}}} \right)
\tag{6.23}
$$

对静力学平衡方程 $\boldsymbol{KU} = \boldsymbol{F}$ 两端微分，得

$$\frac{\partial \boldsymbol{K}}{\partial \zeta_{1p}^{A}} \boldsymbol{U} + \boldsymbol{K} \frac{\partial \boldsymbol{U}}{\partial \zeta_{1p}^{A}} = \frac{\partial \boldsymbol{F}}{\partial \zeta_{1p}^{A}} \tag{6.24}$$

考虑载荷条件是恒定的，即 $\boldsymbol{F}$ 为常数向量，必然有 $\dfrac{\partial \boldsymbol{F}}{\partial \zeta_{1p}^{A}} = 0$，因此式 (6.24) 可以表示为

$$\frac{\partial \boldsymbol{U}}{\partial \zeta_{1p}^{A}} = -\boldsymbol{K}^{-1} \frac{\partial \boldsymbol{K}}{\partial \zeta_{1p}^{A}} \boldsymbol{U} \tag{6.25}$$

结构总体刚度矩阵为对称矩阵，因此有

$$\frac{\partial \boldsymbol{U}^{\mathrm{T}}}{\partial \zeta_{1p}^{A}} = \left(\frac{\partial \boldsymbol{U}}{\partial \zeta_{1p}^{A}}\right)^{\mathrm{T}} = \left(-\boldsymbol{K}^{-1} \frac{\partial \boldsymbol{K}}{\partial \zeta_{1p}^{A}} \boldsymbol{U}\right)^{\mathrm{T}} = -\boldsymbol{U}^{\mathrm{T}} \frac{\partial \boldsymbol{K}^{\mathrm{T}}}{\partial \zeta_{1p}^{A}} \left(\boldsymbol{K}^{-1}\right)^{\mathrm{T}} = -\boldsymbol{U}^{\mathrm{T}} \frac{\partial \boldsymbol{K}}{\partial \zeta_{1p}^{A}} \boldsymbol{K}^{-1} \tag{6.26}$$

将式 (6.25) 代入式 (6.23) 可得

$$\frac{\partial C}{\partial \zeta_{1p}^{A}} = \frac{\partial \boldsymbol{U}^{\mathrm{T}}}{\partial \zeta_{1p}^{A}} \boldsymbol{KU} + \boldsymbol{U}^{\mathrm{T}} \left(\frac{\partial \boldsymbol{K}}{\partial \zeta_{1p}^{A}} \boldsymbol{U} - \boldsymbol{KK}^{-1} \frac{\partial \boldsymbol{K}}{\partial \zeta_{1p}^{A}} \boldsymbol{U}\right) = \frac{\partial \boldsymbol{U}^{\mathrm{T}}}{\partial \zeta_{1p}^{A}} \boldsymbol{KU} \tag{6.27}$$

将式 (6.26) 代入式 (6.27) 可得

$$\frac{\partial C}{\partial \zeta_{1p}^{A}} = -\boldsymbol{U}^{\mathrm{T}} \frac{\partial \boldsymbol{K}}{\partial \zeta_{1p}^{A}} \boldsymbol{K}^{-1} \boldsymbol{KU} = -\boldsymbol{U}^{\mathrm{T}} \frac{\partial \boldsymbol{K}_{i}}{\partial \zeta_{1p}^{A}} \boldsymbol{U} \tag{6.28}$$

结构全局刚度矩阵 $\boldsymbol{K}$ 由所有单元刚度矩阵组装得到，且设计变量 ζ_{1p}^{A} 具有单元独立性，仅对单元刚度矩阵 $\boldsymbol{K}_p$ 产生影响，与任何其他单元的刚度矩阵 $\boldsymbol{K}_s$ ($s \neq p$) 不产生关联，因此存在

$$\frac{\partial \boldsymbol{K}}{\partial \zeta_{1p}^{A}} = \frac{\partial \boldsymbol{K}_p}{\partial \zeta_{1p}^{A}} = \int_{\Omega} (\bar{\boldsymbol{B}}_{\mathrm{m}})^{\mathrm{T}} \boldsymbol{\Gamma}_1 (\bar{\boldsymbol{B}}_{\mathrm{m}}) h \mathrm{d}\Omega \tag{6.29}$$

联立式 (6.28) 与式 (6.29)，得到目标函数 C 对设计变量 ζ_{1p}^{A} 的灵敏度的显式表达式，即

$$\frac{\partial C}{\partial \zeta_{1p}^{A}} = -\boldsymbol{U}^{\mathrm{T}} \left[\int_{\Omega} (\bar{\boldsymbol{B}}_{\mathrm{m}})^{\mathrm{T}} \boldsymbol{\Gamma}_1 (\bar{\boldsymbol{B}}_{\mathrm{m}}) h \mathrm{d}\Omega\right] \boldsymbol{U} \tag{6.30}$$

同理，目标函数 C 对设计变量 ζ_{3p}^{A}、ζ_{1p}^{D}、ζ_{3p}^{D} 的灵敏度的显示表达式为

$$
\begin{cases}
\dfrac{\partial C}{\partial \zeta_{3p}^{A}} = -\boldsymbol{U}^{\mathrm{T}}\left[\int_{\Omega} h(\bar{\boldsymbol{B}}_{\mathrm{m}})^{\mathrm{T}}\boldsymbol{\Gamma}_3(\bar{\boldsymbol{B}}_{\mathrm{m}})\mathrm{d}\Omega\right]\boldsymbol{U} \\[3mm]
\dfrac{\partial C}{\partial \zeta_{1p}^{D}} = -\boldsymbol{U}^{\mathrm{T}}\left[\dfrac{h^3}{12}\int_{\Omega}(\bar{\boldsymbol{B}}_{\mathrm{b}})^{\mathrm{T}}\boldsymbol{\Gamma}_1(\bar{\boldsymbol{B}}_{\mathrm{b}})\mathrm{d}\Omega\right]\boldsymbol{U} \\[3mm]
\dfrac{\partial C}{\partial \zeta_{3p}^{D}} = -\boldsymbol{U}^{\mathrm{T}}\left[\dfrac{h^3}{12}\int_{\Omega}(\bar{\boldsymbol{B}}_{\mathrm{b}})^{\mathrm{T}}\boldsymbol{\Gamma}_3(\bar{\boldsymbol{B}}_{\mathrm{b}})\mathrm{d}\Omega\right]\boldsymbol{U}
\end{cases}
\tag{6.31}
$$

3. 复合材料层合参数变刚度优化设计流程

复合材料层合板变刚度层合参数优化流程如图 6.4 所示。

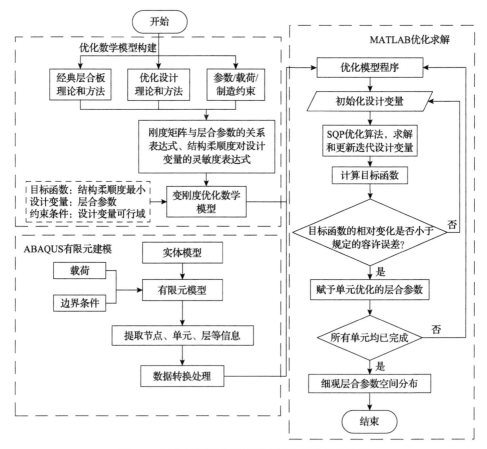

图 6.4 复合材料层合板变刚度层合参数优化流程

（1）根据经典层合板理论和方法、优化设计理论和方法推导刚度矩阵与层合参数的关系表达式、结构柔顺度对设计变量的灵敏度表达式，进行灵敏度分析计算。

（2）建立复合材料层合板变刚度优化数学模型。

（3）确定设计区域，定义材料常数、载荷等边界条件。

（4）在 ABAQUS 中进行结构建模并分析，提取模型信息（单元、节点、边界条件等），并转换为 MATLAB 软件可读的数据类型（.mat 文件）。

（5）基于 MATLAB 编写优化数学模型程序和 SQP 算法程序，并完成单元刚度矩阵的组装、目标函数的计算。

（6）判断设计变量是否满足终止条件，如果不满足条件则进行更新设计变量，如果满足条件则进行下一步。

（7）输出结构响应与优化层合参数。

6.3.2　层合参数分布转化为纤维铺角分布的实现方法

层合参数提供了一种联系力学性能与纤维铺角的途径，以层合参数为设计变量，优化复合材料层合板的刚度，避免了直接优化纤维铺角带来的非凸问题。求解式（6.17）所描述的层合板变刚度优化数学模型，可得到层合板结构的最优层合参数分布，所得层合参数是经过归一化处理后的数值，其值为区间[−1,1]的常数。优化的层合参数描述的是结构应力传递理论上需要的最优刚度分布，本质上是层合板结构刚度与铺层角度之间的中间变量，并非实际铺层参数，不能直观反映层合板的纤维铺角分布规律。因此，需要将优化后的层合参数分布转化为与之对应的纤维铺角分布，才能使优化结果有实际意义，如图 6.5 所示。

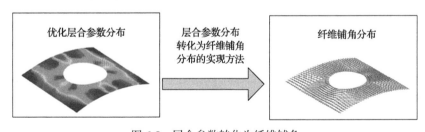

图 6.5　层合参数转化为纤维铺角

由层合参数的定义式（6.10）可知，每个纤维铺角都存在唯一的层合参数与之对应，但同一个层合参数可能对应不同的纤维铺角，即层合参数与纤维铺角并不存在一一对应关系。如果直接利用式（6.10）求解纤维铺角，会造成优化多解性的问题。

为解决上述问题，采用 Lobatto（洛巴托）多项式近似描述纤维铺角[25]，建立层合参数与纤维铺角之间的数学关系式，求出 Lobatto 多项式描述的纤维铺角对应的近似层合参数，通过变化多项式系数可方便快捷地调整纤维铺角，节省计算时间。优化更新多项式系数，使近似层合参数逐步逼近优化层合参数，当二者的差值小于规定的容许误差时，当前 Lobatto 多项式所描述的纤维铺角即为优化的纤维铺角，从而实现层合参数分布到纤维铺角分布的转化。

层合参数分布转化为纤维铺角分布的优化方法不再局限于传统的 0°、+45°、−45°、90°四种纤维铺角，根据设计需要，在不同的区域铺放任意角度纤维，从而更加有效地利用纤维的方向特性布置结构传力路径，优化应力分布，提高强度、刚度、疲劳寿命、稳定性等性能，为最大限度地挖掘材料与结构的性能潜力提供了广阔的设计空间。

1. 层合参数与纤维铺角的数学关系

层合板无量纲化结构如图 6.6 所示，其中 N^m 为层合板的层数，θ_m 为第 m 层的纤维铺角，等厚度层合板中每一层的纤维铺角不变。

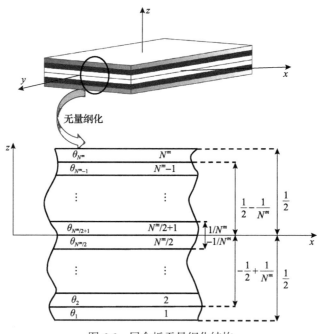

图 6.6　层合板无量纲化结构

对称平衡层合板两个面内层合参数（ζ_1^A、ζ_3^A）和两个面外层合参数（ζ_1^D、ζ_3^D）与纤维铺角满足以下关系[26]：

$$\begin{cases} \zeta_1^A = \sum_{m=1}^{N^m}(z_m - z_{m-1})\cos(2\theta_m) = \dfrac{1}{N^m}\sum_{m=1}^{N^m}\cos(2\theta_m) \\[2mm] \zeta_3^A = \sum_{m=1}^{N^m}(z_m - z_{m-1})\cos(4\theta_m) = \dfrac{1}{N^m}\sum_{m=1}^{N^m}\cos(4\theta_m) \\[2mm] \zeta_1^D = \sum_{m=1}^{N^m}(z_m^3 - z_{m-1}^3)\cos(2\theta_m) = \dfrac{8}{(N^m)^3}\sum_{m=1}^{N^m/2}\cos(2\theta_m)\cdot(z_m^3 - z_{m-1}^3) \\[2mm] \zeta_3^D = \sum_{m=1}^{N^m}(z_m^3 - z_{m-1}^3)\cos(4\theta_m) = \dfrac{8}{(N^m)^3}\sum_{m=1}^{N^m/2}\cos(4\theta_m)\cdot(z_m^3 - z_{m-1}^3) \end{cases}, \quad N^m \geqslant 4$$

$$(6.32)$$

式中，z_m 为无量纲化处理后层合板单层在厚度方向上的坐标。

2. 近似层合参数计算

通过式(6.32)，可求得 Lobatto 多项式描述的纤维铺角对应的唯一近似层合参数，如果能计算出 Lobatto 多项式系数，就可得到全局纤维铺角分布。

以矩形层合板为例，假设层合板长为 d_x，宽为 d_y，其上设计域内的坐标用 (x,y) 表示，在坐标轴方向对尺寸参数按照式(6.33)进行归一化处理。

$$\begin{cases} x' = \dfrac{2x - d_x}{d_x} \\[2mm] y' = \dfrac{2y - d_y}{d_y} \end{cases}$$

$$(6.33)$$

层合板第 m 层的纤维铺角用 Lobatto 多项式描述为

$$\theta_m = \sum_{i=0}^{n_x-1}\sum_{j=0}^{n_y-1}\mu_{ij}R_i(x')R_j(y'), \quad m = 1, 2, \cdots, N^m \tag{6.34}$$

式中，n_x、n_y 分别为沿 x'、y' 方向的 Lobatto 多项式规模(项数)；μ_{ij} 为多项式系数；N^m 为层合板的总层数；$R_i(x')$、$R_j(y')$ 为 Lobatto 多项式，其一般表达式为

$$\begin{cases} R_0(x') = 1, \quad R_1(x') = x' \\[2mm] R_{n_x}(x') = \dfrac{1}{n_x}[x'I_{n_x-1}(x') - I_{n_x-2}(x')], \quad n_x \geqslant 2 \end{cases}$$

$$(6.35)$$

$$\begin{cases} R_0(y') = 1, \quad R_1(y') = y' \\ R_{n_y}(y') = \dfrac{1}{n_y}[y'I_{n_y-1}(y') - I_{n_y-2}(y')], \quad n_y \geqslant 2 \end{cases} \quad (6.36)$$

式中，$I(x')$、$I(y')$ 为勒让德多项式，具体表达式为

$$I_{n_x}(x') = \sum_{k_x=0}^{M_x} (-1)^{k_x} \frac{(2n_x - 2k_x)}{2^{n_x} k_x!(n_x - k_x)!(n_x - 2k_x)!}(x')^{n_x - 2k_x} \quad (6.37)$$

$$I_{n_y}(y') = \sum_{k_y=0}^{M_y} (-1)^{k_y} \frac{(2n_y - 2k_y)}{2^{n_y} k_y!(n_y - k_y)!(n_y - 2k_y)!}(y')^{n_y - 2k_y} \quad (6.38)$$

当 n_x 为偶数时，$M_x = n_x / 2$，当 n_x 为奇数时，$M_x = (n_x - 1)/2$；当 n_y 为偶数时，$M_y = n_y / 2$，当 n_y 为奇数时，$M_y = (n_y - 1)/2$。

基于式(6.34)描述的单层纤维铺角近似分布规律，结合层合参数与纤维铺角的关系式(6.32)，推导出对称平衡层合板层合参数的近似表达式，即

$$\begin{cases} \tilde{\zeta}_1^{\mathrm{A}} = \dfrac{1}{N^m} \sum_{m'=1}^{N^m} \cos(2\theta_{m'}) \\ \tilde{\zeta}_3^{\mathrm{A}} = \dfrac{1}{N^m} \sum_{m'=1}^{N^m} \cos(4\theta_{m'}) \\ \tilde{\zeta}_1^{\mathrm{D}} = \dfrac{8}{(N^m)^3} \sum_{m'=1}^{N^m/2} \cos(2\theta_{m'}) \cdot \left[(m')^3 - (m'-1)^3 \right] \\ \tilde{\zeta}_3^{\mathrm{D}} = \dfrac{8}{(N^m)^3} \sum_{m'=1}^{N^m/2} \cos 4(\theta_{m'}) \cdot \left[(m')^3 - (m'-1)^3 \right] \end{cases}, \quad N^m \geqslant 4 \quad (6.39)$$

式中，$\tilde{\zeta}_1^{\mathrm{A}}$、$\tilde{\zeta}_3^{\mathrm{A}}$、$\tilde{\zeta}_1^{\mathrm{D}}$、$\tilde{\zeta}_3^{\mathrm{D}}$ 为单元的四个近似层合参数；m' 为对应 Lobatto 多项式系数所在的层合板层数。

3. 损失函数

损失函数用于衡量预测结果的准确性，其主要作用是比较模型的预测输出与实际目标值之间的差异，这个差异通常称为误差或损失。损失函数的目标是最小化这个误差，以使预测值能够更好地拟合实际值。根据模型的设计选择适当的损失函数非常重要，损失函数选取得越好，模型的性能越好。常用的损失函数主要有平方损失函数、绝对损失函数、对数损失函数和 Huber 损失函数四种。

1）平方损失函数

平方损失函数是指预测值与实际值差的平方，是单个样本损失，最小二乘法就是通过最小化平方损失函数来寻找最佳的模型参数，表达式为

$$L(y_s, f_s(x_s)) = (y_s - f_s(x_s))^2 \tag{6.40}$$

式中，L 为损失函数；y_s 为预测值；$f_s(x_s)$ 为实际值。

2）绝对损失函数

绝对损失函数是预测值与实际值的误差绝对值，表达式为

$$L(y_s, f_s(x_s)) = |y_s - f_s(x_s)| \tag{6.41}$$

3）对数损失函数

对数损失函数表达式为

$$L(y_s, p(y_s|x_s)) = -\ln p(y_s|x_s) \tag{6.42}$$

式中，$p(y_s|x_s)$ 为在当前模型的基础上，对于样本 x_s，其预测值为 y_s，也就是正确预测的概率。

4）Huber 损失函数

Huber 损失函数是一种用于回归问题的损失函数，与平方损失函数和绝对损失函数相比，其在数据中存在异常值时更为鲁棒。具体来说，当误差较小，即 $|y_s - f_s(x_s)| \leqslant \delta$ 时，损失函数类似于平方损失函数，有助于拟合较小误差的数据点。当误差较大，即 $|y_s - f_s(x_s)| > \delta$ 时，损失函数变为绝对损失函数，避免了平方损失在存在异常值时过度受损。Huber 损失函数表达式为

$$L_\delta(y_s, f_s(x_s)) = \begin{cases} \dfrac{1}{2}(y_s - f_s(x_s))^2, & |y_s - f_s(x_s)| \leqslant \delta \\ \delta|y_s - f_s(x_s)| - \dfrac{1}{2}\delta^2, & |y_s - f_s(x_s)| > \delta \end{cases} \tag{6.43}$$

式中，δ 为 Huber 损失的调节参数，通过调整 δ 的值，可以控制 Huber 损失函数的鲁棒性。较大的 δ 值会使 Huber 损失更接近平方损失，而较小的 δ 值会增强鲁棒性，对异常值不敏感。本节以 Huber 损失函数为目标函数实现层合参数与纤维铺角的匹配。

4. 层合参数分布转化为纤维铺角分布的优化数学模型

纤维铺角匹配优化数学模型问题描述为：在获得层合板最优层合参数分布的前提下，寻求使 Huber 回归最小的 Lobatto 多项式系数。在运用 Lobatto 多项式系

数 μ_{ij} 作为设计变量时，由于每个层合板单层上的纤维铺角不同，每一层都需要一组独立的设计变量。在这种情况下，当层合板满足对称性约束时有 $q_d = N^m / 2$ 个独立层，当层合板同时满足对称平衡约束时只有 $q_d = N^m / 4$ 个独立层。因此，从优化角度考虑，只需要定义复合材料中独立铺层的设计变量，即可确定层合板的全局纤维铺角分布。

$$
\boldsymbol{\mu}_d = \begin{cases}
[\mu^1_{00}, \mu^1_{01}, \cdots, \mu^1_{0n_y}, \cdots, \mu^1_{n_x 0}, \mu^1_{n_x 1}, \cdots, \mu^1_{n_x n_y}] \\
[\mu^2_{00}, \mu^2_{01}, \cdots, \mu^2_{0n_y}, \cdots, \mu^2_{n_x 0}, \mu^2_{n_x 1}, \cdots, \mu^2_{n_x n_y}] \\
\vdots \quad \vdots \quad \quad \vdots \quad \quad \vdots \quad \vdots \quad \quad \vdots \\
[\mu^{q_d}_{00}, \mu^{q_d}_{01}, \cdots, \mu^{q_d}_{0n_y}, \cdots, \mu^{q_d}_{n_x 0}, \mu^{q_d}_{n_x 1}, \cdots, \mu^{q_d}_{n_x n_y}]
\end{cases}
\tag{6.44}
$$

式中，$\boldsymbol{\mu}_d$ 为该独立层上的设计变量矩阵。

优化得到的理想(优化、最佳)层合参数与纤维铺角对应的实际(近似)层合参数之间存在偏差，采用 Huber 损失函数描述单元理想层合参数 $\zeta^{k'}_p$ 与单元近似层合参数 $\tilde{\zeta}^{k'}_p$ 的误差(即最小 Huber 回归)，具体表达式为

$$
L_\delta(\tilde{\zeta}^{k'}_p, \zeta^{k'}_p) = \begin{cases}
\dfrac{1}{2}(\tilde{\zeta}^{k'}_p - \zeta^{k'}_p)^2, & \left|\tilde{\zeta}^{k'}_p - \zeta^{k'}_p\right| \leqslant \delta \\
\delta\left|\tilde{\zeta}^{k'}_p - \zeta^{k'}_p\right| - \dfrac{1}{2}\delta^2, & \left|\tilde{\zeta}^{k'}_p - \zeta^{k'}_p\right| > \delta
\end{cases}
\tag{6.45}
$$

式中，$\tilde{\zeta}^{k'}_p$ 为第 p 个单元的近似层合参数；$\zeta^{k'}_p$ 为第 p 个单元优化获得的最佳层合参数，$k' = 1, 2, 3, 4$。

采用 Lobatto 多项式对单元纤维铺角进行近似描述，以 Lobatto 多项式系数为设计变量、层合板各单元纤维铺角变化范围为约束条件，构建优化层合参数与近似层合参数的综合误差最小化的 Huber 回归数学模型：

$$
\begin{cases}
\text{find } \boldsymbol{\mu}_d = [\mu^t_{k_1 k_2}], \quad k_1 = 1, 2, \cdots, n_x, \ k_2 = 1, 2, \cdots, n_y, \ t = 1, 2, \cdots, q_d \\
\min f(\mu) = \displaystyle\sum_{p=1}^{N^p} \sum_{k'=1}^{4} L_\delta(\tilde{\zeta}^{k'}_p, \zeta^{k'}_p) \\
\text{s.t.} \quad \theta^m_p - \theta_{\max} \leqslant 0 \\
\quad \quad \theta_{\min} - \theta^m_p \leqslant 0, \quad p = 1, 2, \cdots, N^p
\end{cases}
\tag{6.46}
$$

式中，$f(\mu)$ 为目标函数，表示优化层合参数与近似层合参数的 Huber 回归函数；θ^m_p 为第 m 层上第 p 个单元的纤维铺角；$\theta_{\max}$、$\theta_{\min}$ 分别为该单元角度的最大值

和最小值。

5. 层合参数分布转化为纤维铺角分布优化数学模型的灵敏度分析

针对纤维铺角匹配优化问题，采用移动渐近线(MMA)算法进行优化求解，该方法通过构造一系列序列子问题，将原问题转化为容易求得极值点的凸函数，随后逐步调整移动渐近线，逼近原问题的最优解，从而完成优化问题的求解。

为了形成一系列优化子问题，需要求解目标函数对设计变量的一阶灵敏度信息，目标函数对设计变量的一阶灵敏度可以表示为

$$\frac{\partial f(\mu)}{\partial \mu_{c'}} = \sum_{p=1}^{N^p} \sum_{k'=1}^{4} \begin{cases} (\tilde{\zeta}_p^{k'} - \zeta_p^{k'})\dfrac{\partial \tilde{\zeta}_p^{k'}}{\partial \mu_{c'}}, & \left|\tilde{\zeta}_p^{k'} - \zeta_p^{k'}\right| \leqslant \delta \\ \delta \dfrac{\partial \tilde{\zeta}_p^{k'}}{\partial \mu_{c'}}, & \left|\tilde{\zeta}_p^{k'} - \zeta_{ip}^{k'}\right| > \delta \end{cases} \tag{6.47}$$

式中，$c' = 1, 2, \cdots, n_x \times n_y \times q_d$；$\dfrac{\partial \tilde{\zeta}_p^{k'}}{\partial \mu_{c'}}$ 为该单元近似层合参数对设计变量的导数，具体表达式为

$$\frac{\partial \tilde{\zeta}^{k'}}{\partial \mu_{c'}} = \begin{cases} \dfrac{4}{q_d}\cos(2\theta_{m'})\dfrac{\partial \theta_{m'}}{\partial \mu_{c'}} \\ \dfrac{8}{q_d}\cos(4\theta_{m'})\dfrac{\partial \theta_{m'}}{\partial \mu_{c'}} \\ \dfrac{16}{q_d^3}[(m')^3 - (m'-1)^3]\cos(2\theta_{m'})\dfrac{\partial \theta_{m'}}{\partial \mu_{c'}} \\ \dfrac{32}{q_d^3}[(m')^3 - (m'-1)^3]\cos(4\theta_{m'})\dfrac{\partial \theta_{m'}}{\partial \mu_{c'}} \end{cases} \tag{6.48}$$

式中，m' 为对应 Lobatto 多项式系数所在的层合板层数；$\dfrac{\partial \theta_{m'}}{\partial \mu_{c'}}$ 为该层纤维铺角对 Lobatto 多项式系数的灵敏度，其表达式为

$$\frac{\partial \theta_{m'}}{\partial \mu_{c'}} = R_\eta(x) R_\xi(y) \tag{6.49}$$

式中，$R_\eta(x)$、$R_\xi(y)$ 为与设计变量相对应的 Lobatto 多项式。

6. 层合参数分布转化为纤维铺角分布优化的实现步骤

(1)根据经典的层合板理论，推导设计空间中纤维铺角与表征该处层合板力学

性能层合参数之间的数学关系。

(2)利用 Lobatto 多项式近似描述纤维铺角分布，根据纤维铺角与层合参数之间的数学关系式，计算得到近似层合参数。

(3)以 Lobatto 多项式系数为设计变量、纤维铺角变化范围为约束，构建优化层合参数与近似层合参数的 Huber 回归最小优化问题。

(4)基于 MATLAB 编写优化数学模型程序和 MMA 算法程序，初始化设计变量，进行迭代计算。

(5)判断目标函数是否满足终止条件，若不满足则更新设计变量，若满足则进行下一步。

(6)输出优化后的设计变量，计算得到优化的纤维铺角。

6.3.3　数值算例验证

为了验证基于层合参数的复合材料纤维铺角变刚度优化设计方法的可行性与有效性，本节以 L 型支架、固端梁和圆柱壳作为数值算例进行验证研究。

1. 基于层合参数的 L 型支架纤维铺角优化

建立顶端完全固定的 L 型支架模型，如图 6.7 所示。层合板厚度为 1mm，面内长度为 80mm，宽度为 40mm，在图示指定区域施加竖直向下的载荷 F=300N。对 L 型支架划分网格，共 192 个单元、225 个节点。初始方案为 $[45°/–45°]_s$ 平衡对称均匀铺放。

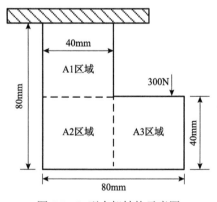

图 6.7　L 型支架结构示意图

1)层合参数分布优化

采用式(6.19)所描述的变刚度优化数学模型，以单元层合参数为设计变量、层合参数可行域为约束条件、结构柔顺度最小为目标，对 L 型支架纤维铺角进行优化。利用 SQP 算法对 L 型支架层合参数变刚度优化数学模型进行求解，设计变

量初始化为 $\zeta_{1p}^{A}=0$、$\zeta_{3p}^{A}=-1(p=1,2,\cdots,192)$，收敛精度取 0.001。L 型支架优化后的层合参数分布如图 6.8 所示。

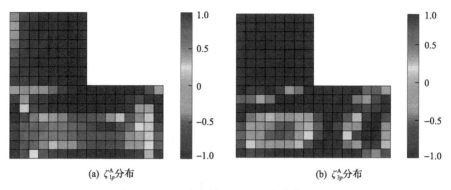

(a) ζ_{1p}^{A}分布   (b) ζ_{3p}^{A}分布

图 6.8 L 型支架优化后的层合参数分布

2) 层合参数分布转化为纤维铺角分布

采用式 (6.46) 所描述的优化层合参数与近似层合参数的综合误差最小化的 Huber 回归数学模型，应用 MMA 算法求解 Huber 回归最小化问题，将 L 型支架优化后的层合参数转化为对应的纤维铺角，L 型支架优化后的纤维铺角布局如图 6.9 所示。

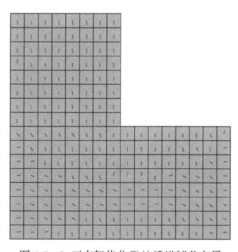

图 6.9 L 型支架优化后的纤维铺角布局

3) 优化结果分析

L 型支架优化前后的结构性能对比见表 6.1。由表可知，在不减少材料用量的前提下，通过层合参数优化，改善纤维铺角布局，复合材料 L 型支架的结构柔顺度下降约 52.51%，最大位移下降约 41.18%，Tsai-Wu 失效因子下降约 24.42%，说明基于层合参数的变刚度设计可以有效优化复合材料 L 型支架的结构刚度。本算例中，L 型支架顶端固定，在图 6.7 中指定区域施加竖直向下的外载荷，结构为了平衡竖直向下的外载荷作用，会在竖直方向产生较大的拉伸应力；另外，L 型支架载荷位置与固定位置不在同一竖直方向，导致产生顺时针力矩，结构下部区域受到剪切作用。从图 6.9 可以看出，优化后，A1 区域的纤维铺角大多接近 90°，A2、A3 区域的纤维铺角大多处在 30°～60°，优化的纤维铺角分布与 L 型支架的应力传递规律相互匹配，证明了基于层合参数的 L 型支架变刚度优化结果的合理性。

表 6.1　L 型支架优化前后的结构性能对比

方案	结构柔顺度/(N·mm)	最大位移/mm	Tsai-Wu 失效因子
初始方案	42.91	1.2260	1.1820
优化方案	20.38	0.7211	0.8934

2. 基于层合参数的固端梁纤维铺角优化

建立固端梁模型，如图 6.10 所示。铺层厚度为 1mm，长度为 80mm，宽度为 20mm，在固端梁的顶部对称中心施加竖直向下的载荷 $F=100N$，左右两端施加完全约束。对固端梁划分网格，共 451 个节点、400 个单元。初始方案采用 0° 单轴向布均匀铺放。

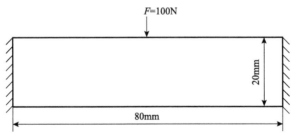

$F=100N$

20mm

80mm

图 6.10　固端梁结构示意图

1)层合参数分布优化

采用式(6.19)所描述的变刚度优化数学模型，以单元层合参数为设计变量、层合参数可行域为约束条件、结构柔顺度最小为目标，对固端梁纤维铺角进行优化。利用 SQP 算法对固端梁层合参数变刚度优化数学模型进行求解，设计变量初始化为 $\zeta_{1p}^{A}=1$、$\zeta_{3p}^{A}=-1(p=1,2,\cdots,400)$，收敛精度取 0.001。固端梁优化后的层合参数分布如图 6.11 所示。

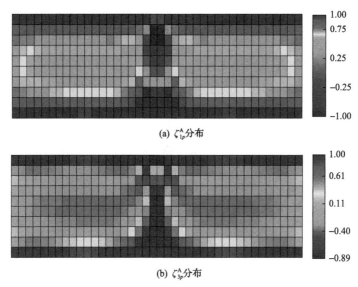

(a) ζ_{1p}^{A}分布

(b) ζ_{3p}^{A}分布

图 6.11 固端梁优化后的层合参数分布

2) 层合参数分布转化为纤维铺角分布

采用式 (6.46) 所描述的优化层合参数与近似层合参数的综合误差最小化的 Huber 回归数学模型，应用 MMA 算法求解 Huber 回归最小化问题，将固端梁优化后的层合参数转化为对应的纤维铺角，固端梁优化后的纤维铺角布局如图 6.12 所示。

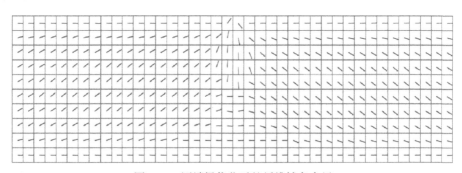

图 6.12 固端梁优化后的纤维铺角布局

3) 优化结果分析

固端梁优化前后的结构性能对比见表 6.2。由表可知，在不增加材料用量的前提下，通过层合参数优化，改善纤维铺角布局，复合材料固端梁的结构柔顺度下降约 41.09%，最大位移下降约 58.79%，Tsai-Wu 失效因子下降约 19.21%，说明基于层合参数的变刚度设计可以有效优化复合材料固端梁的结构刚度。本算例中，固端梁左右两侧固定，在顶部中心位置施加竖直向下的载荷，结构内部应力从载荷点向固端梁下部扩展、向左右两侧约束边界传递；另外，由于结构与载荷对称性，理论上结构中心线左右两侧的应力为对称分布，对纤维铺角布局的需求应该是对称的。从图 6.12 可以看出，优化后，固端梁上下边界附近区域的纤维铺角接近于 0°，主要承受水平方向拉伸应力，在固端梁结构应力从载荷位置向下扩展的过程中，纤维铺角逐渐下降，体现了结构主传力路径对纤维铺角的需求。优化后的纤维铺角分布与固端梁的应力传递规律相互匹配，一定程度上说明了基于层合参数的固端梁变刚度优化结果的合理性。

表 6.2　固端梁优化前后的结构性能对比

方案	结构柔顺度/(N·mm)	最大位移/mm	Tsai-Wu 失效因子
初始方案	6.23	0.1109	0.4523
优化方案	3.67	0.0457	0.3654

3. 基于层合参数的圆柱壳纤维铺角优化

建立圆柱壳模型，如图 6.13 所示。壳体壁厚为 1mm，圆柱壳半径为 20mm，壳体长度为 60mm，在圆柱壳左端弧顶区域施加竖直向下的分布力载荷 F=50N，右端位置施加完全固定约束。对圆柱壳划分网格，共 451 个节点、196 个单元。初始方案采用 0° 单轴向布均匀铺放。

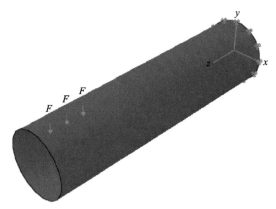

图 6.13　圆柱壳结构

1) 层合参数分布优化

采用式(6.17)所描述的变刚度优化数学模型，以单元层合参数为设计变量、层合参数可行域为约束条件、结构柔顺度最小化为目标，对圆柱壳纤维铺角进行优化。利用 SQP 算法对圆柱壳层合参数变刚度优化数学模型进行求解，收敛精度取 0.001，设计变量初始化为 $\zeta_{1p}^{A}=1$、$\zeta_{3p}^{A}=1$、$\zeta_{1p}^{D}=1$、$\zeta_{3p}^{D}=1(p=1,2,\cdots,196)$。圆柱壳优化后的层合参数分布如图 6.14 所示。

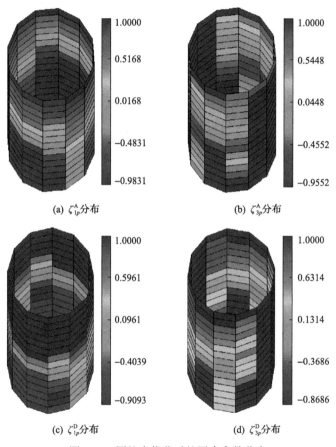

(a) ζ_{1p}^{A}分布　　　　　　　　(b) ζ_{3p}^{A}分布

(c) ζ_{1p}^{D}分布　　　　　　　　(d) ζ_{3p}^{D}分布

图 6.14　圆柱壳优化后的层合参数分布

2) 层合参数分布转化为纤维铺角分布

运用式 (6.46) 所描述的优化层合参数与近似层合参数的综合误差最小化的 Huber 回归数学模型，应用 MMA 算法求解 Huber 回归最小化问题，将圆柱壳优化后的层合参数转化为对应的纤维铺角，圆柱壳优化后的纤维铺角布局如图 6.15 所示。

3) 优化结果分析

圆柱壳优化前后的结构性能对比见表 6.3。由表可知，在不增加材料用量的前提下，通过层合参数优化，改善纤维铺角布局，复合材料圆柱壳的结构柔顺度下降约 38.92%，最大位移下降约 39.03%，Tsai-Wu 失效因子下降约 42.42%，圆柱壳结构刚度明显提升，说明基于层合参数的复合材料连续纤维铺角变刚度设计可以有效改善圆柱壳的结构承载能力。本算例中，圆柱壳右端固定、左端自由，在左端弧顶区域施加竖直向下的分布力载荷，圆柱壳在外载荷作用下发生弯曲变形。圆柱壳结构内部应力从载荷点向固定端传递，固定端顶部区域主要承受拉应力，底部区域主要承受压应力，前后侧面主要承受剪切应力。从图 6.15 可以看出，优化后，圆柱壳固定端附近顶部区域纤维铺角接近于 0°，前后侧面区域从载荷位置附近向固定端传递过程中纤维铺角逐渐增大。优化后的纤维铺角分布与圆柱壳应力分布规律相互匹配，一定程度上说明了基于层合参数的圆柱壳变刚度优化结果的合理性。

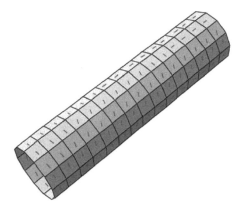

图 6.15　圆柱壳优化后的纤维铺角布局

表 6.3　圆柱壳优化前后的结构性能对比

方案	结构柔顺度/(N·mm)	最大位移/mm	Tsai-Wu 失效因子
初始方案	137.2410	1.0540	0.4856
优化方案	83.8172	0.6426	0.2796

4. 基于层合参数的叶片简化模型纤维铺角优化

构建与叶片结构相似的简化模型，如图 6.16 所示，模型右端固定，以模型固定端中心为基准，沿模型展向每隔 160mm 建立一个参考点，参考点处施加 x、y 和 z 向的集中载荷和弯矩，载荷数据见表 6.4。

对叶片简化模型划分网格，共划分为 336 个单元、338 个节点，其中优化区域为蒙皮部分，共 192 个单元，初始铺层方案为[+45°/–45°]$_\mathrm{S}$对称平衡铺放，主梁和双腹板为非优化区域，共 144 个单元。如图 6.17 所示，结构以三个参考点为基准，沿展向分为 3 个区域，分别用 1、2、3 表示；同时沿环向划分为 7 个区域，分别用 A、B、C、D、E、F、G 表示。结构由固定端开始沿展向区域的铺层数分别为 12 层、8 层、4 层，每层厚度为 1mm，蒙皮部分夹芯材料选用巴沙木。结构非优化区域及巴沙木刚度矩阵通过 ABAQUS 刚度矩阵插件直接导出。

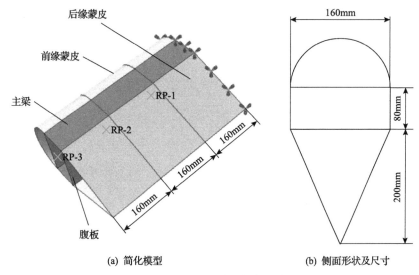

(a) 简化模型　　　　　　　　　(b) 侧面形状及尺寸

图 6.16　叶片简化模型结构示意图

表 6.4　各参考点载荷数据

参考点	F_x/kN	F_y/kN	F_z/kN	M_x/(kN·m)	M_y/(kN·m)	M_z/(kN·m)
RP-1	24.0	23.2	21.9	0.13	0.15	0.08
RP-2	7.2	7.0	5.6	0.58	2.3	0.36
RP-3	34.8	33.2	27.2	0.21	0.36	0.17

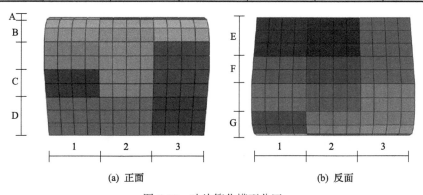

(a) 正面　　　　　　　　　　(b) 反面

图 6.17　叶片简化模型分区

1)层合参数分布优化

采用式(6.17)所描述的变刚度优化数学模型，以单元层合参数为设计变量、层合参数可行域为约束条件、结构柔顺度最小为目标，对叶片简化模型纤维铺角进行优化。利用 SQP 算法对叶片简化模型层合参数变刚度优化数学模型进行求解，收敛精度取 0.001，初始铺层层合参数为 $\zeta_1^A = 0$、$\zeta_3^A = -1$、$\zeta_1^D = 0$、$\zeta_3^D = -1$。叶片简化模型结构柔顺度的迭代历程如图 6.18 所示。

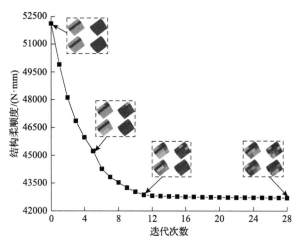

图 6.18　叶片简化模型结构柔顺度的迭代历程

叶片简化模型在第 28 次迭代后满足收敛准则，迭代终止，优化后，结构柔顺度由 52113.6N·mm 下降至 42694.4N·mm，下降约 18.07%，优化效果明显。叶片简化模型优化后的层合参数分布如图 6.19 所示。

2）层合参数分布转化为纤维铺角分布

以 Lobatto 多项式系数近似描述纤维铺角，运用式（6.46）所描述的优化层合参数与近似层合参数的综合误差最小化的 Huber 回归数学模型，并利用 MMA 算法求解 Huber 回归最小化问题，将叶片简化模型优化后的层合参数转化为对应的纤维铺角。优化后叶片简化模型的前缘与后缘蒙皮部分纤维铺角分布见表 6.5～表 6.7。

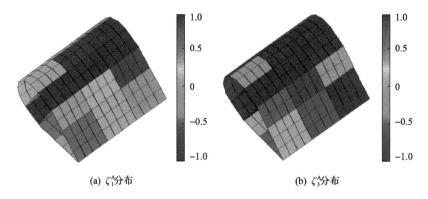

(a) ζ_1^A分布　　　　　　　　　　　　　(b) ζ_3^A分布

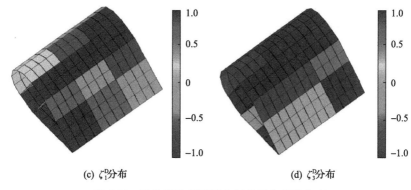

(c) ζ_1^D分布　　　　　　　　　　　　　　(d) ζ_3^D分布

图 6.19　叶片简化模型优化后的层合参数分布

表 6.5　叶片简化模型前缘纤维铺角分布

层数	E 区域			F 区域			G 区域		
	1	2	3	1	2	3	1	2	3
第1层	−15°	—	—	−17°	—	—	−32°	—	—
第2层	15°	—	—	17°	—	—	32°	—	—
第3层	−15°	−83°	—	−17°	−70°	—	−32°	−51°	—
第4层	15°	83°	—	17°	70°	—	32°	51°	—
第5层	−15°	−83°	−85°	−17°	−70°	−66°	−32°	−51°	−50°
第6层	15°	83°	85°	17°	70°	66°	32°	51°	50°
夹芯层	巴沙木			巴沙木			巴沙木		
第7层	15°	83°	85°	17°	70°	66°	32°	51°	50°
第8层	−15°	−83°	−85°	−17°	−70°	−66°	−32°	−51°	−50°
第9层	15°	83°	—	17°	70°	—	32°	51°	—
第10层	−15°	−83°	—	−17°	−70°	—	−32°	−51°	—
第11层	15°	—	—	17°	—	—	32°	—	—
第12层	−15°	—	—	−17°	—	—	−32°	—	—

表 6.6　叶片简化模型后缘上纤维铺角分布

层数	A 区域			B 区域		
	1	2	3	1	2	3
第1层	−35°	—	—	−5°	—	—
第2层	35°	—	—	5°	—	—
第3层	−35°	−46°	—	−5°	−17°	—

层数	A 区域			B 区域		
	1	2	3	1	2	3
第 4 层	35°	46°	—	5°	17°	—
第 5 层	−35°	−46°	−46°	−5°	−17°	−56°
第 6 层	35°	46°	46°	5°	17°	56°
夹芯层	巴沙木			巴沙木		
第 7 层	35°	46°	46°	5°	17°	56°
第 8 层	−35°	−46°	−46°	−5°	−17°	−56°
第 9 层	35°	46°	—	5°	17°	—
第 10 层	−35°	−46°	—	−5°	−17°	—
第 11 层	35°	—	—	5°	—	—
第 12 层	−35°	—	—	−5°	—	—

表 6.7 叶片简化模型后缘下纤维铺角分布

层数	C 区域			D 区域		
	1	2	3	1	2	3
第 1 层	−26°	—	—	−45°	—	—
第 2 层	26°	—	—	45°	—	—
第 3 层	−26°	−55°	—	−45°	−64°	—
第 4 层	26°	55°	—	45°	64°	—
第 5 层	−26°	−55°	−58°	−45°	−64°	−71°
第 6 层	26°	55°	58°	45°	64°	71°
夹芯层	巴沙木			巴沙木		
第 7 层	26°	55°	58°	45°	64°	71°
第 8 层	−26°	−55°	−58°	−45°	−64°	−71°
第 9 层	26°	55°	—	45°	64°	—
第 10 层	−26°	−55°	—	−45°	−64°	—
第 11 层	26°	—	—	45°	—	—
第 12 层	−26°	—	—	−45°	—	—

3) 优化结果分析

用优化后的纤维铺角修改叶片简化模型的初始.inp 文件, 并将修改后的.inp 文件输入 ABAQUS 软件中, 提交系统分析, 获得优化后模型的力学性能分布图, 并与优化前模型进行对比, 结果如图 6.20 和图 6.21 所示。

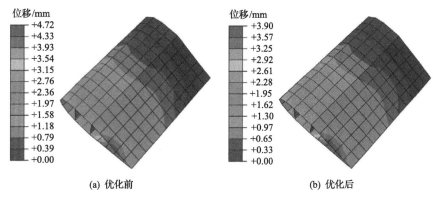

(a) 优化前　　　　　　　　　(b) 优化后

图 6.20　叶片简化模型优化前后位移分布

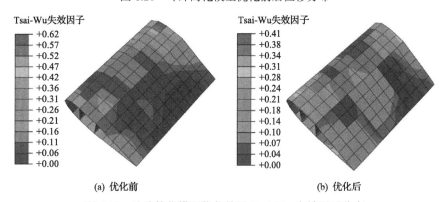

(a) 优化前　　　　　　　　　(b) 优化后

图 6.21　叶片简化模型优化前后 Tsai-Wu 失效因子分布

叶片简化模型优化前后的结构性能对比见表 6.8。从表中可以看出, 在不增加材料用量的前提下, 通过层合参数优化, 改善纤维铺角布局, 叶片简化模型最大位移减小到 3.90mm, 同时 Tsai-Wu 失效因子降至 0.41, 分别比初始方案下降约 17.37%和 33.87%, 结构获得了较大的刚度和强度, 算例结果验证了基于层合参数的壳结构变刚度优化数学模型的可行性和准确性。

表 6.8　叶片简化模型优化前后的结构性能对比

方案	结构柔顺度/(N·mm)	最大位移/mm	Tsai-Wu 失效因子
初始方案	52113.6	4.72	0.62
优化方案	42694.4	3.90	0.41

6.4 基于层合参数的风电机组叶片连续纤维铺角变刚度 优化设计

6.4.1 基于层合参数的叶片连续纤维铺角变刚度优化数学模型

依据经典层合板理论及优化设计相关理论和方法，针对叶片特定的结构和载荷，对叶片铺层分布的层合参数进行优化设计。采用分区优化策略，以叶片各区域层合参数为设计变量、层合参数可行域为约束、结构柔顺度最小为目标函数，建立叶片层合参数优化数学模型：

$$
\begin{cases}
\text{find} \quad \boldsymbol{\zeta} = \left\{ \zeta_{1i}^{\mathrm{A}}, \zeta_{3i}^{\mathrm{A}}, \zeta_{1i}^{\mathrm{D}}, \zeta_{3i}^{\mathrm{D}} \right\}, \quad i = 1, 2, \cdots, N^i \\[2mm]
\min \quad C = \boldsymbol{U}^{\mathrm{T}} \boldsymbol{F} = \boldsymbol{U}^{\mathrm{T}} \boldsymbol{K} \boldsymbol{U} \\[2mm]
\text{s.t.} \quad \boldsymbol{K} \boldsymbol{U} = \boldsymbol{F} \\[2mm]
\quad \boldsymbol{K} = \sum_{i=1}^{N^i} \sum_{ip=1}^{N^{ip}} \boldsymbol{K}_{i,ip} + \boldsymbol{K}_{\mathrm{F}} + \boldsymbol{K}_{\mathrm{Balsa}} \\[2mm]
\quad 5(\zeta_{1i}^{\mathrm{A}} - \zeta_{1i}^{\mathrm{D}})^2 - 2(1 + \zeta_{3i}^{\mathrm{A}} - 2(\zeta_{1i}^{\mathrm{A}})^2) \leqslant 0 \\[2mm]
\quad (\zeta_{3i}^{\mathrm{A}} - 4t\zeta_{1i}^{\mathrm{A}} + 1 + 2t^2)^3 - 4(1 + 2|t| + t^2)^2 (\zeta_{3i}^{\mathrm{D}} - 4t\zeta_{1i}^{\mathrm{D}} + 1 + 2t^2) \leqslant 0 \\[2mm]
\quad (4t\zeta_{1i}^{\mathrm{A}} - \zeta_{3i}^{\mathrm{A}} + 1 + 4|t|)^3 - 4(1 + 2|t| + t^2)^2 (4t\zeta_{1i}^{\mathrm{D}} - \zeta_{3i}^{\mathrm{D}} + 1 + 4|t|) \leqslant 0 \\[2mm]
\quad -1 \leqslant \zeta_{1i}^{\mathrm{A}}, \zeta_{3i}^{\mathrm{A}}, \zeta_{1i}^{\mathrm{D}}, \zeta_{3i}^{\mathrm{D}} \leqslant 1 \\[2mm]
\quad -1 \leqslant t \leqslant 1
\end{cases}
\tag{6.50}
$$

式中，$\boldsymbol{\zeta}$ 为叶片优化区域层合参数向量；N^i 为叶片区域数；N^{ip} 为第 i 个区域的单元数；C 为叶片结构柔顺度；$\boldsymbol{U}$ 为叶片节点位移向量；$\boldsymbol{F}$ 为叶片载荷向量；$\boldsymbol{K}$ 为叶片整体刚度矩阵；$\boldsymbol{K}_{i,ip}$ 为叶片第 i 个区域第 p 个单元的刚度矩阵；$\boldsymbol{K}_{\mathrm{F}}$ 为叶片非优化区域刚度矩阵；$\boldsymbol{K}_{\mathrm{Balsa}}$ 为叶片夹芯材料(巴沙木)的刚度矩阵。

6.4.2 基于层合参数的叶片连续纤维铺角变刚度优化实现流程

基于层合参数的叶片连续纤维铺角变刚度优化流程如图 6.22 所示，具体实现过程如下：

(1)建立叶片有限元模型并分区。

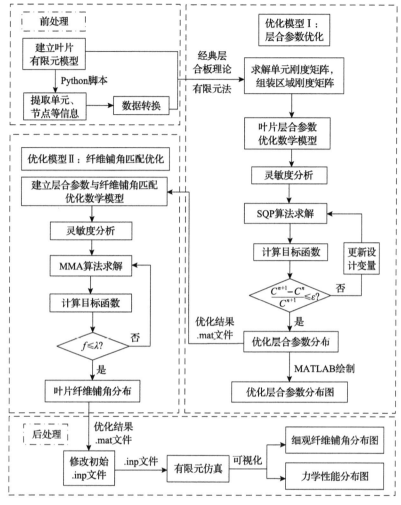

图 6.22　基于层合参数的叶片连续纤维铺角变刚度优化流程

(2)根据经典层合板理论和有限元法,求解单元刚度矩阵,并组装区域刚度矩阵。

(3)建立叶片层合参数优化数学模型,推导目标函数对设计变量的灵敏度表达式,初始化设计变量。

(4)判断前后两次迭代目标函数是否满足收敛条件,如果不满足,继续迭代更新设计变量;否则,输出优化后的叶片层合参数分布。

(5)建立层合参数与叶片细观纤维铺角匹配优化数学模型,推导目标函数对设计变量的灵敏度表达式,初始化设计变量。

(6)判断目标函数值是否小于给定值,如果不满足,则继续迭代更新设计变量,否则，输出叶片细观纤维铺角分布。

(7)用优化后获得的叶片细观纤维铺角修改初始叶片.inp 文件，将修改后的文件导入 ABAQUS 软件中，获得优化后叶片纤维铺角空间分布及力学性能分布图。

6.4.3 基于层合参数的距叶根三分之一段叶片连续纤维铺角变刚度优化设计

1)层合参数分布优化

风电机组叶片段划分为优化区域和非优化区域，优化区域为蒙皮部分，而非优化区域包括叶根、主梁和双腹板部分。叶片优化区域沿展向分为 8 个不同的区域，用数字 1～8 表示；沿周向划分为 3 个区域，用字母 A、B、C 表示，共 24 个区域。叶片距叶根三分之一段区域分布如图 6.23 所示。

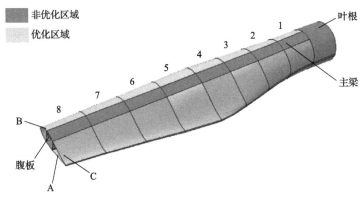

图 6.23　叶片距叶根三分之一段区域分布

运用式(6.50)所描述的变刚度优化数学模型，对叶片层合参数进行求解。由于叶片优化区域初始铺层为 ±45° 对称平衡铺放，初始层合参数为 $\zeta_1^A = 0$ 、$\zeta_3^A = -1$ 、$\zeta_1^D = 0$ 、$\zeta_3^D = -1$ ，叶片结构柔顺度迭代历程如图 6.24 所示。

叶片模型在第 20 次迭代后满足收敛准则，迭代终止，优化后，结构柔顺度由 1.238×10^8N·mm 减小为 1.084×10^8N·mm，下降约 12.44%。叶片优化后的层合参数分布如图 6.25 所示。

2)层合参数分布转化为纤维铺角分布

由于层合参数在优化过程中只起到联系层合板力学性能和层合板纤维方向的桥梁作用，其并非实际的叶片铺层参数，为了使结果有实际意义，以 Lobatto 多项式系数为设计变量、叶片各区域纤维铺角变化范围为约束条件，建立 Huber 回归最小的层合参数与纤维铺角匹配的优化数学模型，如式(6.46)所示，运用 MMA 算法进行优化求解，获得叶片各个区域优化后的层合参数对应的纤维铺角，见表 6.9～表 6.11。由于叶片蒙皮部分均采用对称平衡铺放，只给出第 1～8 层的纤维铺角，第 9 层为芯材，第 10～17 层的纤维铺角关于叶片中性面对称。

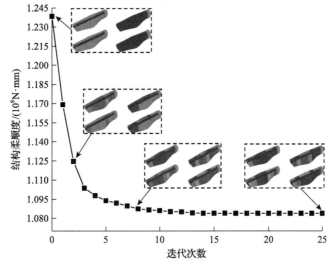

图 6.24 叶片结构柔顺度的迭代历程

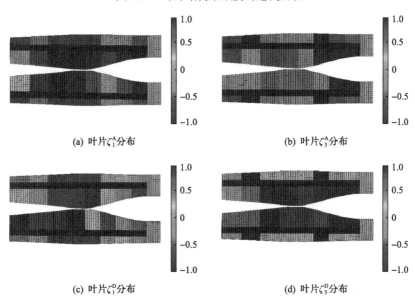

(a) 叶片 ζ_1^A 分布

(b) 叶片 ζ_3^A 分布

(c) 叶片 ζ_1^D 分布

(d) 叶片 ζ_3^D 分布

图 6.25 叶片优化后的层合参数分布

表 6.9 A 区域纤维铺角分布

层数	1	2	3	4	5	6	7	8
第 1 层	−8°	−60°	—	—	—	—	—	—
第 2 层	8°	60°	—	—	—	—	—	—

续表

层数	1	2	3	4	5	6	7	8
第3层	−8°	−60°	−62°	−18°	−12°	−13°	—	—
第4层	8°	60°	62°	18°	12°	13°	—	—
第5层	−8°	−60°	−62°	−18°	−12°	−13°	−19°	−70°
第6层	8°	60°	62°	18°	12°	13°	19°	70°
第7层	−8°	−60°	−62°	−18°	−12°	−13°	−19°	−70°
第8层	8°	60°	62°	18°	12°	13°	19°	70°

表 6.10　B 区域纤维铺角分布

层数	1	2	3	4	5	6	7	8
第1层	−27°	−40°	—	—	—	—	—	—
第2层	27°	40°	—	—	—	—	—	—
第3层	−27°	−40°	−45°	−23°	−24°	−24°	—	—
第4层	27°	40°	45°	23°	24°	24°	—	—
第5层	−27°	−40°	−45°	−23°	−24°	−24°	−39°	−30°
第6层	27°	40°	45°	23°	24°	24°	39°	30°
第7层	−27°	−40°	−45°	−23°	−24°	−24°	−39°	−30°
第8层	27°	40°	45°	23°	24°	24°	39°	30°

表 6.11　C 区域纤维铺角分布

层数	1	2	3	4	5	6	7	8
第1层	−8°	−10°	—	—	—	—	—	—
第2层	8°	10°	—	—	—	—	—	—
第3层	−8°	−10°	−30°	−14°	−11°	−11°	—	—
第4层	8°	10°	30°	14°	11°	11°	—	—
第5层	−8°	−10°	−30°	−14°	−11°	−11°	−30°	−78°
第6层	8°	10°	30°	14°	11°	11°	30°	78°
第7层	−8°	−10°	−30°	−14°	−11°	−11°	−30°	−78°
第8层	8°	10°	30°	14°	11°	11°	30°	78°

　　用优化后获得的纤维铺角数据修改初始模型的.inp 文件，并将修改后的.inp 文件直接导入 ABAQUS 软件中，提交系统分析，获得优化后叶片纤维铺角分布，限于篇幅，仅展示叶片最外层纤维铺角分布，如图 6.26 所示。

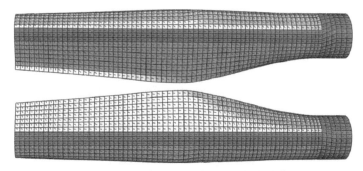

图 6.26　叶片优化后最外层纤维铺角分布

叶片优化前后的位移分布与 Tsai-Wu 失效因子分布对比分别如图 6.27 和图 6.28 所示。叶片优化前后的结构性能对比见表 6.12。

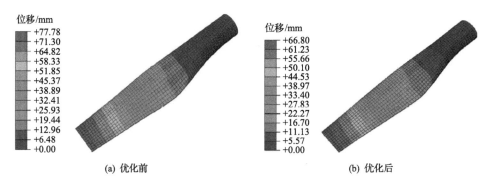

图 6.27　叶片优化前后的位移分布对比

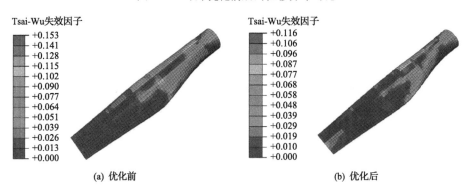

图 6.28　叶片优化前后的 Tsai-Wu 失效因子分布对比

表 6.12　叶片优化前后的结构性能对比

方案	结构柔顺度/(N·mm)	位移/mm	Tsai-Wu 失效因子
初始方案	1.238×10^8	77.78	0.153
优化方案	1.084×10^8	66.80	0.116

经优化，叶片最大位移由 77.78mm 降至 66.80mm，减小约 14.12%，Tsai-Wu 失效因子由 0.153 降至 0.116，减小约 24.18%，优化效果明显，叶片性能得到显著提升，从而证实了风电机组叶片变刚度优化设计方法的可行性和有效性。

6.4.4　基于层合参数的全尺寸叶片连续纤维铺角变刚度优化设计

针对某 1.5MW 风电机组全尺寸叶片，为减少设计变量数目、降低数学模型维度、提高优化设计效率，采用分区策略对叶片进行纤维铺角变刚度设计。同一分区采用相同的层合参数，叶片变刚度优化在分区层级进行操作，结构响应在单元层级进行分析。叶片结构区域划分如图 1.9 所示。由于叶片尺寸较大，整体叶片层合参数分布展示不清晰，故分别给出优化后叶根段、叶中段和叶尖段的层合参数分布，如图 6.29～图 6.31 所示。叶片部分区域的纤维铺角分布如图 6.32 所示。

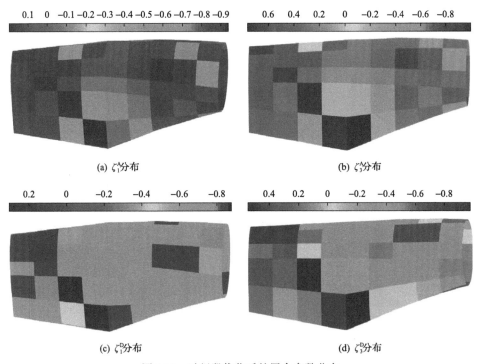

(a) ζ_1^A分布　　　　　　　(b) ζ_3^A分布

(c) ζ_1^D分布　　　　　　　(d) ζ_3^D分布

图 6.29　叶根段优化后的层合参数分布

通过连续纤维铺角优化，风电机组叶片的结构最大应力、最大线位移、最大角位移、Tsai-Wu 失效因子分别为 27.77MPa、1.213m、0.0849rad、0.0857，分别比离散纤维铺角优化下降约 13.11%、6.98%、8.51%、17.28%，说明基于层合参数的复合材料叶片连续纤维铺角变刚度设计可以获得更优的结构响应。

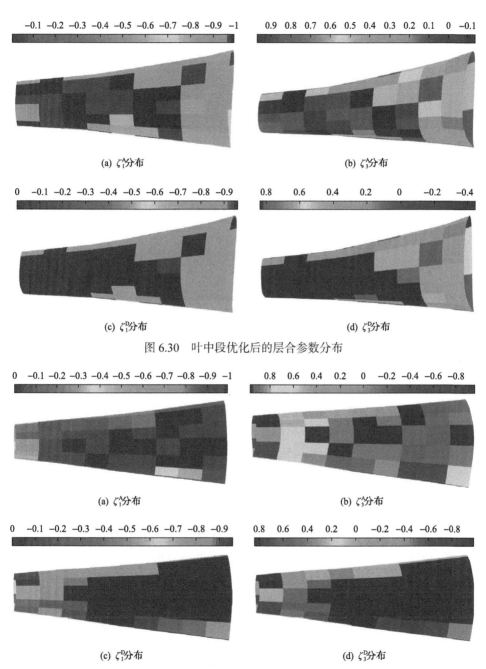

(a) ζ_1^A分布

(b) ζ_3^A分布

(c) ζ_1^D分布

(d) ζ_3^D分布

图 6.30　叶中段优化后的层合参数分布

(a) ζ_1^A分布

(b) ζ_3^A分布

(c) ζ_1^D分布

(d) ζ_3^D分布

图 6.31　叶尖段优化后的层合参数分布

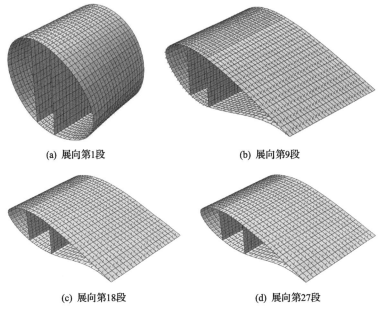

(a) 展向第1段　　　　　　　　　　　(b) 展向第9段

(c) 展向第18段　　　　　　　　　　(d) 展向第27段

图 6.32　优化后叶片的纤维铺角分布

6.5　本　章　小　结

本章主要研究了风电机组叶片连续纤维铺角变刚度优化设计方法。

(1)介绍了复合材料层合板常刚度设计和变刚度设计,论述了复合材料层合参数的概念、可行域和层合板刚度矩阵与层合参数的关系;在此基础上,提出了基于层合参数的复合材料层合板变刚度优化设计方法,该方法以层合参数作为中间设计变量,仅需 4 个层合参数即可定义对称平衡层合板的刚度性能,设计变量少,设计空间是凸优化问题,不仅可降低优化数学模型的复杂程度,还可以提高计算效率,避免陷入局部最优解,比直接采用纤维铺角设计更具优越性。

(2)构建了以层合参数为设计变量、层合参数可行域为约束条件、结构柔顺度(或互补应变能)最小为目标函数的复合材料层合板纤维铺角变刚度优化数学模型,分析了目标函数对设计变量的灵敏度,确定了优化流程。

(3)研究了层合参数分布转化为纤维铺角分布的实现方法。针对直接优化纤维铺角存在的多解性问题,采用 Lobatto 多项式近似描述纤维铺角;建立了纤维铺角与层合参数之间的数学关系式,求出 Lobatto 多项式描述的纤维铺角对应的近似层合参数;通过优化更新 Lobatto 多项式系数,近似层合参数逐步逼近优化层合参数,从而实现层合参数分布到纤维铺角分布的转化。构建了以 Lobatto 多项式系数为设计变量、层合板各单元纤维铺角变化范围为约束条件、优化层合参数与近似层合参数 Huber 回归最小问题为目标函数的层合参数分布转化为纤维铺角分布的优化数学模型，进行了灵敏度分析。以 L 型支架、固端梁、圆柱壳、叶片简化模型为数值算例进行优化，优化结果表明，基于层合参数的复合材料层合板纤维铺角变刚度优化可以有效改善结构承载能力，验证了所提方法的可行性与有效性。

（4）针对风电机组叶片特定的结构、载荷和制造约束限制，基于层合参数的纤维铺角变刚度优化设计方法，构建了相应的优化数学模型，确定了优化流程。对距叶根三分之一段叶片和全尺寸叶片进行了层合参数优化和优化层合参数分布到纤维铺角分布的转化，获得了优化后的纤维铺角分布。结果表明，优化后叶片结构性能显著提升，为风电机组叶片纤维铺角变刚度优化提供了新的方法。

参 考 文 献

[1] Ghiasi H, Pasini D, Lessard L. Optimum stacking sequence design of composite materials part I : Constant stiffness design. Composite Structures, 2009, 90(1): 1-11.

[2] Ghiasi H, Fayazbakhsh K, Pasini D, et al. Optimum stacking sequence design of composite materials part II : Variable stiffness design. Composite Structures, 2010, 93(1): 1-13.

[3] Xu Y J, Zhu J H, Wu Z, et al. A review on the design of laminated composite structures: Constant and variable stiffness design and topology optimization. Advanced Composites and Hybrid Materials, 2018, 1(3): 460-477.

[4] Punera D, Mukherjee P. Recent developments in manufacturing, mechanics, and design optimization of variable stiffness composites. Journal of Reinforced Plastics and Composites, 2022, 41(23-24): 917-945.

[5] 叶辉, 李清原, 闫康康. 变刚度复合材料层合板的力学性能. 吉林大学学报(工学版), 2020, 50(3): 920-928.

[6] Gupta A, Pradyumna S. Geometrically nonlinear bending analysis of variable stiffness composite laminated shell panels with a higher-order theory. Composite Structures, 2021, 276: 114527.

[7] Hao P, Yuan X J, Liu C, et al. An integrated framework of exact modeling, isogeometric analysis and optimization for variable-stiffness composite panels. Computer Methods in Applied Mechanics and Engineering, 2018, 339(9): 205-238.

[8] Hao P, Yuan X J, Liu H L, et al. Isogeometric buckling analysis of composite variable-stiffness panels. Composite Structures, 2017, 165: 192-208.

[9] Zeng J N, Huang Z D, Fan K, et al. An adaptive hierarchical optimization approach for the minimum compliance design of variable stiffness laminates using lamination parameters. Thin-Walled Structures, 2020, 157: 107068.

[10] Mitrofanov O V, Nazarov E V. On the subject of analyzing the post-buckling behavior of

composite sandwich panels with thin skins of variable stiffness under longitudinal compression. Journal of Physics: Conference Series, 2021, 2094(4): 042056.

[11] Zheng Y C, Han B, Chen J Q, et al. Maximizing the load carrying capacity of a variable stiffness composite cylinder based on the multi-objective optimization method. International Journal of Computational Methods, 2021, 18(5): 2150001.

[12] Sohouli A, Yildiz M, Suleman A. Cost analysis of variable stiffness composite structures with application to a wind turbine blade. Composite Structures, 2018, 203: 681-695.

[13] Sjølund J H, Peeters D, Lund E. Discrete material and thickness optimization of sandwich structures. Composite Structures, 2019, 217: 75-88.

[14] Miki M. Material design of composite laminates with required in-plane elastic properties. Materials System, 1982, 1: 21-30.

[15] Guo X Z, Zhou K M. Topology optimization for variable stiffness design of fiber-reinforced composites with bi-modulus materials. Optimization and Engineering, 2023, 24(4): 2745-2762.

[16] Serhat G, Bediz B, Basdogan I. Unifying lamination parameters with spectral-tchebychev method for variable-stiffness composite plate design. Composite Structures, 2020, 242: 112183.

[17] Shafighfard T, Demir E, Yildiz M. Design of fiber-reinforced variable-stiffness composites for different open-hole geometries with fiber continuity and curvature constraints. Composite Structures, 2019, 226: 111280.

[18] Demir E, Yousefi-Louyeh P, Yildiz M. Design of variable stiffness composite structures using lamination parameters with fiber steering constraint. Composites Part B: Engineering, 2019, 165: 733-746.

[19] Weaver P M, Wu Z M, Raju G. Optimisation of variable stiffness plates. Applied Mechanics and Materials, 2016, 828: 27-48.

[20] van Campen J, Kassapoglou C, Gürdal Z, et al. Generating realistic laminate fiber angle distributions for optimal variable stiffness laminates. Composites Part B: Engineering, 2012, 43(2): 354-360.

[21] van Campen J, Kassapoglou C, Güerdal Z. Design of fiber-steered variable-stiffness laminates based on a given lamination parameters distribution//52nd AIAA/ASME/ASCE/AHS/ASC Structures, Structural Dynamics and Materials Conference, Denver, 2011: 2810-2820.

[22] Jones R M. Mechanics of Composite Materials. London: Taylor & Francis, 1999: 79-190.

[23] Hammer V B, Bendsøe M P, Lipton R, et al. Parametrization in laminate design for optimal compliance. International Journal of Solids and Structures, 1997, 34(4): 415-434.

[24] Wu Z M, Raju G, Weaver P M. Framework for the buckling optimization of variable-angle tow composite plates. AIAA Journal, 2015, 53(12): 3788-3804.

[25] Alhajahmad A, Abdalla M M, Gürdal Z. Design tailoring for pressure pillowing using

tow-placed steered fibers. Journal of Aircraft, 2008, 45(2): 630-640.

[26] Tsai S W, Pagano N J. Invariant properties of composite materials. Composite Material Workshop, 1968: 116-210.

第7章 风电机组叶片纤维铺角与铺层厚度协同优化设计方法及应用

7.1 引　言

复合材料层合板在不同尺度上会表现出不同的结构特性，层合板的宏观性能不仅与纤维铺角相关，还与层合板厚度有着密切联系。材料科学家 Ashby[1]指出，多尺度协同优化设计是一种高效的设计方法，可以同时考虑宏观结构拓扑与细观材料选择。杜善义[2]指出，可以通过材料与结构的协同设计使复合材料结构获得更优的承载性能。因此，考虑铺层厚度与纤维角度之间的耦合作用，开展复合材料多尺度协同优化设计有利于充分挖掘复合材料层合板的设计潜力，进一步提升层合板结构的承载能力[3-5]。本章拟提出一种基于层合参数的复合材料层合板变厚度、变角度协同优化方法，构建以层合参数与铺层厚度为设计变量、层合参数可行域及厚度边界为约束条件、结构柔顺度最小为优化目标的协同优化数学模型，探索铺层厚度的连续化过滤技术，以实现复合材料层合板纤维铺角与材料分布的协同变刚度设计。

7.2 纤维铺角与铺层厚度协同优化

7.2.1 问题描述

在第 6 章基于层合参数的复合材料连续纤维铺角优化设计中，主要针对的是等厚度层合板，且层合板厚度在优化过程中是恒定的。在实际应用中，有些复合材料结构设计域内的应力分布差异很大，层合板不同空间位置的结构应力分布对材料刚度性能的需求是不同的。从承载的角度考虑，复合材料等厚度分布并非层合板的最佳布局方案。因此，考虑优化过程中层合板铺层厚度的变化，即层合板结构在承载需求的驱动下匹配最佳的铺层厚度，从而使层合板通过变刚度结构获得更优的结构响应。

以铺层厚度作为设计变量进行优化，复合材料逐步从低应力区域向高应力区域转移，以使结构内部应力尽可能均匀分布。复合材料铺层厚度优化本质上也是寻找材料在设计空间中的最佳布局。因此，层合板厚度优化属于广义结构拓扑优化的范畴。结构拓扑优化的数据模型可以用式(7.1)描述：

$$
\begin{cases}
\text{find } \boldsymbol{x} \\
\min f(\boldsymbol{x}) \\
\text{s.t.} \quad \hat{V} \leqslant \varepsilon_{\mathrm{v}} \hat{V}^* \\
\qquad \boldsymbol{h}(\boldsymbol{x}) = 0 \\
\qquad \boldsymbol{g}(\boldsymbol{x}) \geqslant 0
\end{cases}
\tag{7.1}
$$

式中，$\boldsymbol{x}$ 为设计变量向量；$f(\boldsymbol{x})$ 为目标函数，如最大位移、结构柔顺度、失效概率等；$\hat{V}$ 为优化后的结构体积；$\hat{V}^*$ 为优化前的结构体积；$\boldsymbol{h}(\boldsymbol{x})$ 为设计变量需要满足的等式约束条件；$\boldsymbol{g}(\boldsymbol{x})$ 为设计变量需要满足的不等式约束条件；ε_{v} 为体积分数，用来控制优化后结构体积与优化前结构体积的比例。传统的结构拓扑优化多以体积分数为约束条件，寻求某个(或多个)结构响应的最优化，通过体积分数调节结构优化设计中允许的减材程度。从轻量化设计的角度，拓扑优化一般要求优化后的材料体积小于初始方案的材料体积，即体积分数必须小于 1 才能体现出优化设计的价值；当体积分数取零或者负值时，拓扑优化结果没有任何实际的物理意义。因此，在传统拓扑优化中，体积分数的取值需要满足

$$
0 < \varepsilon_{\mathrm{v}} < 1
\tag{7.2}
$$

在传统拓扑优化中，单元状态一般用离散变量 0 或 1 描述，1 表示保留该单元材料，0 表示去除该单元材料。尽管部分学者提出了松弛策略，在优化迭代过程中放松对设计变量的 0-1 整数约束，以方便利用高效率的梯度类算法进行求解。但无论优化过程采用何种松弛策略，拓扑优化的最终结果仍然要避免设计变量取到 0~1 的中间值，因为优化工作的出发点是确定单元材料"有"或"无"。

针对风电机组叶片、航空飞行器等复合材料蒙皮结构，传统拓扑方法并不能满足此类结构的优化需求，因为简单的 0-1 整数规划会导致优化后结构中出现孔洞，而这些孔洞会破坏风电机组叶片、航空飞行器等结构的气动外形。因此，考虑以复合材料铺层厚度为设计变量、厚度设计边界为约束条件，研究复合材料层合板的变刚度设计方法，以实现拓扑优化的同时保持结构的气动外形。

假设复合材料层合板的初始方案为整个设计域内等厚度铺放，任意单元的初始铺层厚度均为 $h_p^0 = h_0$ $(p = 1, 2, \cdots, N^p)$，优化后的单元铺层厚度为 h_p，定义单元厚度分数 $\varepsilon_p^{\mathrm{h}}$ 为优化后单元铺层厚度与优化前单元铺层厚度的比值，即

$$
\varepsilon_p^{\mathrm{h}} = \frac{h_p}{h_p^0}
\tag{7.3}
$$

式(7.3)所描述的厚度分数是在单元层级操作，而传统拓扑优化中的体积分数往往针对的是优化前后的结构总体积。随着自动铺丝技术的发展，理论上复合材料铺层厚度允许连续变化，从优化角度考虑，复合材料厚度变量 h 允许在设计域

内连续取值，这个性质有利于使用梯度类算法进行优化求解[6-8]。

本章研究的第一个目标是寻求复合材料最优分布的同时保持结构的气动外形，因此考虑层合板结构不允许出现厚度为零的区域，利用厚度分数构建不等式约束：

$$\varepsilon_p^h \geqslant \varepsilon^{min} \tag{7.4}$$

式中，ε^{min} 为优化允许的最小厚度分数，理论取值范围为 $0 < \varepsilon^{min} < 1$，可根据具体设计问题设定单元厚度分数的最小值。

任何材料对单元刚度性能的贡献不可能超过材料固有属性，因此基于变密度思想的传统拓扑优化中，设计变量人工密度的取值不允许大于 1。而以厚度分数为设计变量时，优化过程中材料会向结构刚度需求较大的区域迁移聚集，单元厚度分数大于 1，表征材料聚集区域单元厚度相对初始方案是增大的。

本章研究的第二个目标是在不增加材料用量的前提下尽可能获得更优的结构响应。因此，有必要构建式(7.5)所描述的等式约束条件，以确保优化过程中材料厚度不会无限增大，而是在恒定的总体积中寻求最佳的材料厚度分布。

$$\sum_{p=1}^{N^p} h_p = \varepsilon_g^h N^p h_p^0 \tag{7.5}$$

式中，N^p 为单元总数；ε_g^h 为全局厚度分数。

在式(7.5)的线性约束下，尽管每个单元的铺层厚度均是独立变量且允许连续变化，但优化过程中所有单元铺层厚度之和始终保持不变。当 $\varepsilon_g^h = 1$ 时，优化方案的总厚度与初始方案的总厚度保持一致，此时材料富集区域增加的铺层厚度必然来自低刚度需求区域的材料输出，即材料在总量上既不增加也不减少。另外，当原始设计方案存在材料冗余时，通过调整全局厚度分数 ε_g^h 在 0~1 范围内取值可实现结构的轻量化设计。

常规的复合材料结构设计中，宏观结构拓扑优化与细观纤维铺角选择是相对独立的两个环节，往往采用先确定材料布局后优化纤维铺角的串行设计模式。所设计的铺层方案仅为满足条件的可行方案，并不是最佳设计方案，特别是在工作载荷复杂、结构应力分布不均匀的情况下，严重割裂了材料宏观拓扑与细观纤维铺角的耦合作用联系。串行设计带来两方面的问题，一是优化设计顺序作业导致产品开发周期延长，难以满足市场对产品研发的快速响应需求；二是未考虑铺层参数之间的耦合作用，难以实现复合材料在不同尺度上的协同优化设计。

结合第 6 章基于层合参数的复合材料连续纤维铺角优化设计，本章将基于层合参数的变纤维角度设计与层合板变厚度设计相结合，探索基于层合参数的复合材料纤维铺角与铺层厚度的协同优化设计方法，如图 7.1 所示。

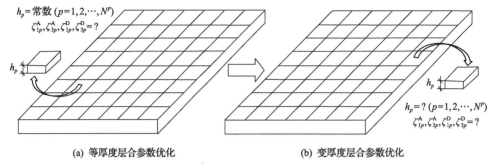

(a) 等厚度层合参数优化　　　　　　　(b) 变厚度层合参数优化

图 7.1　基于层合参数的纤维铺角与铺层厚度协同优化

7.2.2　优化数学模型

本章研究中，复合材料纤维铺角优化仍然采用基于层合参数为中间变量的优化策略，设计边界为层合参数的可行域；铺层厚度优化以单元铺层厚度为设计变量，设计边界为单元厚度分数最小值；设计目标是在不增加材料用量的前提下使复合材料层合板的结构柔顺度最小化，同时确保优化结果中无孔洞结构。为实现复合材料层合板纤维铺角与铺层厚度的一体化设计，构建如下协同优化数学模型：

$$\begin{cases} \text{find } \boldsymbol{X} = \left\{ \zeta_{1p}^{\mathrm{A}}, \zeta_{3p}^{\mathrm{A}}, \zeta_{1p}^{\mathrm{D}}, \zeta_{3p}^{\mathrm{D}}, h_p \right\}, \quad p = 1, 2, \cdots, N^p \\[2mm] \min C = \boldsymbol{U}^{\mathrm{T}} \boldsymbol{F} = \boldsymbol{U}^{\mathrm{T}} \boldsymbol{K} \boldsymbol{U} \\[2mm] \text{s.t.} \quad \boldsymbol{K} \boldsymbol{U} = \boldsymbol{F} \\[2mm] \qquad \boldsymbol{K} = \sum_{p=1}^{N^p} \boldsymbol{K}_p \\[2mm] \qquad \zeta_{1p}^{\mathrm{A}}, \zeta_{3p}^{\mathrm{A}}, \zeta_{1p}^{\mathrm{D}}, \zeta_{3p}^{\mathrm{D}} \in \bar{\varOmega} \\[2mm] \qquad h_p - \varepsilon^{\min} h_0 \geqslant 0 \\[2mm] \qquad \varepsilon_{\mathrm{g}}^{\mathrm{h}} N^p h_p^0 - \sum_{p=1}^{N^p} h_p = 0 \end{cases} \tag{7.6}$$

式中，$\boldsymbol{X}$ 为设计变量向量；ζ_{1p}^{A}、ζ_{3p}^{A}、ζ_{1p}^{D}、ζ_{3p}^{D} 为单元层合参数；h_p 为单元铺层厚度；p 为单元编号；N^p 为单元总数；C 为结构柔顺度；$\boldsymbol{U}$ 为节点位移向量；$\boldsymbol{F}$ 为外载荷向量；$\boldsymbol{K}$ 为全局刚度矩阵；$\boldsymbol{K}_p$ 为第 p 个单元的刚度矩阵；$\bar{\varOmega}$ 为层合参数的可行域；h_p^0 为层合板初始铺层厚度；$\varepsilon^{\min}$ 为单元厚度分数下限值；$\varepsilon_{\mathrm{g}}^{\mathrm{h}}$ 为全局厚度分数。

单元刚度矩阵 $\boldsymbol{K}_p$ 是单元层合参数 ζ_{1p}^{A}、ζ_{3p}^{A}、ζ_{1p}^{D}、ζ_{3p}^{D} 和铺层厚度 h_p 的函

数，即

$$K_p = \int_{\Omega} \left[h_p \bar{B}_\mathrm{m}^\mathrm{T} (\boldsymbol{\varGamma}_0 + \zeta_{1p}^\mathrm{A} \boldsymbol{\varGamma}_1 + \zeta_{3p}^\mathrm{A} \boldsymbol{\varGamma}_3) \bar{B}_\mathrm{m} + \frac{h_p^3}{12} \bar{B}_\mathrm{b}^\mathrm{T} (\boldsymbol{\varGamma}_0 + \zeta_{1p}^\mathrm{D} \boldsymbol{\varGamma}_1 + \zeta_{3p}^\mathrm{D} \boldsymbol{\varGamma}_3) \bar{B}_\mathrm{b} \right] \mathrm{d}\Omega$$

$$\tag{7.7}$$

式中，$\bar{B}_\mathrm{m}$ 为单元平面应变矩阵；$\bar{B}_\mathrm{b}$ 为单元弯曲应变矩阵；Ω 为单元积分域。

针对平衡对称层合板的纤维铺角与铺层厚度协同优化，每个单元需要 5 个设计变量来描述结构性能，即层合参数 ζ_{1p}^A、ζ_{3p}^A、ζ_{1p}^D、ζ_{3p}^D 以及单元铺层厚度 h_p，全局设计变量总数为 $N^p \times 5$。当平衡对称层合板只承受面内载荷作用时，式(7.6)退化为

$$\begin{cases}
\text{find } \boldsymbol{X} = \left\{ \zeta_{1p}^\mathrm{A}, \zeta_{3p}^\mathrm{A}, h_p \right\}, \quad p = 1, 2, \cdots, N^p \\
\min C = \boldsymbol{U}^\mathrm{T} \boldsymbol{F} = \boldsymbol{U}^\mathrm{T} \boldsymbol{K} \boldsymbol{U} \\
\text{s.t.} \quad \boldsymbol{K} \boldsymbol{U} = \boldsymbol{F} \\
\quad \boldsymbol{K} = \sum_{p=1}^{N^p} \boldsymbol{K}_p \\
\quad \zeta_{1p}^\mathrm{A}, \zeta_{3p}^\mathrm{A} \in \bar{\Omega} \\
\quad h_p - \varepsilon^{\min} h_0 \geqslant 0 \\
\quad \varepsilon_\mathrm{g}^\mathrm{h} N^p h_p^0 - \sum_{p=1}^{N^p} h_p = 0
\end{cases}$$

$$\tag{7.8}$$

在平衡对称层合板面内问题中，单元设计变量只需考虑层合参数 ζ_{1p}^A、ζ_{3p}^A 以及单元厚度 h_p，全局设计变量总数为 $N^p \times 3$，对应的单元刚度矩阵 $\boldsymbol{K}_p$ 为

$$K_p = \int_{\Omega} [h_p \bar{B}_\mathrm{m}^\mathrm{T} (\boldsymbol{\varGamma}_0 + \zeta_{1p}^\mathrm{A} \boldsymbol{\varGamma}_1 + \zeta_{3p}^\mathrm{A} \boldsymbol{\varGamma}_3) \bar{B}_\mathrm{m}] \mathrm{d}\Omega \tag{7.9}$$

7.2.3　灵敏度分析

为利用高效的梯度类优化算法进行求解，需要提供目标函数及约束函数对设计变量的灵敏度信息。根据设计变量的单元无关性，在静力学分析中，目标函数结构柔顺度对单元设计变量的一阶偏导数可利用式(7.10)计算得到，具体推导详见 6.3 节。

$$\frac{\partial C}{\partial x} = -\boldsymbol{U}_p^\mathrm{T} \frac{\partial \boldsymbol{K}_p}{\partial x} \boldsymbol{U}_p \tag{7.10}$$

对式(7.7)两边求导，单元刚度矩阵 $\boldsymbol{K}_p$ 对单元铺层厚度 h_p 的一阶偏导数为

$$\frac{\partial \boldsymbol{K}_p}{\partial h_p} = \int_{\Omega} \left[\bar{\boldsymbol{B}}_{\mathrm{m}}^{\mathrm{T}} (\boldsymbol{\Gamma}_0 + \zeta_{1p}^{\mathrm{A}} \boldsymbol{\Gamma}_1 + \zeta_{3p}^{\mathrm{A}} \boldsymbol{\Gamma}_3) \bar{\boldsymbol{B}}_{\mathrm{m}} + \frac{h_p^2}{12} \bar{\boldsymbol{B}}_{\mathrm{b}}^{\mathrm{T}} (\boldsymbol{\Gamma}_0 + \zeta_{1p}^{\mathrm{D}} \boldsymbol{\Gamma}_1 + \zeta_{3p}^{\mathrm{D}} \boldsymbol{\Gamma}_3) \bar{\boldsymbol{B}}_{\mathrm{b}} \right] \mathrm{d}\Omega$$

$$(7.11)$$

单元刚度矩阵 $\boldsymbol{K}_p$ 对单元层合参数 ζ_{1p}^{A}、ζ_{3p}^{A}、ζ_{1p}^{D}、ζ_{3p}^{D} 的一阶偏导数为

$$\begin{cases} \dfrac{\partial \boldsymbol{K}_p}{\partial \zeta_{1p}^{\mathrm{A}}} = \displaystyle\int_{\Omega} \bar{\boldsymbol{B}}_{\mathrm{m}}^{\mathrm{T}} \boldsymbol{\Gamma}_1 \bar{\boldsymbol{B}}_{\mathrm{m}} h_p \mathrm{d}\Omega \\[3mm] \dfrac{\partial \boldsymbol{K}_p}{\partial \zeta_{3p}^{\mathrm{A}}} = \displaystyle\int_{\Omega} \bar{\boldsymbol{B}}_{\mathrm{m}}^{\mathrm{T}} \boldsymbol{\Gamma}_3 \bar{\boldsymbol{B}}_{\mathrm{m}} h_p \mathrm{d}\Omega \\[3mm] \dfrac{\partial \boldsymbol{K}_i}{\partial \zeta_{1p}^{\mathrm{D}}} = \displaystyle\int_{\Omega} \bar{\boldsymbol{B}}_{\mathrm{b}}^{\mathrm{T}} \boldsymbol{\Gamma}_1 \bar{\boldsymbol{B}}_{\mathrm{b}} \dfrac{h_p^3}{12} \mathrm{d}\Omega \\[3mm] \dfrac{\partial \boldsymbol{K}_i}{\partial \zeta_{3p}^{\mathrm{D}}} = \displaystyle\int_{\Omega} \bar{\boldsymbol{B}}_{\mathrm{b}}^{\mathrm{T}} \boldsymbol{\Gamma}_3 \bar{\boldsymbol{B}}_{\mathrm{b}} \dfrac{h_p^3}{12} \mathrm{d}\Omega \end{cases}$$

$$(7.12)$$

联合式 (7.10) 与式 (7.11) 可计算得到目标函数结构柔顺度 C 对单元铺层厚度 h_p 的一阶灵敏度，联合式 (7.10) 与式 (7.12) 可计算得到目标函数结构柔顺度 C 对单元层合参数 ζ_{1p}^{A}、ζ_{3p}^{A}、ζ_{1p}^{D}、ζ_{3p}^{D} 的一阶灵敏度。

结合式 (6.16) 给出的层合参数可行域，式 (7.6) 描述的协同优化数学模型中共有 $N^p \times 12$ 个不等式约束函数 (有 4 个层合参数，每个层合参数有 3 个约束，共 12 个不等式约束函数，$p = 1, 2, \cdots, N^p$) 和 1 个等式约束函数，分别为

$$\begin{cases} g_{1p}(\boldsymbol{X}) = 2(1 + \zeta_{3p}^{\mathrm{A}} - 2(\zeta_{1p}^{\mathrm{A}})^2) - 5(\zeta_{1p}^{\mathrm{A}} - \zeta_{1p}^{\mathrm{D}})^2 \\ g_{2p}(\boldsymbol{X}) = 4(1 + 2|t| + t^2)^2(\zeta_{3p}^{\mathrm{D}} - 4t\zeta_{1p}^{\mathrm{D}} + 1 + 2t^2) - (\zeta_{3p}^{\mathrm{A}} - 4t\zeta_{1p}^{\mathrm{A}} + 1 + 2t^2)^3 \\ g_{3p}(\boldsymbol{X}) = 4(1 + 2|t| + t^2)^2(4t\zeta_{1p}^{\mathrm{D}} - \zeta_{3p}^{\mathrm{D}} + 1 + 4|t|) - (4t\zeta_{1p}^{\mathrm{A}} - \zeta_{3p}^{\mathrm{A}} + 1 + 4|t|)^3 \\ g_{4p}(\boldsymbol{X}) = \zeta_{1p}^{\mathrm{A}} \\ g_{5p}(\boldsymbol{X}) = -\zeta_{1p}^{\mathrm{A}} \\ g_{6p}(\boldsymbol{X}) = \zeta_{3p}^{\mathrm{A}} \\ g_{7p}(\boldsymbol{X}) = -\zeta_{3p}^{\mathrm{A}} \\ g_{8p}(\boldsymbol{X}) = \zeta_{1p}^{\mathrm{D}} \\ g_{9p}(\boldsymbol{X}) = -\zeta_{1p}^{\mathrm{D}} \\ g_{10p}(\boldsymbol{X}) = \zeta_{3p}^{\mathrm{D}} \\ g_{11p}(\boldsymbol{X}) = -\zeta_{3p}^{\mathrm{D}} \\ g_{12p}(\boldsymbol{X}) = h_p - \varepsilon^{\min} h_0 \end{cases}$$

$$(7.13)$$

$$g_{13}(\boldsymbol{X}) = \varepsilon_g^h N^p h_p^0 - \sum_{p=1}^{N^p} h_p \tag{7.14}$$

不等式约束函数式(7.13)对单元设计变量 $\boldsymbol{X}_p = \left\{\zeta_{1p}^A, \zeta_{3p}^A, \zeta_{1p}^D, \zeta_{3p}^D, h_p\right\}$ 的一阶灵敏度的显式表达式为

$$\begin{cases}
\dfrac{\partial g_{1p}}{\partial \boldsymbol{X}_p} = \left[10\zeta_{1p}^D - 18\zeta_{1p}^A, \ 2, \ 10(\zeta_{1p}^A - \zeta_{1p}^D), \ 0, \ 0\right] \\[2mm]
\dfrac{\partial g_{2p}}{\partial \boldsymbol{X}_p} = \left[12t(\zeta_{3p}^A - 4t\zeta_{1p}^A + 1 + 2t^2)^2, \ -3(\zeta_{3p}^A - 4t\zeta_{1p}^A + 1 + 2t^2)^2, \cdots, \right. \\[2mm]
\qquad\qquad \left. -16t(1 + 2|t| + t^2)^2, \ 4(1 + 2|t| + t^2)^2, \ 0\right] \\[2mm]
\dfrac{\partial g_{3p}}{\partial \boldsymbol{X}_p} = \left[-12t(4t\zeta_{1p}^A - \zeta_{3p}^A + 1 + 4|t|)^2, \ 3(4t\zeta_{1p}^A - \zeta_{3p}^A + 1 + 4|t|)^2, \cdots, \right. \\[2mm]
\qquad\qquad \left. 16t(1 + 2|t| + t^2)^2, \ -4(1 + 2|t| + t^2)^2, \ 0\right] \\[2mm]
\dfrac{\partial g_{4p}}{\partial \boldsymbol{X}_p} = [1, 0, 0, 0, 0] \\[2mm]
\dfrac{\partial g_{5p}}{\partial \boldsymbol{X}_p} = [-1, 0, 0, 0, 0] \\[2mm]
\dfrac{\partial g_{6p}}{\partial \boldsymbol{X}_p} = [0, 1, 0, 0, 0] \\[2mm]
\dfrac{\partial g_{7p}}{\partial \boldsymbol{X}_p} = [0, -1, 0, 0, 0] \\[2mm]
\dfrac{\partial g_{8p}}{\partial \boldsymbol{X}_p} = [0, 0, 1, 0, 0] \\[2mm]
\dfrac{\partial g_{9p}}{\partial \boldsymbol{X}_p} = [0, 0, -1, 0, 0] \\[2mm]
\dfrac{\partial g_{10p}}{\partial \boldsymbol{X}_p} = [0, 0, 0, 1, 0] \\[2mm]
\dfrac{\partial g_{11p}}{\partial \boldsymbol{X}_p} = [0, 0, 0, -1, 0] \\[2mm]
\dfrac{\partial g_{12p}}{\partial \boldsymbol{X}_p} = [0, 0, 0, 0, 1]
\end{cases} \tag{7.15}$$

等式约束函数式(7.14)对单元设计变量 $\boldsymbol{X}_p = \left\{\zeta_{1p}^A, \zeta_{3p}^A, \zeta_{1p}^D, \zeta_{3p}^D, h_p\right\}$ 的一阶灵

敏度的显式表达式为

$$\frac{\partial g_{13}}{\partial \boldsymbol{X}_p} = [0, 0, 0, 0, -1] \qquad (7.16)$$

7.3　铺层厚度连续化

7.3.1　厚度过滤技术

　　本章研究的纤维铺角与铺层厚度协同优化以及有限元分析均在结构单元级别进行操作，单元铺层厚度根据结构承载需求往往为非等厚度布局。复合材料铺层厚度的优化本质上是由结构不同位置对材料刚度特性的差异性需求驱动材料转移，属于理论上的近似优化解，优化结果中可能存在相邻单元的铺层厚度变化较大或者局部铺层厚度发生突变而不服从整体铺层厚度变化趋势。从制造的角度看，复合材料铺层厚度分布最好具有一定的连续性规律，以便于实际生产中制定可行的复合材料成型工艺。为了使理论优化的铺层厚度分布具有更好的连续性，本节提出一种实现铺层厚度连续化的过滤技术。

　　复合材料厚度连续性要求相邻单元之间的厚度变化率不发生突变，因此在设计空间中建立相邻单元铺层厚度变量之间的联系是必要的。在建立单元铺层厚度关联作用时有两个问题需要解决：一是被过滤单元与设计域中哪些单元建立厚度上的联系；二是参与过滤的单元铺层厚度变量对过滤中心单元铺层厚度的作用方式。

　　材料厚度连续性要求约束的是物理分布上相邻单元之间的铺层厚度变化，而不是针对相邻序号单元组，事实上，对于复杂结构的有限元模型，序号相邻的两个单元在物理空间上可能分布得很远。因此，首先定义一个单元邻域概念，即由单元距离在一定范围内的所有单元组成。如图 7.2(a)所示，阴影区域表示单元领域，过滤半径 $\bar{r}$ 用于控制参与过滤的单元范围，黑色圆点表示每个单元的中心，第 p 个单元与第 q 个单元的距离 L_{pq} 通过单元中心的坐标 (x_p, y_p, z_p) 与 (x_q, y_q, z_q) 确定，表达式为

$$L_{pq} = \sqrt{(x_p - x_q)^2 + (y_p - y_q)^2 + (z_p - z_q)^2} \qquad (7.17)$$

第 i 个单元的单元邻域 $\varOmega_i^{\mathrm{r}}$ 通过式(7.18)描述：

$$\begin{cases} q \in \varOmega_p^{\mathrm{r}}, & L_{pq} \leqslant \bar{r} \\ q \notin \varOmega_p^{\mathrm{r}}, & L_{pq} > \bar{r} \end{cases} \qquad (7.18)$$

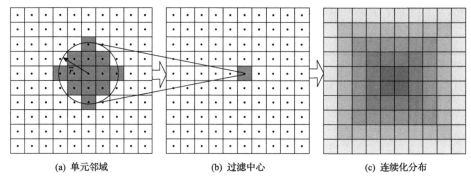

(a) 单元邻域　　　　　　(b) 过滤中心　　　　　　(c) 连续化分布

图 7.2　铺层厚度连续化过滤技术原理图

在式 (7.18) 的约束下，被过滤单元处在单元邻域的中心，即被过滤单元铺层厚度与不同方向的单元铺层厚度均产生联系，有利于实现单元铺层厚度在不同方向上的连续性。假设第 p 个单元铺层厚度为 h_p，采用过滤技术处理后的第 p 个单元的铺层厚度取值为 $\bar{h}_p$，如图 7.2 (a) 和 (b) 所示，认为过滤中心单元铺层厚度 $\bar{h}_p$ 由单元邻域 Ω_i^{r} 内所有单元的铺层厚度 h_p 共同确定。

$$\bar{h}_p = f(h_q), \quad q \in \Omega_p^{\mathrm{r}} \tag{7.19}$$

利用厚度连续化过滤技术，可以获得较为连续的单元铺层厚度分布，图 7.2 (c) 所示，单元铺层厚度用单元填充的灰色程度表示。过滤函数 f 用于描述参与过滤的邻域单元对过滤中心单元铺层厚度的具体作用方式，本章提出两种不同的过滤思路，以下分别讨论。

第一种思路，假设单元邻域内所有单元对过滤中心厚度变量的贡献度相同，构建线性过滤函数式 (7.20)，其本质是将结构应力对单元邻域材料需求的铺层厚度均值作为过滤中心处的铺层厚度值，利用单元邻域之间的重叠性，提高单元铺层厚度分布的连续性。

$$\bar{h}_p = f_1(h_q) = \frac{1}{N^{\mathrm{r}}} \sum_{q=1}^{N^{\mathrm{r}}} h_q, \quad q \in \Omega_p^{\mathrm{r}} \tag{7.20}$$

式中，N^{r} 为单元邻域中的单元个数。

第二种思路，假设单元邻域内不同单元对过滤中心铺层厚度变量的影响程度不同，构建非线性过滤函数式 (7.21)，利用过滤系数 $\lambda_{pq}^{\mathrm{r}}$ 描述单元邻域中第 q 个单元对过滤中心铺层厚度变量的影响权重，一般认为单元 q 与过滤中心的距离越远，$\lambda_{pq}^{\mathrm{r}}$ 取值越小，体现为单元邻域 Ω_i^{r} 中第 q 个单元对过滤中心铺层厚度变量的影响越小。$\lambda_{pq}^{\mathrm{r}}$ 需要满足两个性质：一是 $\lambda_{pq}^{\mathrm{r}}$ 必须随单元距离 L_{pq} 的增大而减小；二是邻域内全部单元的过滤系数之和满足 $\sum \lambda_{pq}^{r}=1(q \in \Omega_p^{r})$，为此，设计了如下过滤函数表达形式：

$$
\begin{cases}
\overline{h}_p = f_2(h_q) = \sum_{q=1}^{N^{r}} \lambda_{pq}^{r} h_q, \quad q \in \Omega_p^{r} \\
\lambda_{pq}^{r} = \dfrac{1}{\sum \exp\left(-\dfrac{L_{pq}}{L_{\min}}\right)} \exp\left(-\dfrac{L_{pq}}{L_{\min}}\right)
\end{cases}
\tag{7.21}
$$

式中，$L_{\min}$ 为最小单元距离，定义 $L_{pq}/L_{\min}$ 为单元相对距离。当 $L_{pq} = L_{\min}$ 时，λ_{pq}^{r} 取 0.3679，当 $L_{pq} = 2L_{\min}$ 时，λ_{pq}^{r} 取 0.1353，当 $L_{pq} = 3L_{\min}$ 时，λ_{pq}^{r} 取 0.0498，λ_{pq}^{r} 的取值具有非线性、单调递减的性质。过滤系数 λ_{pq}^{r} 随单元相对距离 $L_{pq}/L_{\min}$ 的变化规律如图 7.3 所示。

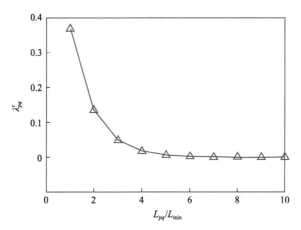

图 7.3　过滤系数 λ_{pq}^{r} 随单元相对距离 $L_{pq}/L_{\min}$ 的变化规律

由图 7.3 可知，过滤系数 λ_{pq}^{r} 随单元相对距离 $L_{pq}/L_{\min}$ 的增大以超线性速度下降，当 $L_{pq}/L_{\min} > 7$ 时，单元 q 的过滤系数将小于 0.001，即当单元距离大于 7 倍的最小单元间距时，尽管单元 q 参与了第 p 个单元的铺层厚度过滤，但实质性贡献非常小。因此，过滤函数式 (7.21) 对单元邻域中的差异性贡献具有自适应的特点，无须设置过滤半径，过滤函数 f_2 的特点决定了距离较远的单元对过滤中心的影响可以忽略不计。

7.3.2　厚度过滤验证

非等厚度方板的有限元模型如图 7.4(a) 所示，单元数量为 20×20=400，单元尺寸为 0.05mm×0.05mm，设计域中厚度变量突变情况如图 7.4(b) 所示。

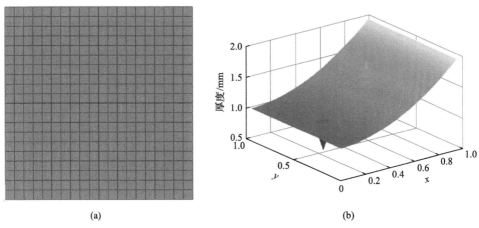

(a)　　　　　　　　　　　　　　　　　　(b)

图 7.4　非等厚度方板有限元模型及厚度分布

采用式(7.20)描述的线性过滤函数进行厚度过滤，不同过滤半径下得到的铺层厚度分布如图 7.5 所示。

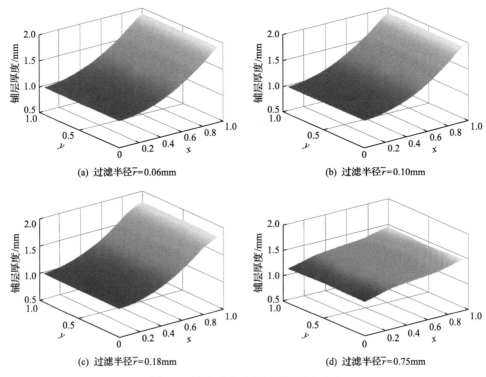

(a) 过滤半径r̄=0.06mm　　　　　　　　　　(b) 过滤半径r̄=0.10mm

(c) 过滤半径r̄=0.18mm　　　　　　　　　　(d) 过滤半径r̄=0.75mm

图 7.5　线性过滤后方板铺层厚度分布

当过滤半径 $\bar{r}$ =0.06mm 时，单元邻域范围偏小，厚度过滤效果有限；随着过滤半径 $\bar{r}$ 的增大，方板厚度分布的连续性不断得到增强，当过滤半径 $\bar{r}$ = 0.18mm 时，方板厚度分布的连续性基本满足要求；过滤半径 $\bar{r}$ 进一步增大，单元邻域覆盖范围越来越广，尽管过滤后单元厚度的连续性得到保障，但会导致厚度分布相较原始厚度分布产生明显失真问题，如图 7.5(d) 所示。因此，式(7.20)描述的线性过滤方式能够有效改善单元厚度分布的连续性，但过滤半径取值对过滤结果具有较大影响，需要合理选择过滤半径 $\bar{r}$ 。

采用式(7.21)描述的非线性过滤函数进行厚度过滤，为测试过滤结果对模型尺寸的依赖性，非等厚度方板共设置了四组不同的尺寸参数：1mm×1mm、10mm×10mm、100mm×100mm、1000mm×1000mm，结构总体厚度分布规律及厚度突变相对位置保持一致，非线性过滤结果如图 7.6 所示。

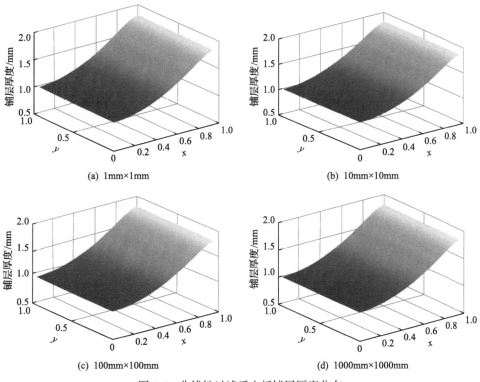

图 7.6 非线性过滤后方板铺层厚度分布

由图 7.6 可知，采用式(7.21)描述的非线性过滤方式可以有效改善铺层厚度分布的连续性，且能保留结构原始铺层厚度分布的总体规律；非线性厚度过滤效果与结构几何尺寸无关，无须人为调节过滤半径，过滤函数能够自适应控制单元邻域的有效范围。

7.4 优 化 流 程

1)优化前处理

(1)在 ABAQUS 软件中建立待优化复合材料结构的有限元分析模型,利用 Python 脚本提取详细的节点、单元、载荷、边界条件等模型有限元信息,并转化为.mat 格式文件存储。

(2)根据复合材料弹性力学基本理论,结合复合材料性能参数,建立复合材料的弹性本构关系,计算并存储复合材料层合板结构的层合不变量。

(3)根据有限元法基本理论及其数值方法,在 MATLAB 软件中编写复合材料单元刚度矩阵的积分计算程序,调用步骤(1)存储的有限元信息和步骤(2)存储的层合不变量信息,计算并存储所有单元的层合不变矩阵。

(4)基于层合参数建立复合材料纤维铺角与铺层厚度协同优化数学模型,推导目标函数及约束函数对层合参数、铺层厚度的偏导数,得到设计变量灵敏度的显式表达式。

2)优化求解

(1)采用序列二次规划法对优化数学模型进行求解,初始化设计变量、拉格朗日乘子等参数,设置优化器的迭代求解精度。

(2)通过有限元静力学分析获得结构在载荷作用下的位移响应,计算目标函数和约束函数对设计变量的灵敏度信息。

(3)在当前设计点构建二次规划子问题,利用二次规划子问题的最优解确定层合参数与铺层厚度在当前设计点的更新方向。

(4)调用价值函数确定设计变量的迭代步长,更新设计变量,计算目标函数。

(5)判别收敛性,如果不满足收敛条件,转步骤(2)进入下一循环寻优,如果满足收敛条件,输出优化的铺层厚度与层合参数分布,终止迭代。

3)优化后处理

(1)以 Huber 损失函数最小为目标,建立理想层合参数与近似层合参数之间的回归数学模型,并推导 Huber 损失函数对设计变量的灵敏度,采用 MMA 算法进行求解,得到层合板全局纤维铺角分布。

(2)根据优化得到的层合板纤维铺角及铺层厚度分布编写.inp 文件,并将优化后的.inp 文件输入 ABAQUS 软件中,提交系统分析,获得优化后的结构响应,绘制结构应力、位移、失效因子等分布云图进行分析。

7.5　协同优化数值算例

将本章提出的纤维铺角与铺层厚度协同优化方法在层合板设计中进行应用，以第 6 章中 L 型支架、固端梁、圆柱壳模型为研究对象进行纤维铺角与铺层厚度的协同优化设计，对比分析纤维铺角和铺层厚度协同优化(以下简称协同优化)与纤维铺角单一优化(以下简称单一优化)的效果。

7.5.1　L 型支架协同优化

采用式(7.8)描述的协同优化数学模型，以 L 型支架单元的层合参数和铺层厚度为设计变量，以层合参数可行域、厚度分数边界为约束条件，以结构柔顺度最小为优化目标，研究 L 型支架的纤维铺角与铺层厚度协同优化问题。本算例中，初始方案为 $\zeta_{1p}^{A}=1$、$\zeta_{3p}^{A}=1$、$h_p=1\text{mm}(p=1,2,\cdots,192)$，设计变量总数为 192×3=576 个。从同等初始条件开始优化，单一优化和协同优化的 L 型支架目标函数迭代历程对比如图 7.7 所示。

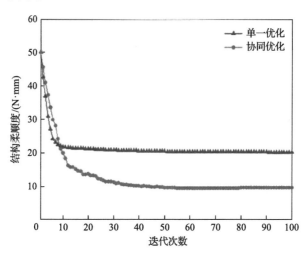

图 7.7　单一优化和协同优化的 L 型支架目标函数迭代历程对比

由图 7.7 可知，与单一优化相比，协同优化后 L 型支架结构柔顺度下降约 51.67%，说明同时考虑各向异性材料的细观纤维铺角和宏观结构拓扑，可以使 L 型支架具有更大的设计自由度，获得更优的结构响应。

协同优化后 L 型支架的铺层厚度与纤维铺角分布如图 7.8 所示。由图可知，在保持材料总量不变的前提下，L 型支架的材料在结构承载需求的驱动下进行了重新分布，从初始方案中的等厚度分布变成优化后的非等厚度分布，且设计域厚度分布具有明显的规律性。L 型支架协同优化使得材料向结构重点承载区域进行转移，从而使该区域的结构刚度得到强化。

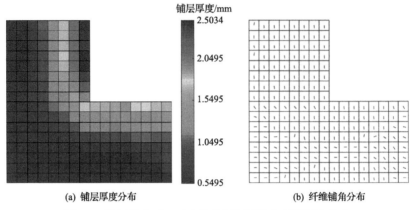

(a) 铺层厚度分布　　　　　　　　　　(b) 纤维铺角分布

图 7.8　协同优化后 L 型支架的铺层厚度与纤维铺角分布

单一优化和协同优化后 L 型支架应力分布对比如图 7.9 所示，协同优化的 L 型支架最大应力从 92.52MPa 下降到 63.71MPa，最小应力从 0.5218MPa 提高到 0.7958MPa，结构内部应力分布更加均匀。

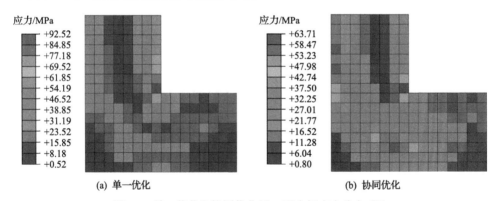

(a) 单一优化　　　　　　　　　　　　(b) 协同优化

图 7.9　单一优化和协同优化后 L 型支架应力分布对比

7.5.2　固端梁协同优化

采用式(7.8)描述的协同优化数学模型，以固端梁单元的层合参数和铺层厚度为设计变量，以层合参数可行域、厚度分数边界为约束条件，以结构柔顺度最小为优化目标，研究固端梁结构纤维铺角与铺层厚度协同优化问题。本算例中，要求优化后固端梁最小铺层厚度不低于原始方案的 50%，初始方案为 $\zeta_{1p}^A=1$、$\zeta_{3p}^A=1$、$h_p=1\text{mm}\,(p=1,2,\cdots,400)$，设计变量总数为 $400\times3=1200$ 个。从同等初始条件开始优化，单一优化和协同优化的固端梁目标函数迭代历程对比如图 7.10 所示。

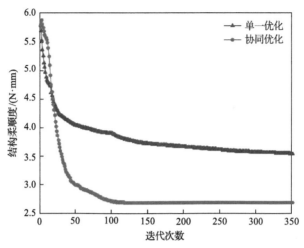

图 7.10　单一优化和协同优化的固端梁目标函数迭代历程对比

由图 7.10 可知，与单一优化相比，协同优化后的固端梁结构柔顺度下降约 24.07%，说明同时考虑各向异性材料的细观纤维铺角和宏观结构拓扑，可以使固端梁具有更大的设计自由度，获得更优的结构响应。

协同优化后固端梁的铺层厚度与纤维铺角分布如图 7.11 所示。由图可知，在保持材料总量不变的前提下，固端梁的材料在结构承载需求的驱动下进行了重新分布，从初始方案中的等厚度分布变成优化后的非等厚度分布，且设计域厚度分布具有明显的规律性。固端梁协同优化使纤维铺角重新排列的同时，材料从结构低应力区域向高应力区域转移，从而使结构主传力路径的承载能力得到加强。

单一优化和协同优化后固端梁应力分布对比如图 7.12 所示，协同优化的固端梁最大应力从 64.33MPa 下降到 27.33MPa，最小应力从 1.28MPa 提高到 2.25MPa，结构内部应力分布更加均匀。

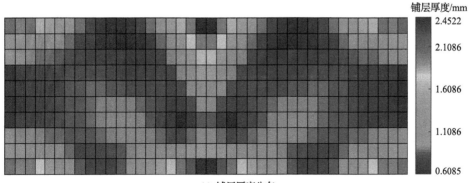

(a) 铺层厚度分布

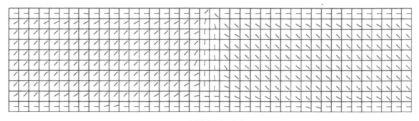

(b) 纤维铺角分布

图 7.11　协同优化后固端梁的材料厚度与纤维铺角分布

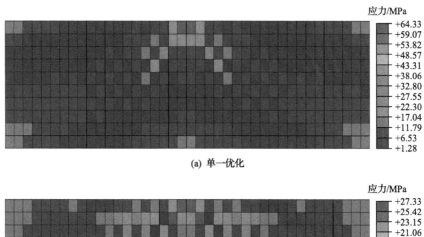

(a) 单一优化

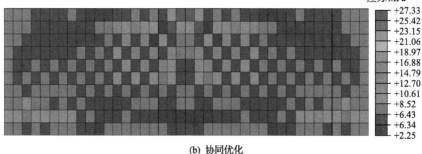

(b) 协同优化

图 7.12　单一优化和协同优化后固端梁应力分布对比

7.5.3　圆柱壳协同优化

采用式(7.6)描述的协同优化数学模型，以圆柱壳单元的层合参数和铺设厚度为设计变量，以层合参数可行域、厚度分数边界为约束条件，以结构柔顺度最小为优化目标，研究圆柱壳结构纤维铺角与铺层厚度协同优化问题。本算例中，要求优化后圆柱壳最小铺层厚度不低于原始方案的 50%，初始方案为 $\zeta_{1p}^{\mathrm{A}}=1$、$\zeta_{3p}^{\mathrm{A}}=1$、$\zeta_{1p}^{\mathrm{D}}=1$、$\zeta_{3p}^{\mathrm{D}}=1$、$h_p=1\mathrm{mm}$（$p=1,2,\cdots,180$），设计变量总数为 180×5=900 个。从同等初始条件开始优化，单一优化和协同优化的圆柱壳目标函数迭代历程对比如图 7.13 所示。

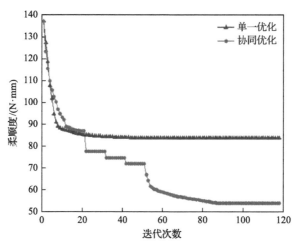

图 7.13   单一优化和协同优化的圆柱壳目标函数迭代历程对比

由图 7.13 可知，与单一优化相比，协同优化后圆柱壳的结构柔顺度下降约 35.47%，说明同时考虑各向异性材料的细观纤维铺角和宏观结构拓扑，可以使圆柱壳具有更大的设计自由度，获得更优的结构响应。

协同优化后圆柱壳的铺层厚度与纤维铺角分布如图 7.14 所示。由图可知，在材料总量保持不变的前提下，圆柱壳的材料在结构承载需求的驱动下进行了重新分布，从初始方案中的等厚度分布转变为优化后的非等厚度分布且设计域厚度分布具有明显的规律性，圆柱壳协同优化使纤维铺角重新排列的同时，材料从结构的低应力区域向高应力区域转移，从而使结构主传力路径的承载能力得到加强。

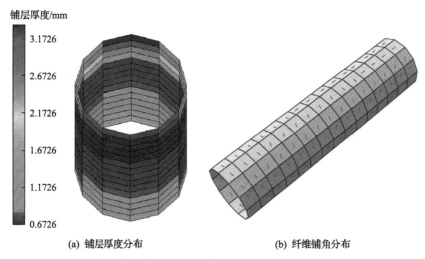

(a) 铺层厚度分布   (b) 纤维铺角分布

图 7.14   协同优化后圆柱壳的铺层厚度与纤维铺角分布

单一优化和协同优化后圆柱壳应力分布对比如图 7.15 所示,协同优化的圆柱壳最大应力从 44.08MPa 下降到 18.43MPa,最小应力从 2.55MPa 提高到 2.70MPa,结构内部应力分布更加均匀。

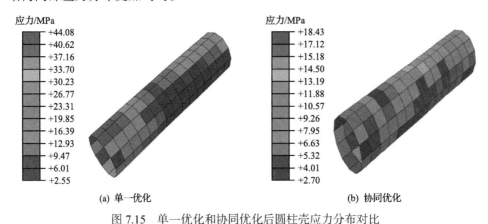

(a) 单一优化　　　　　　　　　　　　　(b) 协同优化

图 7.15　单一优化和协同优化后圆柱壳应力分布对比

7.6　风电机组全尺寸叶片纤维铺角与铺层厚度协同优化

针对某 1.5MW 风电机组全尺寸叶片,有限元模型共有 62370 个单元、60656 个节点,如果直接在单元层级进行基于层合参数的纤维铺角与铺层厚度协同优化,共有 249480 个设计变量、748440 个不等式约束,超高的数学模型维度对优化求解提出了巨大挑战。因此,同样采用分区策略对风电机组叶片进行协同优化变刚度设计,分区内部采用相同的层合参数与铺层厚度,叶片变刚度优化在分区层级进行操作,叶片结构响应在单元层级进行分析。叶片结构区域划分如图 1.9 所示,以分区层合参数与铺层厚度为设计变量,构建复合材料叶片协同优化数学模型,即

$$
\begin{cases}
\text{find} \quad \boldsymbol{X} = [\zeta_{1p}^{A}, \zeta_{3p}^{A}, \zeta_{1p}^{D}, \zeta_{3p}^{D}, h_p], \quad p = 1, 2, \cdots, N^p \\
\text{min} \quad C = \boldsymbol{U}^{\mathrm{T}} \boldsymbol{F} = \boldsymbol{U}^{\mathrm{T}} \boldsymbol{K} \boldsymbol{U} \\
\text{s.t.} \quad \boldsymbol{K}\boldsymbol{U} = \boldsymbol{F} \\
\qquad \boldsymbol{K} = \displaystyle\sum_{p=1}^{N^p} \boldsymbol{K}_p \\
\qquad \zeta_{1p}^{A}, \zeta_{3p}^{A}, \zeta_{1p}^{D}, \zeta_{3p}^{D} \in \bar{\Omega} \\
\qquad h_p - \varepsilon_p^{\min} h_0 \geqslant 0 \\
\qquad \varepsilon_g^{h} N^p h_p^0 - \displaystyle\sum_{p=1}^{N^p} h_p = 0
\end{cases}
\tag{7.22}
$$

与式 (7.6) 的唯一不同在于 ε^{min} 改为 ε_p^{min}，ε_p^{min} 表示叶片分区厚度分数下限值，取 0.55；全局厚度分数 ε_g^h 取 1。

协同优化后叶片的铺层厚度分布如图 7.16 所示。

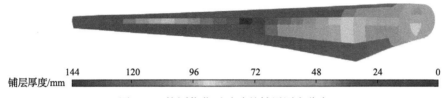

图 7.16　协同优化后叶片的铺层厚度分布

同理，由于叶片尺寸较大，整体叶片纤维铺角分布展示不清晰，这里只给出部分区域的纤维铺角分布，如图 7.17 所示。

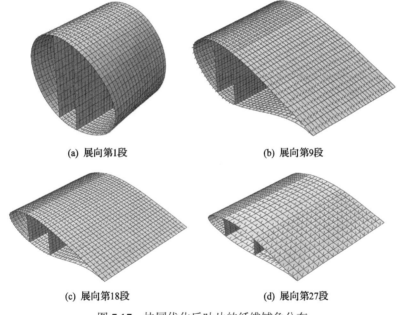

(a) 展向第1段　　　　　　　　　(b) 展向第9段

(c) 展向第18段　　　　　　　　(d) 展向第27段

图 7.17　协同优化后叶片的纤维铺角分布

由图 7.16 和图 7.17 可知，优化后叶片铺层厚度从叶根到叶尖呈现逐渐下降的趋势，叶片主梁区域铺层厚度明显高于相同展向位置的其他蒙皮区域，符合叶片结构各个区域的客观承载规律。叶片主梁区域优化的纤维铺角接近于 0°，体现了叶片作为细长悬臂梁结构在弯曲变形下的承载需求；叶片前后缘纤维铺角与叶片展向之间存在一定的夹角，表明优化的纤维布局方案还需抵抗叶片结构的扭转变形。

　　风电机组叶片变刚度优化方案与初始方案的结构响应见表7.1，不同技术路线优化后的叶片结构响应变化趋势如图7.18所示。

表 7.1　叶片变刚度优化方案与初始方案的结构响应

方案	最大应力/MPa	最大线位移/m	最大角位移/rad	Tsai-Wu 失效因子
初始方案	33.17	1.928	0.1378	0.4437
离散纤维铺角优化	31.96	1.304	0.0928	0.1036
连续纤维铺角优化	27.77	1.213	0.0849	0.0857
纤维铺角与铺层厚度协同优化	24.75	1.028	0.0721	0.0763

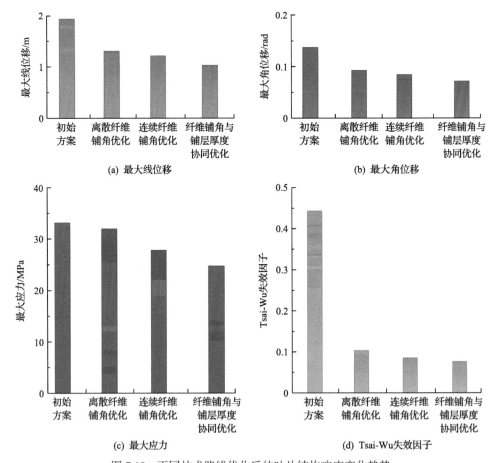

(a) 最大线位移　　　　　　　　　　　(b) 最大角位移

(c) 最大应力　　　　　　　　　　　(d) Tsai-Wu失效因子

图 7.18　不同技术路线优化后的叶片结构响应变化趋势

　　综合分析表7.1与图7.18可知，通过离散纤维铺角优化、连续纤维铺角优化、纤维铺角与铺层厚度协同优化，风电机组叶片的结构承载能力均得到有效提高；相比连续纤维铺角优化，纤维铺角与铺层厚度协同优化后叶片的结构最大应力、最大线位移、最大角位移、Tsai-Wu 失效因子分别下降约 10.88%、15.25%、15.08%、10.97%。离散纤维铺角优化只能从一组预设的离散纤维铺角中进行选择，叶片变刚度设计的寻优空间有限，优化后结构响应相对初始方案得到了改善，但效果不如连续纤维铺角优化和纤维铺角与铺层厚度协同优化。协同优化方法同时考虑了材料厚度分布与纤维铺角分布，既能通过调整材料厚度改善结构刚度的空间分布，又能充分利用纤维材料的各向异性特性，因而具有更广阔的变刚度寻优空间，协同优化后的变刚度叶片结构响应在所有方案中表现最佳。

7.7　本 章 小 结

本章主要提出了一种基于层合参数的复合材料纤维铺角与铺层厚度协同优化设计方法。首先，研究了风电机组叶片复合材料蒙皮结构的特点，讨论了复合材料层合板变厚度优化设计的策略，探讨了复合材料厚度变量的约束问题。其次，以单元的层合参数与铺层厚度为设计变量，以层合参数设计域、单元铺层厚度分数边界为约束条件，构建了基于层合参数的复合材料纤维铺角与铺层厚度协同优化数学模型，推导了目标函数和约束函数对设计变量层合参数、铺层厚度的一阶偏导数，给出了显式的灵敏度表达式。再次，研究了复合材料铺层厚度的连续化问题，提出了一种铺层厚度过滤技术，给出了两种不同形式的过滤函数，讨论了不同形式过滤函数的特点及其应用。接着，研究了复合材料纤维铺角与铺层厚度协同优化的求解方法，给出了具体实施流程。最后，研究了协同优化设计方法的可行性与有效性，数值算例结果表明，本章所提方法可以有效实现复合材料纤维铺角与铺层厚度的协同优化，相比纤维铺角单因素变刚度设计，多尺度协同优化可以获得更优的结构响应。

参 考 文 献

[1] Ashby M F. Multi-objective optimization in material design and selection. Acta Materialia, 2000, 48(1): 359-369.

[2] 杜善义. 先进复合材料与航空航天. 复合材料学报, 2007, 24(1): 1-12.

[3] 刘书田, 侯玉品. 基于铺层参数的铺层方式与纤维分布协同优化的层合板最大刚度设计. 计算力学学报, 2012, 29(4): 475-480.

[4] 江和昕, 何智成, 周恩临. 面向增材制造各向异性的结构拓扑与打印方向协同优化. 机械工程学报, 2023, 59(17): 220-231.

[5] 王泽飞. 连续纤维复合板材构件多尺度协同拓扑优化研究. 秦皇岛: 燕山大学, 2023.

[6] 乔凤斌, 张松, 王力, 等. 大型航天复合材料构件自动铺丝机的研发与应用. 航天制造技术, 2016, (4): 13-16.

[7] Sugiyama K, Matsuzaki R, Malakhov A V, et al. 3D printing of optimized composites with variable fiber volume fraction and stiffness using continuous fiber. Composites Science and Technology, 2020, 186: 107905.

[8] 崔永辉, 贾明印, 薛平, 等. 连续玻璃纤维增强 PLA 复合材料 3D 打印技术研究. 塑料工业, 2020, 48(1): 51-54.